THE ENTANGLEMENT
BETWEEN THINGS AND NON-OBJECTS:
THE CREATIVE METHOD AND
REALIZATION OF NEW SITUATION DESIGN

物与非物的融合

图书在版编目（CIP）数据

物与非物的融合：新态势设计创意方法与实现 ＝
THE ENTANGLEMENT BETWEEN THINGS AND NON-OBJECTS：
THE CREATIVE METHOD AND REALIZATION OF NEW
SITUATION DESIGN／钟蕾主编. — 北京：中国建筑工
业出版社，2019.12
工业设计（产品设计）专业热点探索系列教材
ISBN 978-7-112-24744-8

Ⅰ.① 物… Ⅱ.① 钟… Ⅲ.① 工业产品－产品设计－
教材 Ⅳ.① TB472

中国版本图书馆CIP数据核字（2020）第011863号

新态势：围绕"设计创意"出现的新现象、新行为、新思潮。物态与非物态的融合，是围绕新现象、新行为、新思潮引出的新设计创意主张。通过对物态、非物态以及两种特性兼而有之的"融合化"产品的设计成因、发展趋势、关联分析，理清数字特性明显的创新模式如何顺利融入新生活模式中。并以新概念产品、企业品牌产品、民俗文化创意产品、设计竞赛优秀产品的经典案例解析，获得由"设计与生活的关系"展开的产品创意本源。培养能清晰划分产品特质、准确定位目标、根据文化场域创意开发的能力。本教材适用于艺术设计类专业师生，尤其适用于工业设计、产品设计在校师生及从业人员。

责任编辑：吴 绫 唐 旭
文字编辑：吴人杰
版式设计：锋尚设计
责任校对：赵 菲

工业设计（产品设计）专业热点探索系列教材
物与非物的融合 新态势设计创意方法与实现
THE ENTANGLEMENT BETWEEN THINGS AND NON-OBJECTS: THE CREATIVE METHOD AND REALIZATION OF NEW SITUATION DESIGN
钟蕾 主编
李杨 副主编

*

中国建筑工业出版社出版、发行（北京海淀三里河路9号）
各地新华书店、建筑书店经销
北京锋尚制版有限公司制版
北京京华铭诚工贸有限公司印刷

*

开本：880毫米×1230毫米 1/16 印张：14 字数：368千字
2021年3月第一版 2021年3月第一次印刷
定价：68.00元
ISBN 978-7-112-24744-8
（35006）

工业设计（产品设计）专业热点探索系列教材

编 委 会

◇ 总 序

　　为适应《普通高等学校本科专业目录（2020年）》中对第8个学科门类工学下设的机械类工业设计（080205）以及第13个学科门类艺术学下设的设计学类产品设计（130504）在跨学科、跨领域方面复合型人才的培养需求，亦是应中国建筑工业出版社对相关专业领域教育教学新思想的创建之路要求，由本人携手包括天津理工大学、台湾华梵大学、湖南大学、长沙理工大学、天津美术学院5所高校在工业设计、产品设计专业领域有丰富教学实践经验的教师共同组成这套系列教材的编委会。编撰者将多年教学及科研成果精华融会贯通于新时代、新技术、新理念感召下的新设计理论体系建设中，并集合海峡两岸的设计文化思想和教育教学理念，将碰撞的火花作为此次系列教材编撰的"引线"，力求完成一套内容精良，兼具理论前沿性与实践应用性的设计专业优秀教材。

　　本教材内容包括"关怀设计；创意思考与构想；新态势设计创意方法与实现；意义导向的产品设计；交互设计与产品设计开发；智能家居产品设计；设计的解构与塑造；体验设计与产品设计；生活用品的无意识设计；产品可持续设计。"其关注国内外设计前沿理论，选题从基础实践性到设计实战性，再到前沿发展性，便于受众群体系统地学习和掌握专业相关知识。本教材适用于我国综合性大学设计专业院校中的工业设计、产品设计专业的本科生及研究生作为教材或教学参考书，也可作为从事设计工作专业人员的辅助参考资料。

　　因地区分布的广泛及由多名综合类、专业类高校的教师联合撰稿，故本教材具有教育选题广泛，内容阐述视角多元化的特色优势。避免了单一地区、单一院校构建的编委会偶存的研究范畴存在的片面局限的问题。集思广益又兼容并蓄，共构"系列"优势：

　　海峡两岸研究成果的融合，注重"国学思想"与"教育本真"的有效结合，突出创新。

　　本教材由台湾华梵大学、湖南大学、天津理工大学等高校多位教授和专业教师共同编写，兼容了海峡两岸的设计文化思想和教育教学理念。作为一套精专于"方法的系统性"与"思维的逻辑性""视野的前瞻性"的工业设计、产品设计专业丛书，本教材将台湾华梵大学设计教育理念的"觉之教育"融入内陆地区教育体系中，将对思维、方法的引导训练与设计艺术本质上对"美与善"的追求融会和贯通。使阅读和学习教材的受众人群能够在提升自我设计能力的同时，将改变人们的生活，引导人们追求健康、和谐的生活目标作为其能力积累中同等重要的一部分。使未来的设计者们能更好地发现生活之美，发自内心的热爱"设计、创造"。"觉之教育"为内陆教育的各个前沿性设计课题增添了更多创新方向，是本套教材最具特色部分之一。

教材选题契合学科特色，定位准确，注重实用性与学科发展前瞻性的有效融合。

选题概念从基础实践性的"创意思考与构想草图发想法""产品设计的解构与塑造方法"到基础理论性的"产品可持续设计""体验时代的产品设计开发"，到命题实战性的"生活用品设计""智能家居设计"，再到前沿发展性的"制造到创造的设计""交互设计与用户体验"，等等。教材整体把握现代工业设计、产品设计专业的核心方向，针对主干课程及前沿趋势做出准确的定位，突出针对性和实用性并兼具学科特色。同时，本教材在紧扣"强专业性"的基础上，摆脱传统工业设计、产品设计的桎梏，走向跨领域、跨学科的教学实践。将"设计"学习本身的时代前沿性与跨学科融合性的优势体现出来。多角度、多思路的培养教育，传统文化概念与科技设计前沿相辅相成，塑造美的意识，也强调未来科技发展之路。

编撰思路强调旧题新思，系统融合的基础上突出特质，提升优势，注重思维的训练。

在把握核心大方向的基础上，每个课题都渗透主笔人在此专业领域内的前沿思维以及近期的教育研究成果，做到普适课题全新思路，作为热点探索的系列教材把重点侧重于对读者思维的引导与训练上，培养兼具人文素质与美学思考、高科技专业知识与社会责任感并重，并能够自我洞悉设计潮流趋势的新一代设计人才，为社会塑造能够丰富并深入人们生活的优秀产品。

以丰富实题实例带入理论解析，可读性、实用性、指导性优势明显，对研读者的自学过程具有启发性。

教材集合了各位撰稿人在设计大学科门类下，服务于工业设计及产品设计教育的代表性实题实例，凝聚了撰稿团队长期的教学成果和教学心得。不同的实题实例站位各自理论视角，从问题的产生、解决方式推演、论证、效果评估到最终确定解决方案，在系统的理论分析方面给予足够支撑，使教材的可读性、易读性大幅提高，也使其切实提升读者群体在特定方面"设计能力"的增强。本教材以培养创新思维、建立系统的设计方法体系为目标，通过多个跨学科、跨地域的设计选题，重点讲授创造方法，营造创造情境，引导读者群体进入创造角色，激发创造激情，增长创造能力，使读者群体可以循序渐进地理解、掌握设计原理和技能，在设计实践中融合相关学科知识，学会"设计"、懂得"设计"，成为社会需要的应用型设计人才。

本教材的内容是由编委会集体推敲而定，按照编写者各自特长分别撰写或合写而成。以编委委员们心血铸成之作的系列教材立足创新，极尽各位所能力求做到"前瞻、引导"，探索性思考中难免会有不足之处。我作为本套教材的组织人之一，对参加编写工作的各位老师的辛勤努力以及中国建筑工业出版社的鼎力支持表示真诚的感谢。为工业设计、产品设计专业的教学及人才培养作出努力是我们义不容辞的责任，系列教材的出版承载编委会员们，同时也是一线教育工作者们对教育工作的执着、热情与期盼，希望其可对莘莘学子求学路成功助力。

钟蕾

2021年1月

本教材立足于信息时代，围绕"设计创意"出现的新现象、新行为、新思潮，展开关于物质化、非物质化以及两种特性兼而有之的"融合化"产品创意方法研究。并以数字化背景下的新概念产品、企业品牌产品、民俗文化创意产品、设计竞赛优秀产品的经典案例解析，对设计创意理论及其体系进行细致、精确的带入式讲解，使学生在掌握适用于信息时代的产品创意方法同时，提升设计表达与实现能力。

通过对三个状态产品的形成原因、发展趋势以及彼此间相互制约影响的关联分析，讲清楚"数字化"特性作用下，三种状态的产品创新如何才能更好地融入新现象、新行为、新思潮构建的新生活模式中。

传统物态产品，单纯的功能服务意识已很难在市场立足。注重对用户行为的引导，注重与非物形态产品的互动、融合，注重多个有关联的物质产品共同构成系统产生的系统效应等，基于数字化新态势下的物态产品开发，将从以上几个层面找到创新发展新思路。

非物质形态产品主要从以操控为目的的虚拟界面、以多维体验为目的的虚拟空间等基于数字技术的虚拟产品；主题明确、创意丰富的服务体验产品；非物质文化遗产及代表性民俗文化的产业化创新带来的文化创意产品三个方面入手。因为其各自存在和发展环境不同，则围绕它们的设计创新必须紧扣各自服务主体。由目的、需求、引导完成对服务主体的行为描述；由行为挖掘、提炼元素、构建设计语境实现设计分析；由设计语意、形态创意理论、实题分析完成形态设计。

兼具物质及非物质特性的融合性产品，是在对前两个层面有深刻认识的基础上，理清二者关系，使之成为可互相促进甚至催生出新功能的完整产品。如传统文化内涵被创新，被承载于可控可感的物质化产品上，在与新行为、新思潮的碰撞中，虚拟现实技术继续融入这一物质载体开发。最终呈现的创意产品，兼具物与非物多重特性，并且既能做到以用户需求为根本，体现实效性创新，又可兼顾传统文化内核不变。

对信息时代下三种存在形式的产品存在本源的分析，使学生在面对特定产品开发设计时，能具备清晰划分产品特质，根据特质准确定位调研主体客户、环境、文化背景侧重方向的能力。以对三种形式产品分别建立"设计创意方法"理论体系，可使学生避免面对设计问题时出现思路迷茫、混乱情况。新现象、新行为、新思潮的数字化时代，设计内涵极大丰富。设计创意方法必须抽丝剥茧，层次分明地确立目标。

教材撰写系我与研究团队集思广益后完成，具体分工如下：

第一章　张婕、李杨

第二章　张婕、李杨

第三章　钟蕾

第四章　蒋宇烨、钟蕾

第五章　李琳

第六章　张妍

第七章　周鹏

第八章　朱荔丽、钟蕾

第九章　李杨

第十章　张悦群、钟蕾

终版由钟蕾统审。本教材适用于产品设计、工业设计的本科生及研究生使用，也可作为工具书服务于专业教师、设计领域研究人员等。

◇ 目　录

第 **1** 章

物的设计

物这个汉字来源于上古时代，初时代表的意义是不纯正颜色的牛，在古代农业是国之支柱，而耕牛是第一生产力，所以牛的意义重大，而不纯正的颜色就是多种多样的颜色，多种多样的耕牛，就引申为大千世界的万事万物。

物的意义从人的本位主义思考就是除了本我自身之外的有形的具体存在的东西，也是与自我对立统一的外部大环境；而从设计的角度，物就是有实际意义的、看得见、摸得着的、有内容、有实质的物品，简单来说就是产品。物的设计就是对人本身外部环境的改造与升级，产品设计的最终意义就是通过设计这一手段改变人的生活，使人的生活更加美好。新时代下设计之于物的意义越来越大，分析"设计"这两个字，言字旁组成的汉字形象地阐明了设计的一个特色，语言的力量在设计工作中占有的比重越来越大（图1-1）。

一直以来设计这个词的意义是把人的一系列的对事物的认知、了解、方案、方针、谋划以一种具象的方式，通过双眼这一感官去体会，以图片、模型、视频等多种形式去让受众去了解，强调视觉的冲击力与说服力，但在人人皆是设计师、在信息极速发展、知识爆棚的当代社会，人们对视觉冲击力的认同感不断下滑，语言的力量、言语的表现力对设计的意义越来越大，"设计要变得会说话"，用言语来感染受众，得到真正的认同和感情的链接纽带（图1-2）。

劳动是人得以与自然和谐共处得以站在食物链的顶端的路径，一直以来人类都通过双手、头脑按照自己的需要改变着自然，进而拥有了自己的文明，并且孜孜不怠地追求更幸福的生活，不断丰富人类的物质生活、不断扩充人类的思想精神空间，人这一切的基石是创造一个个本没有的物，所以人也是造物主。

设计者是在了解了人类社会的需要与人类发展的方向后对物进行预判与造物这一行为进行可行性的研究并且通过设计出的物解决人类面对的问题，世间万物得到创造所倚仗的技术与创新研究的过程就是设计。所以物的设计就是一个以人为主体、以外在环境为存在背景，服务人类生活的行为。

人、事、物结合起来就是我们生活运行的三大主体元素，物因事的发生而被人类所需要，物服务于人，帮助人解决事物，物的存在以事物的存在为基础，一旦事物发展变化，物也要变化，物的变化就是物的设计，设计以物的存在为基础，一旦物有了新的定义，设计也要不断地创新发展，物就是辅助人类生活的工具，是人的配角，所以物的设计以创意为主体，不断探索新的方法与实现的形式。物是真实存在于我们的生活中的事物，物的设计也可以理解为产品的设计（图1-3）。

图1-3　产品设计

1.1　物与生活

生活中物无处不在，设计者要时刻锻炼自身的敏感度，带着一颗感受物与我结合的心态过生活。

牛

物

Design

图1-1　"物"古体字　　　　图1-2　设计

现代社会的先导生活方向已经由一切以人的本我思维为第一要素改变为尊重自然世界事物发展的必然规律并且与人类自身欲望结合达到一种共生、共存、共促、共赢的新导向，基于物服务于生活的设计思维也要与时俱进。

物的存在从来就是服务于生活，我们就应该从生活中吸取物的设计方向。人类生活的导向不仅仅是以苦难、寂寞、压迫、缘虑心，也是希望人类可以在不过百余年的五味人生中，在平平淡淡、简简单单、安安稳稳的人生路上在心灵上获得满足与安宁快乐地度过。物是充斥于人类的生活方方面面的，人类又只是自然的中的一个物种，所以物的设计一定要向与自然同处、顺应自然的方向发展。物与生活在自然这个巨大的海洋中自由地游动，就要建立以自然为核心的物的设计，也就是自然为中心的物的设计观念（图1-4）。

图1-4 设计引领生活

1.1.1 物与生活的关系

物的存在空间是我们人类生活的环境，物与生活的关系如同鱼与水的关系，物又可以理解为物质，与我们的生活息息相关，永恒存在于我们人类所处的空间中，物一直永恒分配在我们的世界中，物是空间与时间、质量与变量的综合体现。而生活代表的是人作为各个分散的本体在自我日常存在进程中的具体到任何单个行为的综合体现，包含的是

我们人的方方面面，生活的意义是借由任何物质得以追求到快乐与美满的人类生存体验。生活中的各种各样的琐碎的事情从本质上说是对本我的生存过程的一种注解。生活也不仅仅代表本我的生存，也是我们在平常的活动过程中与本我有各种千丝万缕的关系的各种行为。

物的产生是自有人类物种出现开始的，物的产生自远古时期就有，并且其本身的发展史与人类的进化发展史一脉相承。可以理解为当人类开始生产生活、人类社会不断进步的过程也就是物不断发展的过程，物是组成人类世界全部物质存在的总合。

物从来都是以能解决人类生活问题、完善人类生存环境、改变人类生活状态而存在与发展进步的，人类的生活是离不开物的，它代表了人类生存的全部物质存在，但是人类也会因为物时时处处充斥于生活中而容易忘记物的存在。物时时处处充斥在我们生活的方方面面，物就像画笔为人类的生活增加了无数的色彩，物就像音符为我们人类的生活增加了无数悦耳动听的背景音乐，为平缓安逸的日常生活增加更多的便捷、合意、趣味。人是群居动物，有人的地方就有江湖、有人的地方就有社会，遗世独立与社会脱节是不可能的，剥离了物的人是无法生存生活的，每一个人都是要有物的辅助才可以正常的生活生存生产。物与生活、物与人类犹如人与自然有其无法脱离的羁绊，物与生活互为因果、互相联系，相得益彰（图1-5）。

图1-5 物与生活的关系

1.1.2　物的设计与生活的关系

　　物的存在源头是人类生存生活空间中的物质存在，而物的设计也是源自于人类在生活过程中的不断变化的需求，物的设计就是更好地解决人在生活中遇到的问题，是一个不断变化的答案，因此物的设计其实就是人类所处的这个时代的最先进的生产力的外化体现。

　　纵观人类发展史以人类古代的新石器时代为例进行验证：新石器时代人类世界出现了很多物，其中代表先进生产力的有各种玉器首饰、各种青铜器祭品、各种漆器饰物、各种陶器，这些物的产生、这些物的设计的产生既反映出了当时人类的生存生活的必要需求；也反映出了人类所处时代的生产力发展状态。遥想石器时代人类掌握的科学技术非常落后，与现代生活新鲜物不断出现不同，那个时代的新的事物的产生非常的困难，需要人类社会群策群力、共同努力、克服困难，才能产生新鲜的事物（图1-6）。

　　当现有的物没有办法充分满足人类日益增长的生活需求时，对物的设计、对物的升级改造就显得尤为重要，也是提高人类社会生活水平、改变人类生存环境的一个路径。

　　所以物的设计是人类社会生活极其重要的部分。设计者设计出新的事物，就又解决了人类生活中出现的一个个问题，也达到了人类的各种生存目标、生活愿景，并且借由物这一实实在在存在的载体体现出来。所以有人认为对物的设计的注释就是对人类所处时代的标记。

　　因为人类社会的生产力决定了人类生活的生产关系。人类的社会物的设计是服务于人类社会主体需求的。而人类社会的每一次进步就是由此而来，17世纪的英国，工业革命给人类生活带来的改变是巨大的，而从深层次挖掘，发明家首先发明的是蒸汽机并借由蒸汽机为人类社会发展给予了新的、巨大的发展动力，可是为何是蒸汽机最先发明而不是电动机首先出现，答案就在于17世纪人类所处时代的生产力水平并不能支撑发明出电动机，物的发明不能一蹴而就，需要循序渐进，要先发明出蒸汽机才能借由蒸汽机提高人类社会生产力进而由生产力的提高发明设计出电动机。

　　人类的特质决定了人的欲望是无限的，人对生活品质的要求也是无穷的。所以物的设计既是由人对生活的追求决定的，也要符合人类社会生产力发展水平，必须要完整地看待物的设计与人类生活的关系，生活与物的设计相辅相成、互利共生、互为促进的源动力。物的设计的意义在于它不仅仅是服务于人类、服务于人类生活，物的设计也带有一定的前瞻性、对生活有一定的引领作用，物的创新设计也是人类生活发展的创新发动机。设计者的意义就是设计出超前于人类生活需求的物，设计出的物不仅仅是服务生活，也可以改变生活，让生活变得更加美好。

　　随着人类社会的不断进步发展，对物的创新性设计表达越来越被各个国家看重，在生产力发展迅速的今天，如何抓住创新这一引领任何行业、任何领域发展的关键点，是摆在每个国家、每个设计从业者面前的新问题、新挑战。

　　现代社会是一个完全不同于之前的信息化社会，不断变化的生活环境、极速提高的社会生产力使得人类社会不断变化、不断进步，而这样大的变化、这样迅速的发展速度全部得益于创新带来的源动力。创新创造了各种新鲜的产品，也创造了更美好的生活。

图1-6　物与生活

一直以来设计被赋予了很多高大上的光环，设计的物也被认为是具有一定社会价值、可以改变人类的生活，但这也固化了物的设计的行为，使得物的设计变得功利化。然而物的设计的范围非常的广泛。如果细细观察人类的生活环境、仔细分析我们周围的环境，每一种物，无论它多么的细小、多么的微不足道，都是需要设计创新才能更好地为人类生活服务。

物的设计，从物的本身的概念到物的具象的功能性体验，甚至是物的美丽新奇的外部造型设计，还有物的内在构成的设计形式，全部都是以人的对物的体验为主体目标，也与人类的生活痛痒相关。若是创新设计出的物没有能力满足人类当代社会生活的发展，不能为人类生活提供一定便利与舒适，更有甚者，设计出的物使生活变得更不方便，这就是设计出的物没有满足其本身的物的价值，是本末倒置的做法。

物是因人的生活而存在，物的设计更是以促进人的生活更好而进行的。而设计的美就在于设计出人类未来的生活画卷，为人类生活增添更多美丽的色彩。有人说设计者是痴人说梦、是好高骛远、设计者总是追求标新立异，不愿意脚踏实地、不喜欢接地气；也许这是设计者的特点，但设计者也是物的制作者是人类梦想的实践者、是人类的造梦者。如果设计者突然有了灵感，而这灵感看起来与现实情况并不相符合时，设计者不能放弃，而是不断寻找与现实生产状态可以互通的点，设计出的物应是可以打开人类生活新大门的钥匙而不是只是不断的重复。

设计应该是五彩斑斓的，天马行空的，心有多大，梦想就有多大，梦想有多大，设计者的脑洞就要有多大。而设计师看似天马行空的想法其实也是对科学技术进步的一个催化剂，物的设计的创新性可以为科学指明新的路径，也可以从侧面促进人类社会生产力与生产状态的进步，改变人类生活、优化人类生活环境与生存状态。

有人曾感慨到："现在的人类生活物质可以说是极大的丰富和充沛"。先进的科技为我们的生活增添了一个个惊喜，人类似乎拥有了无限的实现梦想的机会，而这也是一个对物的设计来说最好的时代。人的一切行为追根究底其实都是服务于人性的深层次的需求，人的低层次的需求被满足后，人的行为又会改变，因为人的需求会随着时间的推进而不断改变，人的欲望是无穷的，人的欲望也是人类社会得以发展、人类生活得以改善的原因。

以中国这一最大发展中国家为例，全面温饱问题已经基本解决了，人民在保证了吃得饱、穿得暖等的人类生活基础物质需求后，就开始努力进入全民小康社会，所谓小康生活、小康社会不仅仅是吃得好、穿得美、住得舒服，小康也是人民对精神文明建设的需求。

人类是无法摆脱情感的左右的，希望被尊重、希望被需要、希望有自己的精神世界是人类共同的追求。物的设计之路也由此而改变，新的物的设计的变革也与新的人类生活追求的变革息息相关，人类生活不断变化，所以物的设计的新路径也会不断增加，物的设计因其与生活的密切联系而变得前途光明。

物与生活、物的设计与生活犹如鱼与水、树与土地一样，谁也无法离开谁而独立存在（图1-7）。

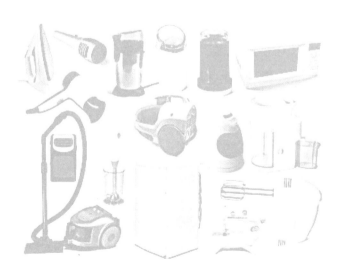

图1-7　生活中的物

1.2 物的发展及存在方式

物，是人类创作创造出的物品，代表的是人对世界的认知及人对自我存在意义的介质和标志，代表着人与人之间旨趣的传达和沟通，提到物的时候，民众的心中会涌现出各种各样的东西，比如与人类生活息息相关的衣食住行方面的物：衣物、鞋子、饭盒、筷子、屋子、汽车、自行车、飞机……五花八门、多种多样。本来人类对于"物"这个词的定义就非常广。

人类是以各种各样的视角、各种各样的方法，赋予"物"不同的定义的。

"物"的存在时间非常久远，甚至可以说在还没有人类的时候就有了所谓的物的出现了，因此对"物"的定义要从"物"的存在方式和"物"的发展路径两个角度分析。

1.2.1 物的存在

"物"的存在其实并不是人们看到的其外在的存在形式，外在形式其实只不过是人通过双眼观察到的一种输出输入结果，"物"有其存在的内在意义，人们需要分析、研究、揣摩、体会、理解。

"物"的存在意义并不是只有服务人类生活、满足人类欲望、解决人类问题的作用，人类需要升华"物"存在的内在价值与本身的意义，因为任何"物"都会对它的使用者产生影响，"物"的存在是会影响人的心情、状态的，所以我们生活中的"物"的存在是有其人类双眼无法捕捉到的另外的态势的。

评价一个"物"存在于这个社会上的好与坏，不仅仅是其使用价值的好与坏，也要看"物"能否给人类以安静、安宁、静谧、正能量的生活感受，使使用者对生活有正向的感知力，引导使用者积极向上。

当人类回忆曾经的生命历程时，就会发现在生命的每一个闪光时刻、每一个值得纪念的时刻，会发现充斥在回忆中的美好事物无不与当时存在的"物"交织在一起，所以很多"物"就是人类情绪的一个替代符号，对人类的生活存在意义非凡。

"物"的存在是为了人类而存在的，人类利用其发现生活的美好、体会生活的意义，所以"物"是以人的意志为存在的，每一个"物"的存在与毁灭都是以人的意志为转移的。

无论是唯物主义者还是唯心主义者，都承认一个道理：人类所处的这个世界其实不是一成不变的，它在不断变化中，而人类所处的宇宙其实是一个过程，它在不停地改变、不停地运转中。人类世界是一个整体，它是流态变化的，就如物理学中学到的每一次原子流动，都是旧的粒子的消灭，也是新的粒子的重生。原子的世界生生灭灭永不停止，量变与质变不断地循环。以小见大，人类的世界也是一个不断循环往复的过程，所谓跳出三界外，不在五行中，就是站在一个制高点去俯瞰世界，所谓生死不过都是过程而已，有生就有死、有死亦有生，福兮祸所伏，祸兮福所倚。

现代社会，日新月异，新的"物"不断出现，旧的"物"也如流星般稍纵即逝，快速出现又转眼消失。"物"的发明创造追寻的也是从不过时、永远新潮的物质存在。每一个本我的一生充斥的"物"构成了生活的框架。秋日里美丽的花园的落叶、装饰一新的房间里的各种事物、各种各样的新潮产品。

科学家不断探索通过科学的角度去发现新的实体的"物"的办法，将任何存在的"物"全部当作一个循环的整体，且这整体并不是孤立割裂的，是没有缝隙的。

任何"物"都隐藏着某些特别的意义，这内在的意义其实也给予了其活动的形态，也对人类生活的内在意义有一定的指向性。"物"的内在存在意义既是虚体，也是实体。

每一个新的事物得以存在于人类所处的世界，不是仅仅因为有设计者通过自身的天赋将其创造出来，也因为创造出的"物"是"适宜生存"的，存在于天地间的"物"其实也和存在于天地间的人一样是不断变化的，"物"的存在与人的存在一样都是有其历史与时代性的，"物"的存在是有其时效性的，太过超前的"物"的发明也会因为"物"与其所处环境不相符而无法存在，就如在亚历山大大帝统治时期的罗马大陆就有先驱者发现了水遇热可以凝结成蒸汽而水蒸汽的动能巨大，但这一发现却并没有被转化成新的"物"存在于当时的人类社会，而是等到了近代欧洲借由资本主义风潮的兴起才被发明出来了。

其实这一切的根源就是因为"物"的存在是需要与其外部环境相适应的。"物"的存在也是遵循物竞天择、适者生存的定律，并不是一个好的、优秀的、超前的"物"就会得到社会的认可，"物"的功能性也需要与其存在的环境相适应才能发挥其最大的功效，"物"也需要生而逢时，生不逢时的悲剧也经常发生在"物"的发展历史上，纵观我们身边的"物"、追溯"物"的发展历程，不难发现一个道理：物的存在是与其所处外部时代有一定的关联性的。

"物"的存在历史其实与人的历史很相似，除了有其时代特性更加与其所处的水土有关，这就如"橘生南方为橘，橘生北方为枳"，一方水土养一方人、一方水土也是养一方"物"的，社会背景对产品具有影响作用——当社会关系制约生产力的时候，科技和产品得不到发展，只有在社会关系带动生产力的时候，物产才会极大地丰富，科技和文明才会随之飞速进步。每种产品都有其时代特点，如工具时代人们使用木质手工器具，青铜时代人们冶炼和使用青铜器等，任何一种产品都可以映射出其对应时代的社会文化、科技艺术等特色。

人类为了自身的发展，不能只满足于大自然所提供的物质状态，必然不断地进行创造。设计是创

图1-8　不同时期的物

造活动的第一步，人类在创造社会物质文明的同时也促进了设计领域的发展和完善。也就是说，任何形式的产品，都是受其所处时代的文化、社会、经济、科技等因素的共同作用影响下而产生的（图1-8）。

1.2.2　物的发展

"物"的发展历史与人的发展历史轨迹相同，可以说有"物"才有了人进化发展的机会；有了人"物"才会发展的如此迅速，"物"与人、人与"物"彼此成就，无法分割，互相促进。

"物"的发展萌芽是从旧石器时代到新石器时代的远古人类社会，那时的物的存在是为了解放和发展原始人的四肢和体力。那时候出现的"物"是打制石器，打制石器也许与今天的大型机械相比非常的落后和粗糙，但是对身处那个时代的原始人类来说，打制石器可以说具有里程碑式的意义。可以这么说，打制石器代表着人类和动物之间的分水岭，人类通过制造打制石器开启了人类的历史。

"物"的发展在石器时期之后就是手工业时期了，从陶器被发明出来到工业革命之前的时期为截止，这一时期的"物"以服务于上流贵族和以服务于普通大众两

个方向为主，因这一时期的"物"的制造多以手工业为主，所以呈现的特色是以人为本体和出发点，"物"的个性十足、样式繁多，且手法技艺非常依赖于生活经验的偶然转化与师带徒的口口相传，"物"的组成物质几乎来自大自然的馈赠，在这一时代，人类社会物质较之之前极大的丰富，所以"物"的发展也进入了一个小高潮，因这一时代，人类的生活半径不大，所以"物"的存在与发展状态与其所处自然环境息息相关，不可分割，更与其所处的环境形成的文化背景不可分割。

"物"的发展接着就进入了工业时代的早期，时间是从欧洲的工业革命开始，结束于第一次世界大战结束，这一时期的"物"的发展因为机器的出现进入了一个新的模式，"物"的设计者与"物"的制造者开始分工合作，设计与发明的价值越来越突出，而制造行业推崇的也不再是千变万化而是开始进入标准化制造趋势，材料的运用也不再是全部来自大自然，而是借由机器生产出了新的材料，并大量运用于"物"的设计与制造。

"物"慢慢进入市场主导的时代，"物"被赋予了商品特性，且因城市规模不断扩大，标准化生产出的"物"的市场越来越大，"物"也得以迅猛发展，也是在这一时期，各种工艺美术运动大行其道，美术设计师进入"物"的制造领域，对"物"的发展意义开始被大众注意，"物"的作用不再是单一性的，而是进入了多元化的时代，不仅仅满足人类物质生活的需求，也开始对人类的精神世界有了很大的影响力，人类对生活的追求体现在了"物"的发展状态上，艺术与技术相辅相成，是"物"的发展的左膀右臂，互相合作，彼此促进，"物"才能做到两翼齐飞，"物"的发展小高潮也是因此而产生。

"物"的发展在接下来的几十年中进入了成熟稳健的工业化时代，德国包豪斯学院的出现也为"物"的发展培养了无数的优秀人才，包豪斯学院推崇的是基于工业大生产的自主设计，推崇将创造性设计与实施性手工艺结合起来，不只是局限于设计的艺术性，也不是只追求手工艺的技术性而是结合二者的特性，使大型机器变成"物"的发展的最好的工具，但又可以跳出其刻板、重复的问题，设计源于实践但又一定要高于实践，使设计"物"的人，既接地气又有自己的高度，引领"物"的发展方向却又不会迷失"物"的发展道路。

进入新的时代，"物"的发展之路也走向了后工业时代，科技日新月异的今天，"物"的发展就像一场轮回的宿命，当技术有几乎无限的可能时，人们对"物"的文化属性、"物"的情感归属性、"物"的时尚性、"物"的形式化也有了更为深刻的认识。"物"不再仅仅是个体事物，也组成了社会的组成、秩序、发展，"物"的形式以人与人的交流互动为要素呈现，"物"的发展进入了新的以大众参与性设计为第一要务的时代，这一时代的"物"的存在是以其表现的主旨、主题为发展要素的，人类不再追求战胜自然的快感而是寻求与自然共生共存，人类重新开始了对尊重自然、敬畏自然、顺应自然的生活方式，"物"的发展似乎又回到了起点，人类不再欲与天公试比高，而是承认自己是自然的孩子，是自然的一部分，人与自然和谐相处。

"物"的发展就是一个轮回，人类从自然中来，也必然会回到自然的怀抱，"物"的发展也一样，回归"物"的本真，尊重"物"本来的样子，人类对"物"的欲望变成人类对"物"与自然的愿景，以平和的心态面对生活，以合意的状态发展"物"是人类发展也是"物"的发展的必然之路，从自然中，回归自然，追求个体的自然属性，追求"物"的自然特性，人类追求归于自然的个性解放，"物"的发展也开始追寻自然世界的设计形态，对自然的再认知（图1-9）。

图1-9　仿生设计

1.3　物的系统

今天的人类社会生活中处处充斥着各种在之前看来犹如神话仙法的高科技手段，知识的更新几乎可是说是以秒来计算的，昨日种种高科技理论对今日的人类来说也许就是错的，就是要被推翻的，所以人类对"物"的要求中感情的因素被无限扩大，人类追求的"物"是需要与人类达成一定的感情互通的，现在是感性化消费时代。

"物"不再只是为了服务于人类单一功能性需求，更重要的是体现一种态度：一种对拥有者个人特性的符号化存在形式、一个领域的最新论点的实物化体现形式、一个地域最先进文化的体现。"物"既有其形态实体性，又有其信息虚体性。"物"其实有其繁复的系统。

高新技术不断革新改变的社会中人类面对的"物"的问题，由原来的单一个体化的"物"的系统问题，变为了如何从条理化、标准化、规范化的角度去解决复杂的系统性问题。一直以来"物"的系统设计偏重设计者的主观能动性与设计团队的自主评价估量为主，忽略了标准化的"物"的系统构成，容易失去客观性与全面性。

因此解决"物"的繁复性系统构成问题、开拓思维创造性的将现今社会先进的科学思维与办法输入"物"的系统中，就可以解决理性与感性、艺术与科学、本我与自我、大众与小众、主观与客观等矛盾。"互联网+"的时代，以网络科技为基础和工具解决繁复的"物"信息系统问题。

第一步，明确"物"的系统化模式与"物"的系统化观念，构建一个可以做到引领社会生活改变的合适的"物"的系统化设计理念方程式。

第二步，以分层次递进分析"物"的系统，结合理工科的量子化分析法、先聚类分析"物"的系统再通过因子分析多角度多方位分析"物"的系统

的内在理念与外在法则。

感性世界以情感为主导，将"物"的具象存在形式与"物"的抽象存在形式结合，形成的是感性的丰沛与理性工艺学中的"物"的抽象形意探索，探索的途中建成一整套系统形式，利用大数据时代的数据便利性，先于消费者购买行为，推断出消费者的需求可能性，并且通过"物"的反向输出性，打破"物"本身的被动设计形式，主动获取信息，并形成"物"的系统设计的标准化定义方法。

最后，分析"物"的宏观系统，建立明确的"物"的系统化血缘分级之树，基于理性的管理感性的"物"的设计系统，并不是束缚了"物"的设计通道，而是规范了"物"的设计通道的秩序性，在理性的宏观调控下进行感性的"物"的设计。

须知，"物"的系统设计需要以量化的具象展现（图1-10）。

图1-10　概念性设计

1.3.1　"物"的系统设计定义

解析"系统"这个名词，"系"是有关系、有关联，"统"是统一的集成整体。合起来解释就是拥有物质性或非物质性相关的所有"物"在统一的大前提下为了同样的特殊的效能组成一个相对闭合的聚集统一体系。系统是有一个个独立的"物"组成的，是系统的最小分子

组成物；分子组成"物"之间以一个相对闭合的整体组成的形式存在的关联形式可以定义为相关系统的构成线；分子"物"与分子"物"之间借由构成线联合起来进入形成的统一性的结果就是"物"的系统构成的效能化体现方式。"物"本身是物质性质的存在且有特定的效能性存在意义，"物"的自身就已经是一个具有多分子"物"性质和闭合统一体的构成，分子"物"和闭合统一体之间互相的关联性决定了备有相对独特立体效能的闭合系统——即"物"内在的系统。

自古以来，"物"的形成和发展都如植物一样需要合适的土壤、充沛的阳光、空气、水，"物"的内在特性化效能一定要有特殊的、本源的人类社会、人类社会生活文化环境中的市场认可，人类认同。所以"物"其实也是一个具有外向性、关联性的与外部世界紧紧联系的开合向的系统——"物"的外部系统。如同人的内在与外在以人的生命开始而起始以人的生命的消逝而结束一样，"物"的内部与外部系统也是与"物"本身的存在时间同步。

以"物"的系统设计为出发点，配合服务人类现在社会中的思维主流：绿色、天然、可持续的"物"的设计潮流导向——"物"的系统化设计行为方式是后工业化时代的设计思考形式，对人类社会生活有很重要的指导意义（图1-11）。

关于塑料瓶的再设计

非洲喀麦隆San Pablo建成的非洲第一所用塑料矿泉水瓶建造的学校

图1-11　矿泉水瓶学校

1. "物"的存在时期

后工业时代"物"的存在时期指代的是"物"从生产出到"物"彻底失去价值并不复存在，再到"物"以另一种形式重新出现在视野内的整个过程。"物"的存在时期是十分机动灵活、开合自如、流态多变的，从最初始的"物"的基本原材料的取得，在原材料和现有科技的支持下进行的"物"的设计方向筹划生产制造出具象的"物"，"物"被推向市场进行市场化的出售，"物"在使用者的手中发挥其作用并由生产者进行相应的维护工作，功能性丧失或者功能性减退的"物"由专业人员进行统一回收，旧的"物"通过人类这个造物者的设计之手进行循环再利用。

"物"的内部闭合系统也是在这个循环往复、不断变化的过程中慢慢与人类及人类所处的外部环境有机的关联起来。现在充斥于人类生活中各种五花八门的营销策略就是给"物"与人类生活一个转化媒，使人与"物"由陌生到熟悉，当"物"失去吸引人的价值就会被使用者放弃，进而会被可以挖掘"物"剩余价值的人进行回收并且分解和再次找到"物"的价值，"物"又变成了可以被人类使用、有价值的能源，有价值的能源可以在创造者手中借由先进的科学技术就又产生了新的、更先进的"物"。

"物"的系统化设计的意义就是构建一个可以将人类社会生活与"物"与人类社会文化生活环境连接起来一个既闭合又开放的圆环式系统，几者之间可以互相渗透、互相协助、互相影响，而"物"的系统也是在这一流动的时期形成的。

2. "物"的内部闭合系统

在"物"的存在时期中，从最初始的"物"的基本原材料的取得到利用机器或者手工制造出来是"物"的产生过程，形成了"物"的初始的内部闭合系统。"物"的内部闭合系统由"物"的组成因子和组成因子间平稳的构成关系组成，是有其相对的独立特殊的效能。组成因子是组成"物"的内部闭合系统的分子个体，构成关系是一个个组成因子互相关联、互相影响的办法和条理，"物"的组成因子借由统一的构成关系关联希望达到的目的就是体现"物"的效能，"物"的效能的达成就是"物"的内部闭合系统与外部人类社会互联互通和相辅相成协调发展的历程，它代表的价值的构成关系与效能决定了"物"的内部闭合系统的效能性意义，代表着"物"的系统内在关联性。

"物"就是借由"物"的内部闭合系统同人类社会各种文化环境的联络点和功用，把"物"的浅层次的存在因子与因子构成关系变化成为深层次的因子与因子构成关系，体现"物"的功能性价值。

3."物"的开合向的外部系统

在"物"的存在时期中，自"物"变身成市场上流通的商品到"物"变成无价值的"物"被废止回收、循环再利用其产生能源与再次拥有价值的"物"，这一过程是"物"的功能性展现，这一过程不断循环发展形成了"物"的开合向的外部系统。改变"物"的开合向的外部系统的原因是多方面的，例如"物"在变身商品时当时人类社会的市场状态、认可"物"的价值的人类的情况，目标人群的年纪大小、男女之分、购买力与购买认知、受教育水平、地域文明特性、地方的法律法规甚至是当事人一瞬间的心情都是对"物"的功能性价值的体现的不可预知性因素，都会对"物"造成影响。

因为"物"体现它价值的流程通常是唯一的"物"与大千世界中形形色色的人类互相建立联系的过程，每一个"物"的拥有者在面对生活中的各种突发状况时对唯一的"物"的价值的认可度、使用的合意度、操作的便利度都是不同的，人类是最复杂的、人类拥有充沛的感情，所以服务于人类的"物"的体现价值性意义也是千变万化、繁复细致的。

1.3.2 "物"的系统化设计考量形式

"物"的系统化设计考量形式一般表现于"物"的内部闭合系统的组成因子和组成因子间平稳的构

成关系的关系，"物"与人类社会的正反向互相影响、互相改变、互相克制的联系的对立与统一中整合一切地观察"物"，将"物"的内外部系统统一起来分析，"物"的一体化研究过程是：在一个系统下去解析"物"、调和"物"、强化"物"，在"物"的系统设计思想下去探析各种问题、终结各种问题。

1.3.3 "物"的系统化设计的价值

"物"的系统化设计的考量形式可以相对轻松地解决后工业时代的人类社会发展之痛，以及人类社会繁复的人与自然、自然与人类社会、社会与人类的问题。

"物"的系统化设计为人类生活生存与自然生态问题寻找到了一个平衡点，证明了人类日常生活、自然合宜存在、人类社会不断进步的可能性。"物"的系统化设计也保障了"物"的价值可以更好地被人类社会认可。努力以"物"的存在时期为出发点，适应快速前进的人类生活文化并尽可能的发现"物"与人类社会生活互相影响的价值，最后推算出适宜的"物"的价值定位点，最大化"物"的市场价值与功能意义。"物"的系统化设计助推"物"的产生。

明确"物"的价值定位点就明确了"物"的"最大值"与"最小值"，将"物"放入系统中去循环往复地发展、精确细致地分析，在兼顾"物"的组成因子与因子间关系构成后，设计者会产生中各种各样的设计方法。权衡"物"的系统对设计的指向性，各个方法在统一综合后优势最大化，找寻最好的设计表现方法，新的"物"也被创造出来了。这代表了"物"的创造的系统化方法。

1.4 物的设计表达

就如人类社会，不同文化环境下的人类使用的语言不同一样，不同专业的人才在阐述自身专业时也会有特定的语言，明确设计者之间、设计者和设计"物"之间的专业语言，也就明确了"物"表达的终极意义。

"物"的设计表达并没有很清晰的设定，但是分析设计者表现方法就好总结出两种表达方法：一是通过画笔在白纸描绘想法的"二维"的平面的表现形式；二是应用计算机的设计软件的"三维"立体表现形式。

对设计"物"的外在表达是一种无声的言语，是设计者借由"物"的外在固态形态向观察者表达的语意，也是观察者借由自己的双眼观察到的语意，设计的"物"的是需要超前于社会发展的，代表的是人类最具创新性的头脑和最有创造性的人类生产力，设计可以说是一种结合了人类理性思考与感性思维的人类行动。

设计不仅仅像画家作画或是雕塑家雕刻创作这些基于创作者感性思考的天马行空的艺术性体现方法，更不只是物理、机械工程这些完全依赖于人类理性学习范畴下的专业知识进行阐释描述，设计者的表达语意是在理性分析其可行性后再运用充沛的感性情感去创作去表现。感性与理性恰如春花秋月，任何一个景致的缺失都不能构成最美的"物"的设计表达言语，百分百地结合感性与理性后，设计者就找到了最优美、动听的设计的表达语言了。

现在的人类社会生活决定了，人们对"物"的要求越来越高，所以社会对"物"的创造者——设计者的要求也在不断提高，如果希望成为一个与时俱进、不断创新、永远创造力十足的"物"的设计者，一定要拥有很好的驾驭设计专业表达语意的能力。

希望拥有掌控语意的能力必然不能一蹴而就，学习是没有捷径的，自古华山一条路，只有努力不断练习描述"物"的设计世界的语言，还要在平时不懈怠地去开阔设计者自身的眼光境界、扩充设计者的头脑存储量，也要增强设计者的美术专业素养和计算机专业知识，力求设计者可以做到思想有多宽阔、灵感有多奇艺都可以通过自己的双手去表现出来，设计者的脑与设计者的手可以做到互相合作，思想的高度有多高、专业的表现就有多高。

以全世界最先进的美国为例：在美国社会中，对设计者有专门的行业协会进行管理保护，而美国的专业协会对美国所有设计者的素养都有严格的标准，其中创新能力、发散思维是设计师的第一成熟要素，美术手工绘画表现能力是设计者的第二成熟要素，因为天马行空、创新力十足的想法想要转化为"物"的设计被表达出来需要的是设计者通过自己的双手去表现，设计者自身头脑内的想法只有通过自己的双手才能百分百完美地表现出来。

对"物"的设计表达是一名称职的设计者的敲门砖，是设计者成为设计大师的垫脚石，每个设计大师在构建自己的"物"的设计这座摩天大厦时，如果希望大厦不会有倾颓的时刻就必须不断精进自己作为一名专业设计师的基本功——设计者的表达能力：美术功底、手工绘画能力。因为"物"的设计表达就像人类日常交流的言语一样是设计者之间相互交换想法的非常重要的工具，是无声的设计者的视觉性的语意表达。

一个设计者的手工绘画能力就是一个设计者自身思想表现的最直观的通道，因为它是最便捷、最迅速、最具体、最实惠、最清晰的展示方法，能够便捷地在人类的感性抽象性思想与人类的理性具象性表现之间构建一个可以自由来去的路径，当设计者灵光一闪时通过设计者的双手记录下来是最好的方法，加强手工绘画能力也可以训练设计者对"物"的外在状态的解析、注解与体现能力。设计者不断精进自身的"物"的设计表达能力的同时，设计者本身的美术审美能力也有了很大的提升。这些才是"物"的设计表达能力最中心、最独特的吸引力（图1-12）。

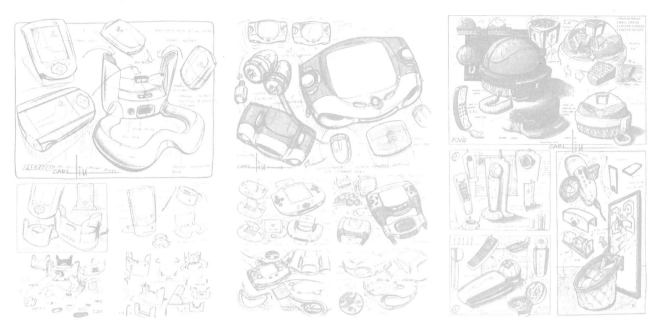

图1-12　卡尔刘，刘传凯手绘作品

1.4.1 "物"的设计表现

"人类一思考，上帝就笑了"，人类之所以现在可以站在食物链的顶端，就因为人类的头脑，因为人类会思考，在人类进化的过程中从没有停止过思考，不断地思考人类与外部自然环境的关系，接着再将思考出的东西付诸于人类的实践行为，不断地尝试，努力地改变人类社会与自然环境的关系，人类社会就是在这个过程中滚动前进的。人类只有借由自己的双手去表达自身对自然的认知，借由努力地工作来改造自然。

所以人类才拥有了自己的文明历史，不同时代的历史是由不同时代的人类的行为和所处时代的"物"组成的，代表不同文化时代的人类最伟大的物质文明与非物质文明。而将人类的精神智慧转化为物质形式存在时就会发现表达力的重要性，人类的思维是随时都在变化的，但万变不离其宗的是物质的存在让人类认识世界，人类总结物质世界的规律提取出相应的非物质性的理论定义或者是人类产生了一种非物质性的思考把它付之于实践形成了

物质性的展现方法，而"物"的设计的表达是非物质到物质的转化过程。对"物"的设计就是人类改造自然的过程，由设计者主观决定、有一定的限制性，由设计语意、侧面烘托、手工艺术表现手法、"物"的存在形态全面地表述人类本身构造的自然世界。"物"的设计表达追求千变万化、多姿多彩。

1.4.2 "物"的设计与"物"的设计表达

人类对"物"的设计的定义是非常全面的。"物"的设计的多学科交叉性属性越来越重要。现代社会科技不断进步，越来越多的新型能源、新型技艺、新型技术被人类发现，"物"的制作过程也由手工作坊式到大机器集成式再到私人定制式，"物"的设计者也慢慢发展为人类社会生活中一个非常关键的行业，它的存在关系到人类社会中方方面面的行业领域。所以设计者不能停止去探索这个不断前进的世界，不断地为人类可以拥有更好的生活而努力。设计是创造者的天堂，设计者必须是第一个吃螃蟹的人，永远站在人类最崭新的新大陆上。而设计者的设计行为只有借由对设计的表达这一设

计语言才能表现出来，才能被普通大众了解、喜爱、认可。娴熟的"物"的设计表达能力是一名优秀的设计者必然要具备的能力。"物"的设计有其系统过程，在这个系统中社会上各个行业的人才要相辅相成、共同努力。

现在是一个经济、物质全球化的新时期，"物"的设计环境有了很大的不同。设计者不单单是设计出单一的"物"而是要设计出一个"物"的设计维度，要解决的也是多方面的问题。

1.4.3 "物"的设计表达时代性

"物"的设计过程是把设计者头脑中的想法转化成可以看到的具体的物态表现形式，是由虚性到实性的转化。不同时代对"物"的具体形态的表现模式要求不尽相同，在计算机并没有普及的20世纪，手绘是实体性表现的最好形式，但在计算机成为社会最主要劳动力的今天，依靠计算机软件的表现形式成了新时代设计者最好的工具。

手绘的表现形式是平面化的，计算机的表现形式是立体的，但手绘的表现方便、迅速，可以在任何时间、任何地点、任何环境表现；计算机的表现形式立体具体、直观性强，但计算机表现形式有其极大的局限性，首先需要有计算机为辅助机器，并对网络、电源等都有非常多的要求，且软件众多，掌握也需要一定的时间，对设计者的灵犀一动式的灵感的记录能力欠佳，容易让设计者错失很多十分优秀、十分有创造力的灵感模式。

总结分析设计的表达方法，不同的时期是有着不同的方法的，也许设计者在表现一个新的观点，也许设计者是希望展现一个新的"物"的外在形状，也许设计者在深入地探索一个组织形式，也许设计者想要展现出新的运用和创作方法。设计的表达形式千变万化，但都是在不停地深入研究和精细化分析中，也是设计者自身设计思考的一种具象展现模式。

每一个设计者都在不停地找寻自我性的设计表达方法，每一个"物"的设计师想要成功就必须掌握多种多样的设计表达手段，也要不停地深造学习，研究人类的情感、分析人类的爱好。

第**2**章

非物质设计

分析非物质设计，就先要了解何为非物质，需要了解非物质与物质绝对不是对立的，非物质的概念并不是托生于物质的概念。

时代的变迁、社会的变化，不断地改变着人类的生活状态。现代社会是一个网络化、大数据的时代，似乎人类社会已经是一个"信息化"的社会了，甚至"网络化""数字化"的生活方式已经成了"90后""00后"的生活方式。人类的物质世界更是早已经被"数字化""网络化"攻占了。人类物质社会中各种代表传统生活方式的物质都被"网络化"强烈影响。注意无论是"信息"还是"网络"，都是以非物质化的形态存在于人类社会的。

所以充满了"信息"与"网络"的信息社会实际上就是所谓的"非物质社会"。从设计的角度分析，"非物质化社会"不断地发展进步，就必须从传统行业的设计角度去分析、改变。计算机的出现为设计者的设计工作提供了很大的便利，计算机是设计者优质的辅助性的工具，也改变了设计各个方面的技术、措施、流程。接着，设计的"非物质化"时代也就是设计的"数字化""信息化"时代；从另一个角度分析，设计者的诸多方面也因时代的变迁而产生了极大的革新，比如设计的行业维度、设计的内在含义、设计的本体位置、设计服务于社会的功能、对设计者的专业教育工作等方方面面

（图2-1）。

非物质其实是哲学社会科学体系中的一个具有特殊意义的理论注解。非物质最重要的内在含义是，分析物质的存在条件，最重要的就是人对物质的认同，可以这么说，物质的存在意义只在于人类的认同感。进而推出非物质的意义是基于人与物质的第三类存在。

而设计者进行设计的实质性的意义与哲学上解决问题的方法类似：人类在日常生活中偶然发现了自己生活中的不便捷之处也就是发现了问题。接着，就开始分析如何解决生活中的不方便之处，就是分析问题，目的是为了构建一个更加和谐、平静、安逸的环境，让人类和物质及非物质更加贴切以及让人文环境更加适宜。最后也是最重要的就是要开始解决问题了，解决物质及非物质的问题创作出创新的、合适的、优美的新的生活的方式。所有设计者的设计行为并不是只围绕着拥有实体存在的物质，设计出的也可能只是一个新的流程、一个新的概念、一个新的风尚、一个新的流派、一种新的服务方式。

设计者的行为最直接的追求就是发现问题进而解决问题，使人类社会生活更加美好，因为明确了这个最重要的目标，而这也是"非物质化设计"的观点会产生的前提背景和形成原因，也是"非物质化"设计的立足点。

分享已经拥有的资讯给全社会的人，是现代网络化社会的一大特点，而"非物质化设计"的核心观点就是

图2-1 "非物质"设计

"非物质主义"设计理念倡导的是设计资源同享、互通有无。它的核心竞争力是服务于人类生活并不局限于单一的物质性存在。

现代社会，人类社会的生活形式对物质性的固态存在是人类消费的潮流，具体表现为先由制作者进行物质性产品，接着借由销售者的手将物质性产品出售给有需要的人。有需要的人在获得物质性产品后，运用产品的功能性意义服务自己的生活、便捷自己的生活，而在物质性产品的价值消失或减退后，人类就将其放弃了。而在"非物质化设计"的行为里，设计工作者的办法是由制造者进行相应的制作开始，接着进行保护、推陈出新，最后再进入循环再回收的过程。消费者对物质性产品进行分析之后选择性地购买、拥有后使用产品、根据消费者使用产品所获得的服务进行费用的给予。所有的一切都是以物质性的产品为起点，以物质对人类的服务价值为核心点。"非物质性设计"与传统的"物质性设计"有很大的不同。

首先，传统的物质产品如果消费者希望拥有就必须要经过购买相应产品才能实现，但同时物质产品的功能与个人需求并不能全面契合，这就产生了功能性价值浪费；同时关注"非物质化设计"可以将物质产品的服务价值与众人共享，通过服务价值的数量与质量连接源头的制作者与终端的使用者，可以让物质的使用者的服务价值所得得到最充分的满足，社会资源也可以实现效能最大化。

其次，"非物质化设计"中制作者的最终目的是通过服务于消费者产生价值，进而通过实现价值而产生盈利，而这种目的可以适当地消减物质性产品设计中的"有计划的产品废止制"原则，因为盈利方式的变化，制作者为了寻找到最好的解决盈利问题的方法，制作者在产生"物"的过程中将重心从生产者的着重点——革故鼎新慢慢转变为消减能量耗损，也努力在尽可能的范围内把制作的成本和原始材料的成本合理地结合起来，制作者也会化被

动为主动，努力地尝试进行对自然的保护、对自然环境资源的循环性保护，并尽可能地进行物质性产品中可再生物的回收利用。

最后，"非物质化设计"的消费者凭借服务价值进行酬劳获得，最大的变化是从消费者一次性购买"物"后再进行运用，到消费者先行进行享受服务再付相应的费用，因此消费者就会主动开始关注"物"的价值强化活动，消费者和制作者一起担负起保护全人类的自然环境责任。

"非物质化设计"给予的是具体材料性的和虚体技术性的保护，"非物质化设计"的概念不只是一个设计者努力与先进的科学技术包括数字化网络、电脑计算机、机器人等互相适应的过程，也提出了一个围绕服务价值为中心的消费者消费方法，也是为人类提供了一种新潮的生活方式（图2-2）。

图2-2 自然环保的非物质化设计

2.1 非物质化设计的存在条件

任何事物的存在条件都要与大环境合宜、得到大环境中行业内人的支持和认同，"非物质化设计"也一样。

"非物质化设计"之所以可以存在，是因为现在人类社会已经开始慢慢进入了以"非物质社会"为主导的

社会形态了。"非物质社会"是"非物质化设计"
的先决条件；"非物质化设计"是"非物质社会"
的具体体现，"非物质化设计"出了"非物质社会"
的具体表现形态，而"非物质社会"是"非物质
化设计"得以平稳发展的环境背景，也是"非物质
化设计"的存在条件。

"非物质化设计"之所以可以发展是因为现今
社会的设计者开始慢慢重视对非物质化设计的研
究，"非物质"设计比"物质"设计更加被设计者
青睐，而计算机设计软件更是如雨后春笋一般出
现，且还在不断地更新换代中。借由计算机软件
设计出的各个文件被保存在电脑上，这些文件只
有虚体化的表现形式而没有实体化的表现形式，
所以文件的保存变得简单很多，且计算机文件借
由网络的连通性，可以做到同时将相距千里、万里
的很多设计者联系到一个相同的设计项目中。"非
物质"的宽度和广度大大开拓了设计者的设计空
间，使设计者的心有多大、设计的行为就有多自由
（图2-3）。

图2-3　各种行业的非物质设计

2.1.1　非物质社会

"非物质社会"是"非物质"设计得以存在的
外在条件，"非物质"设计如果是种子，"非物质社
会"就是土壤，没有土壤，种子根本连发芽都做不
到，可见"非物质社会"是"非物质"设计存在的
先决条件。

人的社会是经过了很漫长的岁月而发展扩张起来
的，在这个过程中人类不断地吸取经验教训，人类的物
质文明与精神文明不断积累和提高。回顾人类的进化历
史，在这漫长的上万年的发展历史长河里，人类通过实
践进行生存能力的积累，帮助人类走过了一次次危机，
人类这一物种才得以不断进化，进而成为地球的食物链
顶端的动物，人类在这个过程中学会了运用语言与文
字，所以人类的文明被记录了下来，人与人可以进行复
杂的交流活动，人类世界中的八大奇迹更是凝结了无数
先贤的智慧与汗水，甚至是生命。人类的文明得以一代
代被瞻仰、被铭记。

后现代工业革命时期人们进行了无以复加的物质的
积累与物质的生产，人类社会生活和物质也是极大的丰
富，甚至到了生产量高于需求量的状态。在经过初期的
兴奋期后，面对种类繁多但都是大机器、流水线、统
一生产出的物质产品，人们的兴奋度下降，人类追求
的不再是千篇一律、千人一面的生活方式，人类需要
的是可以提高自身辨识度的物。流水线生产的结果使
人类中的一些喜欢思考的人开始对现今社会物质的极
大丰富产生质疑，人类在无休止地追寻物质的同时，
遗失的是人类的精神世界和人格特性。物质大生产所带
来的负面影响也在加剧，如自然资源的匮竭、空气污
染等。

人们开始反思过于注重物质对人类是一种灾难，所
以新的革命运动开始兴起，以网络为载体，依附于计算
机、手机等的电子设备，努力将人类对物质的渴求转化
为对非物质的渴望。人类开始进入非物质社会。

"非物质社会"是信息网络化社会与第三产业共同
组成的新型社会形态。

"非物质社会"网络编程工作者人数激增，区别于
后工业时代的人类社会，"非物质社会"的核心价值力
与竞争力体现在以先进的知识为第一生产力，价值的大
小全由科技的先进程度决定。

现在的人类社会充斥着的是无形的信息连接媒介，
从媒体到个人全部通过网络形成联系，专业间的壁垒越

来越不清晰，自媒体的话语权和公信力隐隐有赶超公众媒体的态势，传统纸媒的立足之地越来越小，这些转变说明人类社会生活从以实体转化为虚体、以硬件转化为软件，人类社会人与人的关系慢慢开始由各种网络社交媒体所统治。人类的声音、影像、文字、意愿，完全都能够进行信息数字化处理，保存、发送、传播、再造，个人的隐私变得越来越透明。科学技术也进入了极速发展的时期，它不断地刺激人的神经，但有利就有弊，人自身的隐私也在被科学技术肆无忌惮地破坏着，人们慢慢发现越快乐就越迷茫。

计算机出现伊始，乐见其成者预言：计算机以后会是人类儿童教育最重要的手段，计算机的应用范围会非常的大，辅助交通不便利的地区进行科学系统的教育。而且数字信息的享用者转变成了数字信息的产出者，不仅仅是被动性的购买消费行为。

计算机可以辅助享用者进行相应的理论意识形态产生。计算机的意义是让贫困的儿童同样拥有放飞梦想、茁壮成长的机会，让这些孩子可以开阔思维，尽量解决偏远困难地区的家庭面对的种种问题、度过种种难关。而生活在大都市的人的周围环境中遍布基站，网络遍布人类生活的方方面面，都市生活也被全部改变，并借由"物"与"非物"的交互设计，达到一种明确的城市生活性和沟通性的联系（图2-4）。

图2-4 运动交友非物质设计

2.1.2 非物质社会的设计者

如果说"非物质社会"是土壤，"非物质"设计是种子，在非物质社会中进行设计工作的人就是水源了，种子是否能够不断成长，最后变为参天大树，就要看浇水浇得是否充足了，所以提高设计师的素质对"非物质"设计的存在有着最后的推进作用，水源如果枯竭，那么植物也是无法存活的。

人类进入"非物质社会"后，设计者的设计行为也正在发生着很大的变化，设计的意义也有了很大的改进，为了适应现在这个以"非物质"为核心价值力的社会，设计师们要构建合适于"非物质"社会的价值观与事业观。

对设计师进行分类研究，大体有三种固定模式的类型：首先是最普通的设计师，特点是顺应社会的潮流风向，没有自己的想法，也没有开拓进取的能力，更无法做到创新创造引领社会进步，只是把设计的重点放在了单一性的物质性产品的外在形态与美感设计上。其次是被动思考者，这种设计师的特点是其在进行日常设计时会发现设计这一行为对人类社会的影响，也会通过观察到的影响去分析人类平常生活中面临的各种各样的问题，包括生活上的、精神上的，了解人类社会发展中面临的需要改变、改进的东西，并为之付出一定的努力。最后一种设计师，可以说是激进派，他们从来不屈服于现有的潮流，不愿意为了迎合市场而设计，甚至对传统的事物有一种不自觉的叛逆感，总是认为设计也好、人类社会也好必须要有深刻的变革才能改变，这种变革包括社会组织形态、社会环境构成，当然也包括设计的大变革。但这种设计师又是对传统的旧有事物念念不忘的，追求对传统的再现，只是不满足于所处的设计时代，他们既有对未来的无限渴望，又有对过去的无尽怀念，是对立统一、矛盾的群体。

"非物质化设计"到来了，设计师在人类社会的意义已经有所改变，设计不是只是外在形态美好，也是需要有质疑精神和变革决心的，并且致力于通过设计表达出的视觉性言语可以影响通过双眼感受的消费者的精神世界与心灵感受。

　　"非物质化设计"的兴起，要求设计师的综合素质也要不断提高。博文广记、博学多才，且拥有一双发现美丽的眼睛，拥有一双可以塑造美丽的双手，并且有责任心，时时刻刻记得设计师也是要为人类未来的美丽生活做贡献的，且人类未来生活的美好由设计师去设计，设计师也必须要引领社会（图2-5）。

图2-5　引领未来非物质设计

2.1.3　非物质化设计的存在因素

　　"非物质化设计"的存在条件中，"非物质"设计本身的因素也不容忽视，分析"非物质"设计的内在因素就是分析"非物质"设计的本位存在条件，也就是"非物质"设计的先天条件，它就是种子，没有这颗种子，一切的事情都是无法存在的。

　　分析"非物质"设计的物质性存在因素，就首先要分析"非物质"中的物质是什么，需要知道，此物质与后工业化时期所定义的物质是不尽相同的，首先是：网络技术、编程技术、信息化技术等新兴的科学技术是"非物质"设计中的技术支持，被全面地应用于各个方面，也对依附于网络信息化的物质设计产生了深远的影响，对物质产品的意识形态、样式颜色、生产材料等这些看得见、摸得着的部分都造成了跨时代的影响。其次是：在漫长的工业革命时代，物质产品一直在物的价值方面体现得最淋漓尽致，一切使用体验和功能价值都是取决于物质产品的存在形态的，可是时代在改变，随着科学技术的飞速发展，科技慢慢变成决定价值的最主要原因，"物"的功能和价值开始以"非物"的形态表达出来，科学技术超越了物质形态。

　　"物质"形态往往反映的不仅仅是其在人类生活中的使用价值，也反映了人类社会的"非物质"形态，其外在形态的审美态度反映的也是物质所处时代的人类的精神文化素质与精神文明高度，所以一个古董有时就好像是一段过去的影像回忆，对人类的意义非凡。

　　"非物质"设计中的非物质其实就是设计师赋予设计产品的精气神，体现的是设计产品的艺术性审美水平与意识性价值，这就不仅仅是设计使用价值，而是包括了设计行为背后所反映的人类精神文明方面的需求。"非物质"设计之所以可以成为一种最时尚的潮流，就是因为其精神物质性意义存在，其带给人类社会的启发性是促使人类不断提高自身的审美能力、提高人类的整体文化素质、为人类的精神世界构建更加和谐的生活空间。

　　而支持"非物质"世界的核心因素就是科学技术，"非物质"的发展依赖于科学的发展，科学技术的发展，使得设计师的设计工具不断优化，设计师的设计行为不断变化，"非物质"的设计就是设计者以科学技术为画笔在人文艺术这张纸上绘制的美妙画作。

由高技术的应用所带来的效益，不胜枚举。奔驰汽车推出的一款车型将装载会说话的导航系统，这种导航系统的功能是把你从一个地点引导到你所想去的另一个地方，在途中将会提供有声导游服务，向你介绍沿途的风土人情、餐饮、住宿等情况。如果你的智能汽车被盗，它还可以打电话给你，告诉你它的位置，而且它的声音听起来好像受到惊吓一样。正是由于这种技术性因素的作用，提升了设计的附加值，同时又满足了非物质社会人们对产品非物质性的需求。

2.2　非物质化生活方式

在人类进入信息化社会以来，我们的生活方式已经在慢慢地被网络文化、计算机应用等左右，基于"非物质"化社会的设计者们也在不断地改进自身的工作形式，用以适应现在的信息化社会，设计者的工作、生活方式也会有很大的变化，设计者设计出的作品的外在形式与内在涵义都会有很大的改变。计算机和网络的出现不断地改变着人类生活的方式，人类的生活维度被无限地解放，现代社会的"物"的使用者对"物"的个性化要求越来越高，也鼓励了"物"的设计者可以在设计上更加地大开大合，不断地增加自身的创新创造力和思维扩张力，使用者因"非物质"化社会的影响而改变了对"物"的要求，加上"物"的内在集成性功能不断地强大，也影响了设计者的设计方式。以前的设计者往往更加注重"物"的外部形象设计，而忽略了"物"的内部功能性设计辅助，而在"非物质"化设计当道的现代社会，设计的"物"的"非物质"性功能价值远胜于"物质"价值。

以网络信息化社会中，人人都越来越离不开的一样产品——手机为例子分析"非物质"化生活方

式与之前"物质"社会的生活方式的区别，遥想曾经的手机巨头诺基亚的发展历史，在2007、2008年时诺基亚手机的市场占有率还是有将近60%，诺基亚手机在12年间一直雄霸手机市场，是手机市场上无可辩驳的绝对王者，其他品牌完全甚至不能望其项背。那时的人们追求的最新潮的手机不是其功能有多强大，也不是其科技有多前沿，而是手机花里胡哨、千变万化的造型，诺基亚也在造型设计的道路上越走越远。其实诺基亚公司的管理层与研发团队并没有停止对新科技的研发，获得的专利也是同行业中最多的，但是诺基亚一直没有发现周围环境的变化，没有适应人类在网络、信息化社会影响下新的追求，也没有学会适应"非物质"化社会的生活方式，一直没有明确在现在这个"非物质"化的信息化社会，必须学会利用自身研发的高科技专利。"非物质"时代人们的生活方式是以"物"带人而不是以人带"物"，且人们的生活方式已经开始向虚拟体验式靠拢，但是诺基亚设计手机的思维还停留在设计多种型号、以价格攻占市场，显然没有意识到"非物质"时代人的生活方式是通过科技带动了人类社会发展，改变人类社会形势，设计的意义更多的是引领人类生活（图2-6）。

而分析苹果手机的逆袭可以说就是，苹果公司的研发设计者，敏锐地感受到了现代社会的变化，分析在"非物质"时代的人类的生活方式与"物质"时代的不同，"非物质"化的生活注重的是科学技术带给人类的体验的不同，虚拟化的网络给予了人类生活无限的可能，而苹果手机的设计者，没有被社会的潮流所左右，也没有被消费者的想法所左右，而是敏锐地发现了社会

图2-6　诺基亚手机

图2-7　苹果手机

的"非物质"化趋势,变被动为主动,不是一味地适应消费者的生活方式而生产手机,而是与网络等"非物质"高级的科学技术结合起来,引领人类的新的生活方式,将手机的功能扩大到不仅仅是满足通信功能,而是满足人类生活几乎一切的需求。苹果手机成了一个符号,一个融入了人类"非物质"社会,适应了"非物质"化的生活方式的设计自然成了手机世界的新的霸主(图2-7)。

现在的人类社会已经建立了一个以网络为工具、以信息文化为媒介的网络,将如此广阔的地球连接了起来,形成了一个可以时时刻刻互通有无的大家园,网络世界使得人与人、国与国、洲与洲之间的距离无限地接近,这个网络的潜能是无限的,其中蕴含着无限的能量,它给人类带来的变革是巨大的,甚至可以说它是又一场工业革命。工业革命开始于蒸汽机的发明,而现在的"非物质"性的智能革命是开始于网络的出现和计算机的出现,蒸汽机改变了当时的人类生活方式,而网络与计算机则改变了现代社会的人类生活方式。人类的智慧得到了再一次的解放,科学技术支持下的智慧产生了生产力,这是一个从人类社会生活角度进行的基础性革命,将人类社会带入了网络信息化社会。而网络信息化社会的最重要的特点就是它让人类社会的生活维度扩充到了一个新的广度,在这个环境下,每一个人的社会属性被不断地拉伸和扩张,人类的生活方式也随着"非物质"化而改变。

2.2.1　网络社会的生活维度扩充到了一个新的广度

现在是网络信息化的社会,依靠科学技术的支持,网络犹如一条快速建成的康庄大道,人类社会的各种信息不断地在这条大道上快速行进;也改变了原来社会的时间和空间观念,信息与信息之间的时间和间隔被无限地减小了。伴随着"非物质"化设计与网络技术的不断提高,越来越多的配合"非物质"网络的产品出现,它们连通的是整个人类世界,这些产品可以做到你在此处,我在彼处,我们之间相隔千万里,但是我此处发生的事情可以同步地让在彼处的你看到,人与人之间的时空壁垒被打破了,人可以做到方便地穿梭于世界的任何角落。人类的生活没有了时间与空间的束缚,生活方式变得更加的灵活多变,所以现代社会人的生活变得多样化。

2.2.2　人的社会属性被不断地拉伸和扩张

"非物质"化网络连接人类,让人类可以无障碍地进行沟通联系,就如同曾经的手机、电视这些设备,因为"非物质"化网络是通过一种特殊的形式与全面的内涵给人类社会带来了一个杜绝创新性的识别与体会事情的社会环境。网络与计算机已经给人类的社会生活维度带来了极大的变化,这些变化包含的是:"非物质"化社会中的"物质"环境、人类关系环境、使用市场环境等方方面面。其中,比较突出的是连接形式的改变。

历史的进步不停歇，人类的社会属性是伴随其一生的，从生到死。人类想要更好地存在于社会中，需要不断地改变与扩展自身的价值观、知识面、追求目标与生活方式，如此就能应对社会环境的变化。

2.2.3 人类精神生活新方式

曾经的人类社会人与人之间的关联是因为血脉关系、地域关系和行业关系而联系起来了，人与人之间关系的建立受制于这个人所处的地域地区、原生家庭情况、社会职业选择、社会地位的定位。人与人的关系建立是基于人的地位与人的利益追求是相同，交往全部凭借的是信件交流或电话交流。通过常常见面、互相接触，人与人之间的感情不断加深，精神世界得到满足，进入"非物质"化社会，在"非物质"设计产品的帮助下，人与人之间可以随意交流，人自身的价值观建立与改变的速度也在大幅度地增加，但人与人之间关系却不再牢固，快速接近、马上亲密却又马上形同陌路，人与人的距离近了，心与心的距离却远了，"非物质"化的虚拟特性使得人与人的交往变得随意，认识的人可以无限多，但真正紧密的却很少。人在网络的虚拟"非物质"化社会中变得渺小而伟大，因为个人的思考可以公开到网络而被全地球上的人了解到。随着大众传播的发展，在现今的"非物质"化服务、网络平台、电子界面控制的生活媒介的影响下，人类的生活交往方式发生了很大的改变，可以和陌生人分享喜悦与悲伤，且不需要见面交流，减少了交往成本与责任。

曾经人们的生活是单一的，但是"非物质"化网络服务、网络平台、电子界面的准入门槛几乎是没有的，人类特别是普通人可以真正找到一个发出自己的声音，可以准确表达自己的感情的方式，普通大众的精神生活方式有了很大的改变，通过网络服务、平台展现普通人的心声，人的精神世界得到了尊重。比如，现在每个人都可以通过网络与各级官员直接沟通，也可以将自身发生的事情反映到网络上，得到大家的帮助、理解，也可以将自己对社会时事的感受表达出来。"非物质"化网络服务、网络平台、电子设备界面丰富了人类的精神生活（图2-8）。

图2-8 微博

2.2.4 人的"物质"生活方式变化

"非物质"化网络服务、网络平台、电子设备界面这些非物质化的设计将人类放到了一个无形无相的网中，影响了人的衣食住行各个方面，不仅冲击了传统的生活形式，也冲击了人类的传统意识，比如每年的"双十一"网络购物神话改变了人们的购买生活方式，网络平台的订餐方式也改变了人类的进食方式，电子设备的界面设计的吸引人但同时也让人沉溺于网络娱乐而忽略了运动娱乐的重要，然而这是人类社会进步的必然规律。人类慢慢超脱了物质对生活的局限而转而开始寻求信息化与能量化的社会形态，生活方式也由物质转入非物质阶段，现代社会是高信息化的社会，生活方式也是信息化的生活方式。纵观人类生活状态的发展历程，人类的生活一直都是依赖于物质的，但一直在通过科技的支持努力向信息化、集成化与能量化的方向前进（图2-9）。

图2-9 "双十一"

2.3　非物质设计原则

非物质设计的原则是规定了在现在这个"非物质"化的时代设计者应该具有的思考能力，"非物质"的动态特性要求设计者要具有更加丰富的知识面、更加宽阔的视角、更加大气的审美气质。身处这个网络信息化的时代，设计者需要更加主动自觉地去思考问题，注重变被动为主动，在人的"精神"世界与人所处的"物质社会"之间构建一个可以互相联系的桥梁。非物质设计的原则是设计师为了适应已经到来的网络信息时代而摸索建立的。

非物质化的设计与物质化设计是对立统一于人类设计框架之内的，它们互相辅助、珠联璧合，使设计这个行业的种种设计形式更加丰满和生动的存在形式。

与此同时，非物质的自身设计特性被表现出来，并且明确地展现出其对人类社会发展的积极影响与深远意义。在工业和后工业时代设计出的物质性产品的内在价值包括原材料价值与人工价值，而到了非物质设计的产品中，它的价值体现在对人类社会生活的服务价值与人类社会的经济价值，核心竞争力是高科技与领先的知识，现代社会科学技术才是第一重要的事物，是中心也是核心。

基于物质的非物质设计是一种超越已经具有的设计的超越性设计。现代社会的科学技术随着时间的推移不断的进步，这也是非物质设计得以更快更好发展的基石。

在未来，人类对设计的定义是设计伊始并没有明确的目标、在设计的过程中设计在不断地变化，重要的是可以表达人类的感情、疏导人类迸发的感情，这是设计价值的终极展现。

2.3.1　重视民族文化性设计原则

网络数字信息化主导的社会下的人类的生活形式将人类带进了一个无可比拟的生存环境中去，在现在这个"非物质"化的时代，科学技术的进步十分迅速，甚至超越了人的想象。人类沉迷于物质产品带给生活的便利与舒适，人类沉溺于物质的享受而丧失了对价值观的评判，之前的价值观、人生观、世界观已经崩塌。而人类文明与科学知识的力量是可以重塑人类的社会秩序、道德标准、价值认同，人类需要的是找到曾经的梦想与原则。

人类的情感投射于"非物质"设计中，设计出的物质也必须满足人类的精神要求。在"非物质"化设计的时代，人类对物的索求是既要满足生活功能化需求又要表现出人类对文化传承的情感需求。"非物质"设计是要满足继承传达民族文化性的。

"非物质"设计的设计者主动地将民族的文化性体现在了新的物质设计上，既满足了物质服务的价值需求，又满足了古老的人文关怀。使用者体验到的绝不仅是物质服务，也可以感受到民族文化对使用者精神世界的满足性。设计者的文化修养与教育水平决定了能否进行文化设计，而对民族文化的热爱决定了设计进行的质量，代表是设计者的职业道德和民族文化责任感，是设计者对本民族的人对民族文化维护的体现。

同时，产品的民族文化内涵是使用者的需求，能否设计出可代表民族文化的产品是衡量设计者自身设计水准的尺子，而一个成功的含有民族文化的产品也代表着使用者的精神修养和文化水平（图2-10）。

2.3.2　重视人性化设计原则

人性化的设计原则就是从物的消费者的角度去探讨问题。一切以使用者为重点，设计者的重心从物本身转到了物的使用者，设计的目的是物质的使用便利性与人性化特性。"以人为本"的原则在工业时代也有体现，

图2-10　基于民族性的设计

可是网络信息化"非物质"化时代的到来，使得开始想要摆脱过去对人的物化定义而变成了对使用者的人的特性的关怀。

网络信息化"非物质"化时代的人性化原则其实就是将物质产品的拥有者放在第一位，而设计的物质本身屈居第二了，设计者天马行空的创意也需要将拥有者作为设计的必然原则。当设计师设计研发出来新的产品，必然需要进行相应的市场调研，但调查的内容不仅仅是使用者的个人喜好，也包括使用者的深层次的精神要求，而这些精神追求需要设计者在调查之后进行二次的分析，设计调研要挖掘出使用者自己都无法洞察到的潜意识里的需求与喜好。在"非物质"化社会的"以人为本"的设计原则的要求下，设计者需要考虑的远比外在形态复杂得多，所以一个成功的物质产品的设计产出需要的是设计者与心理学家、机械学家、社会学家多多合作。

真正全面的人性化设计不仅仅是令使用者在使用时感到合适，而是使用者的心灵通过物质产品得到慰藉与关怀。

2.3.3　重视高科技的设计原则

网络信息化"非物质"化时代的科学技术每日

都在进步，对设计者来说这是最好的时代，海阔凭鱼跃、天高任鸟飞，设计者可以说是拥有了一双叫作高科技的翅膀。曾经因为科学技术的制约，设计者的想法总是无法尽数去实现，但现在的非物质时代科学技术的发展几乎可以超越设计者的想象力，所以重视高科技发展，并且以科技发展为动力，通过设计者自身的能力，设计者必须做到时时了解最先进的科学技术，并且通过设计把高深的科学技术融入物质产品，使其进入到千家万户。

科技发展的脚步不停歇，设计者通过产品设计转变高新技术的样子，让它们飞入寻常百姓家，抢占市场。设计者在继承了原来的设计经验的同时也要注重普通民众的需求，以高科技为载体，将自身的创新与科学技术结合，通过憨态可掬的外在形态解决高新科学技术太冰冷的问题，设计就是高科技与人类情感的沟通桥梁。

通过产品设计的语意将高科技的美传达给普通的消费者，使科学技术的价值可以惠泽到千千万万的百姓，重视高科技的设计原则是利用旧有的外形设计模式去操控新技术，繁复的问题得以容易化。

2.3.4　重视虚拟与现实设计原则

有人认为，现在的"非物质"化的世界是一个网络化的世界，网络化的世界就是一个虚拟与现实共存的世界，现代社会虚拟与现实借由电脑与网络技术实现，所谓的虚拟现实就是一个虚拟世界的真实世界，移动通信、手机网络和网络APP共同构成了现代虚拟现实社会。所以现在的设计师十分重视产品设计的虚拟现实性设计原则，以中国最大网络虚拟现实商店天猫商城为例子，2016年开始天猫商城引入了VR技术，将物品从虚拟的网络平面化改变为现实立体化（图2-11）。

借由各种各样可穿戴感应器械，使用者可以通过自己的感受，利用人类掌握的各种现实技能对虚拟现实社会的产品进行设计，将人放到虚拟的世界中去体会。人的视觉、听觉、感觉都是设计者可以利用的。虚拟外部环境的建立借助的是电脑操作、动态捕捉、立体形象实现。

虚拟现实设计原则的特点是：全观感性，包括视觉、听觉、触觉、感觉、动态感觉、嗅觉，虽然虚拟化但是却与现实全面契合；感受性，使用者有一种主人翁意识，将虚拟现实当作真正的现实，并可给予使用者一切的体验；交互特性，虚拟现实设计的重点是虚拟与现实的交互，界面与实体设备的交互；主动性，虚拟现实与现实是完全相同的。

2.3.5　可持续性设计原则

可持续设计的原则来自于人类的哲学社会科学中自行思考的内容，可持续不是对物质性的一种否定，其实是对物质性的一种肯定和扩充。在"非物质"化的设计理念中，节约能源、反对浪费、保护生态环境；"非物质"化的设计并不是局限于单一的科技和原材料，是对消费者的日常生活和使用方式的再次计划，刷新对物质产品服务的定义；"非物质"化设计的可持续性设计原则不是减小人类的欲望，减慢社会的发展；可持续设计是最先进的设计理念，包括物质与精神非物质的结合，从这个最新的角度出发提出创新性的设计方法，努力达到多角度的胜利的情况；已经打破了传统的物质领域，分析人类和非物质化的关联，尽量用最少的能源生产更多的产品，提高人类生活水平，促进社会进步。"非物质"化设计中的可持续化原则，是通过一个创新性潮流产生的，设计的自省性变化，从环境的角度为可持续铺平了道路。

"非物质"化的可持续性设计原则的设计过程是：第一步由制造者开始制造、维修、以旧换新、旧物回收利用的过程，使用者使用物品并以服务价值为衡量价值的标准。重点是物质的服务代替了物质的占有，可持续原则在"非物质"化社会下可以进行物质的共享服务（图2-12）。

图2-11　天猫引进VR技术

图2-12 共享单车 APP界面

2.4 非物质设计表达

每一个无论多么出色的具有创新意义的产品的生命周期都是由创意的朦胧产生开始，到使用者的手里，接着产品的使用价值下降，物质产品的服务价值、审美价值、使用价值等所有核心价值的背后体现了物质产品的人类社会道德导向、经济价值、地缘文化、科学技术等内在含义。分析"非物质"设计产品的表达就是分析"非物质"设计的语意本身。现代社会的非物质设计语言表达的分析的主要表现在非物质的设计表达是非物质产品最明确的表现方法，它也是消费者和设计者的交流渠道，设计者的"编辑"和消费者的"解读"的进程中要努力避免阻碍。"非物质"化设计的表达特色是内在构成是不可被看到的，外在形态是品评物质质量的重要路径。非物质设计的表达是随性的，而随性也带来了抄袭问题。非物质化时代要求设计者可以通过设计表达出品牌的个性，网络信息时代设计的语言更简洁也更丰富，紧密联系设计团队。充实设计表达个性，是设计表达出物质的内在核心思想与外在的服务价值。

非物质设计表达是受网络信息化影响，以对网络与信息的设计表达为主，其价值是以服务为主要原因。现在这个网络信息化的社会，人类社会的经济环境与人文环境都有很大的改变，改变是因为人类社会自工业制造社会变成了服务虚拟性社会。转变的过程开拓了设计表达的范畴，增加了设计之于人类社会生活的意义，设计表达的语境也进化了。

2.4.1 外型与功能的弱化、分离性表达

外在形态和本身功能呈现出一种弱化甚至分离性的设计表达趋势，这种内在与外在的不匹配性语言表达伴随着的是不断革新的高新科学技术，技术的发展速度已经超越了人类的想象，许多之前为了匹配功能而进行的外形设计，都因为基于非物质化的设计追求简约到极限的设计外表，对使用功能的评判不能根据对外观的固有印象，且简约设计带来是同质化的问题。非物质化的软件APP设计是区分和体现服务价值标准。人类对物质

价值的评判不是由外观决定而是由软件的科技性能决定，软件的识别性高于外形的识别性，比如现在手机市场上的绝对霸主——苹果手机，它的外形设计是极简主义设计表达的最好体现。苹果没有在外表多做设计表达而是在系统上大做文章，苹果屹立不倒的根源是系统的不断设计，苹果表达的设计是对"非物质"时代的非物质性产品价值的最好体现形式（图2-13）。

集成电路的出现将产品的功能属性集合在了一个小小的电路板上，而设计的表达服务于产品本身，也就是外在的表达语言实际上体现的是内在的功能特性，而"非物质"的设计表达是包裹住内在功能性的集成电路，包裹性的设计特性，决定了设计表达的是将外在与内在结合起来。

在工业物质时代，设计表达的是外观与功能的集合化，而非物质设计表达的更多的是科技带给人类的感受。

1. 人性化情感化表达

现代的人类社会中人们更多的是依赖网络带来的便利生活，现在的人类社会生活中的人可以说是时时刻刻都离不开WIFI，离不开网络，有人曾经做过一个实验，一个人手中拿着手机连上网络可以自由地穿行于北京的大街小巷，随意地吃喝玩乐，生活中的衣食住行都可以通过网络结算去实现。

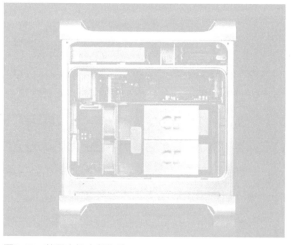

图2-13　苹果主机内部构造

依靠网络、依赖信息、依赖文化的现代非物质化社会，慢慢出现了一些软实力理论，包括经济、文化创意产业、劳动力、科学技术。在全民注重软实力的今天，设计的表达审美也发生了变化，开始出现了趋向于软化的审美表达情趣，现代设计者的设计表达语意是模糊理论化、感情定位化、观点多样化、兴趣普遍化。

主动性的感情开拓了人类的思维，加强了人类的生存行为能力，促进了人类发现思维与行为的创新性观点，现代非物质社会人类最需要的是交流与联通，使用者需要的设计表达语意是更加地具有特性与感情的共鸣更加强烈。市场的需求、人类的需求对设计表达特色的推进作用巨大。所以现代社会，设计者设计表达的不仅仅是产品的服务性的优劣，功能性的强弱，设计表达也是一种生活态度、一种文化境界、一种社会地位的标志化体现，非物质设计是人对自身的一种隐性的欲望与情感的表达，甚至是一种仪式化的表现形式。

"非物质"社会的产品代表的是一种理念，设计表达的是人的感受和情感，与人类产生了共鸣，才是一个"非物质"社会成功的设计表达，也一定能精准定位设计的理念。所以现代社会的品牌拥有了一批或多或少的"死忠粉"，设计师的设计表达与使用者的情感需求不谋而合，设计采用最直接的路径表达社会欲望。

2. 多角度感知性表达

"非物质"化设计表达最具有代表性的特点就是，多角度的感知性表达，这也是区分物质与非物质最大的表达特点。这是非物质社会产品设计的最大特征，即除了视觉以外，各种感官共同传达一种设计的意图。以此为前提，仅指外形的"外观"这一术语应替换成"外部特征"。传统的产品很直观，制造技术也简单，产品设计是机械功能的视觉延伸，其设计语言主要通过视觉途径或触觉来传达。声光电的使用使听觉加入感知的行列，而各类新技术使得"所见"不再是"所得"。如对一件产品的材质判断可能需要多种感官同时进行。非物质社会的产品设计还有一个很显著的特点，那就是非视觉要素的应用。而且这种运用迅速地扩展并渐成系统，

图2-14 智能音响

成为另一类设计语言。包括听觉语言、肤觉语言、本体觉语言以及嗅觉语言、味觉语言、听觉语言。除了电视、音响等产品外，手机的铃声、数码相机的拍摄声音、家用电器的警报声等都属于这一类。声音有高低、强弱、长短、音色四种性质，而音乐有节奏、旋律、和声和音色四种基本要素。以一台数码相机为例，我们听到的声音可能包括开机时的音乐、按下快门时模拟的机械声、按键操作声。在用户的体验过程中，不同的声音体现产品的品质、定位、功能等，和造型一样。声音表达了产品的个性（图2-14）。

肤觉语言。皮肤内有丰富的神经末梢，它是人体最大的一个感觉器官，它对人的情绪发展也有重要作用。

本体觉语言。肌肉、肌腱、韧带和关节的本体感受器对压力和肌肉、关节形状的改变非常敏感，使我们能感觉到身体的位置和运动状态，这种感觉称为本体感觉。

嗅觉和味觉语言。现在的产品中嗅觉和味觉语言使用得还很少，但是已有这方面的研究和实例。

3. 服务化功能性表达

现代社会，设计的表达包含方方面面，设计最直观的体验是视觉的体验，非物质性的设计也是以视觉为载体的设计，但分析设计的核心其实是一个

服务于人类的载体，其意义在于服务于人类的欲望与愿景，非物质设计更是如此。无形的服务化的功能性表达的正是使用者的深层次需求，所以非物质的设计看似无实物，实际上处处皆在。非物质设计的服务意识与功能必须表达准确全面，其服务于人的视觉、触觉、嗅觉、听觉、味觉，产生各种表现形式，是将使用者的观感通过设计的服务反馈给设计本身，推动非物质设计更好地发展，非物质设计通过服务性的功能性表达开放的是设计的多维度特性、立体式的表现形式（图2-15）。

图2-15 服务化设计表达

非物质设计的服务性功能体验，是分为三个步骤。第一步，着眼于使用者本身，一切是为了服务于单一的使用者，以他的体验为服务性功能的最终成果形式，太过于单一和片面。第二步，是将重心放在使用者的体验和观感上，设计的服务性功能最重要的是要化被动为主动，主动地去引导和提醒使用者，不是使用者需要什么，服务就体现出什么，而是引导性地提高使用者的体验式观感，给予其更加高端的前沿式的体验感受。第三步，打破单向输出的方式，不再局限于单一个体而是放眼于一个群体，服务的功能性展示也更加地全面具体（图2-16）。

服务化功能性表达的核心就是最好地联系与连接使用者与其所处环境及其在特定环境中的表现，非物质设计以无形的网，连通使用者与其在特定环境中的需求，互联互通协同发展，最好地将服务化功能放大（图2-17～图2-19）。

4. 信息核心化表达

非物质理论的兴起即是变革的内容之一，非物质设计是相对于物质设计而言的。进入后现代或者

图2-16　用户体验

图2-17　服务的连接

图2-18　服务化功能性体系

图2-19　服务化功能性模型

说信息社会后，电脑作为设计工具，虚拟的、数字化的设计成为与物质设计相对的另一类设计形态，即所谓的非物质设计。非物质设计的出现，使设计的存在形态丰富了，好比有了双翼，它不仅实现了自身，而且揭示了物质设计中早已存在的非物质性。

早在20世纪80年代，西方设计学界已经开始就设计向后工业社会过渡的问题进行研讨，如美国西北大学艺术学系交叉学科研究中心主持召开的"设计、技术和后工业社会的未来"的学术研讨会及其他一系列国际性学术会议，就电脑介入当代信息环境中的设计、制造业在电子环境中的变革诸问题进行探讨。在研讨中对20世纪末的设计及其走向的争论趋于激烈。20世纪90年代，电子空间的虚拟化设计、信息设计、网络界面之类的设计成为中心话题，这类设计，都涉及数字语言的程序化问题，都具有非物质性质，因此"非物质设计"的话题凸显出来。

"非物质设计"是社会非物质化的产物，是以信息设计为主的设计，是基于服务的设计。在信息社会，社会生产、经济、文化的各个层面都发生了重大变化，这些变化，反映了从一个基于制造和生产物质产品的社会向一个基于服务的经济性社会。这种转变，不仅扩大了

设计的范围，使设计的功能和社会作用大大增强，而且导致设计本质的变化。以至西方有的学者将设计定义为一个"伪造"的领域，设计从"制造"的领域转变为一个"伪造"的领域，从一个讲究良好的形式和功能的文化转向一个非物质的和多元再现的文化，即进入一个以非物质的虚拟设计、数字化设计为主要特征的设计新领域，设计的功能、存在方式和形式乃至设计本质都不同于物质设计。

从物质设计到非物质设计，是社会非物质化过程的反映，也是涉及本身发展的一个进步的上升形态：

手工业时代→物质设计→手工造物方式→手工产品形态；

机器时代→物质设计→机器生产方式→机器产品形态；

信息时代→物质设计与非物质设计共存→工业产品与软件产品共存→机器生产方式与数字化生产方式共存。

如汽车设计，过去仅仅设计物质的汽车本身，现在则要求更多地考虑非物质的交通和环境等问题；洗衣机设计师，不仅考虑洗衣机本身的设计，还要更多地考虑一种洗衣服务的方式和可能。日本一家生产吸尘器的公司因设计了一种吸尘器的租赁服务体系，而受到欢迎。日本GR地铁公司设计了一种快速地铁＋出租＋自行车的交通服务方式，为乘客提供了人性化的、灵活快捷的交通条件。从物质设计到非物质设计，反映了设计价值和社会存在的一种变迁：即从功能主义的满足需求到商业主义的刺激需求，进而到非物质主义的生态需求（合理需求、人性化需求）。在人与物、设计与制造、人与环境以及人们对设计的认识上也发生了一系列变化（图2-20）。

非物质理论的确立和设计理论的提出，是当代设计发展的一个重要事件。在现代设计史上，如果我们将19世纪下半叶英国拉斯金和莫里斯首倡艺

图2-20　与互联网结合家电

术与工业结合作为第一座里程碑，包豪斯的实践和倡导艺术与科学的新统一可以作为第二座里程碑，强调功能主义设计是第三座里程碑，那么作为后现代设计重要表征的非物质设计，可以说是第四座里程碑。

但是非物质设计的概念在我国才刚刚开始，非物质设计的理论探讨亦刚刚开始。2001年2月由湖南大学工业设计系、南京艺术学院、中国工业设计协会联合在湖南长沙举办了"非物质设计与可持续发展的工业设计道路论坛"，对非物质设计进行了国内的第一次研讨。非物质设计在国际理论界亦属"前卫"，还没有为大多数设计者理解，它本身还具有相当多的歧义和理想色彩；在中国，理解和接受非物质设计更有其特殊性和困难之处，在一个物质需求仍然很迫切的社会，倡导设计的服务价值和其他非物质的属性似乎还有一段很长的路要走。从根本上说，非物质设计师是当代科技发展的产物，可以说是科学技术与艺术统合的产物。

从理论上而言，非物质设计又是对物质设计的一种

超越，当代科学技术的发展，为这种超越提供了条件和路径。非物质设计作为物质设计的前期存在形式，蜕变为具有相对独立意义的存在，无疑是艺术与科学进一步结合的产物。类似于"地图"的绘制。西方学者认为地图存在于科学和艺术的边界上，当地图制作者将具象事物科学严谨地转换为符号并将它们合成为有意义、能识别的图形时，他一方面参与了科学的过程，一方面又参与了艺术的过程。这与信息设计中的视觉传达设计一样。在信息设计中，图形符号的样式和表达方式不是由艺术感觉决定的，而是由信息本身和理性的规范决定的，这里不是不要艺术及感觉，而是这种艺术和感觉必须与科学和理性结合，它要求任何一个形的出现必须要有明确的、科学的、实证的理由才可确立，即便是非常美的，如果没有存在的道理即不能存在。这类信息设计中的视觉传达设计，真正做到了科学与艺术的统合。与国际上这类开创性的设计相比，我们的招贴和海报，基本上是画出来的，一张招贴就是一幅绘画，而不是"信息设计"。

第3章
物与非物的
设计融合

3.1　数字时代中国民众行为模式

诚然，数字时代带给今天人们的生活改变已无需赘述。中国民众在淘宝网、微信、抖音这些涉及衣食住行等生活方方面面的非物质产品渗透下，已不得不融入和接受"新生活方式的改变"。虽然已存在于我们身边的各种非物质产品不需要再去为它们解释和说明什么，但在这些"现象中"的确存在着某些潜在的"不和谐"，虽未成气候却也愈加浓烈的"博存在感"。中国民众在儒家思想的沁浸中，大体呈现出平和、耐受和较强的自我调节状态。在此不谈"数字时代下非物质产品"与民众关系中"浓情蜜意"的部分，其方便、快捷的本性与中国当下"快消文化"和谐共生，事物的两面性辩证关系也的确印证了"正面祥和"下的部分矛盾，且这些矛盾的声音因中国民众特有的文化认知、生活习惯而愈发不可调和。

3.1.1　数字时代中国民众行为模式的特殊性

数字时代中国民众的行为模式，正在经历动荡，并逐步走向稳定的成熟状态。冯·马斯洛的需求理论模型，在用户的精神及心理需求层面指出其复杂性和发展方向的模糊性。截止到2017年，国家统计局公布数据显示，互联网普及率达到55.8%，其中农村地区互联网普及率达到35.4%。互联网上网人数7.72亿人，增加4074万人，其中手机上网人数7.53亿人，增加5734万人。2017年末全国电话用户总数161125万户，其中移动电话用户141749万户。移动电话普及率上升至102.5部/百人。手机网民占比达97.5%，移动网络促进"万物互联"。截至2017年12月，我国手机网民规模达7.53亿，网民中使用手机上网人群的占比由2016年的95.1%提升至97.5%；

与此同时，使用电视上网的网民比例也提高3.2个百分点，达28.2%；台式电脑、笔记本电脑、平板电脑的使用率均出现下降，手机不断挤占其他个人上网设备的使用。以手机为中心的智能设备，成为"万物互联"的基础，车联网、智能家电促进"住行"体验升级，构筑个性化、智能化应用场景。移动互联网服务场景不断丰富、移动终端规模加速提升、移动数据量持续扩大，为移动互联网产业创造更多价值挖掘空间。移动支付使用不断深入，用户规模增长明显。我国移动支付用户规模持续扩大，用户使用习惯进一步巩固，网民在线下消费使用手机网上支付比例由2016年底的50.3%提升至65.5%，线下支付加速向农村地区网民渗透，农村地区网民使用线下支付的比例已由2016年底的31.7%提升至47.1%。

大数据资料显示，"万物互联"时代已逐步渗透进我们的生活。物联网技术的不断成熟，使诸如"智能跟随、智能交流"等越来越具有人情味的人工智能产品真正担当"抚平人与信息技术产品鸿沟"的重要角色。数字时代中国民众基于理性分析下的行为模型，可从衣食住行四个重要的生活内容着手建立。

"衣"所对应的是民众对"服饰与美的追求"，明白无误的外在表现。在没有淘宝网等非物质化的服务产品的年代，人们对自己的外在表现就有很高、很复杂和清晰的要求。炫耀性消费、奢侈消费、群体认同消费这三类典型的消费目的反映出，人们借由"外在包装"体现的对自我价值、社会地位以及群体认同上的强烈需求。而在淘宝网、京东购物、聚美优品等井喷式出现的网络购物平台的刺激下，以"满足外在包装"的个性化、潮流化、思想化的新时代特色明显的需求也迅速融入，使民众对"服饰与美的追求"变得更复杂、强烈、极端。当然，对中国民众的行为模式分析，仍需结合本国国情。

因人口众多、幅员辽阔，中国南北地区及不同年龄段人群的审美、生活意识形态具有非常大的区别，民众在特定的时代背景下，20世纪70～80年代的人群在童

年时代受长辈影响,具有较强的传统观念根基,但
工作后已置身于信息时代浪潮,其生活状态又兼具
新时代特征。因此,这个年龄层的人群行为模式具
有非常典型的中国时代特色。

　　以20世纪七八十年代人群为界限,中国民众
对"衣食住行"等生活层面的需求在此年代之前的
人群,体现出"节俭、务实、含蓄"的传统文化观
念主导行为特征。作为逐渐步入老龄化阶段及已经
进入老龄人群生活模式的民众,面对信息时代体现
出被迫适应的恐慌与学习吃力的窘迫。一方面,网
络支付、在线购物成为生活日常充斥在他们身边逼
迫其去使用、尝试;另一方面,节俭的生活习惯与
相对丰厚的退休金、养老金也让逐渐步入初老阶段
及已经进入中老阶段的20世纪五六十年代人群想要
尝试信息时代下的"新生活方式"。围绕这一群体的
中国信息服务产品如微信平台、拼多多平台,都将
社交、消费、学习、咨询的模式以语音交互、半人
工服务等具有新旧服务模式过渡特点的途径应用其
中。数据事实也证明其针对此人群取得了巨大成功。

　　20世纪90年代"00后"甚至更小的年龄层,
作为中国新生代,具有更复杂、多元的新青年、新
少年行为模式特征。网络几乎伴随其成长全过程。
信息时代的新知识飞速更迭、新闻资讯的肆意扩
散,令这个群体习惯于浸淫在各类信息海洋中。其
痛点、敏感点被一次比一次耸人听闻的"新闻标
题"、"奇闻异事"拉高,新生代青少年在数字信
息的反复爆炸式冲击下,颇有种"见得多了,处变
不惊"的少年老成。他们熟悉网络营销的套路,
洞悉各类娱乐热点的"水军动态",对"快手"、
"抖音"上出现的各类千奇百怪的"网红"或短时
间狂热地迷恋,或板起面孔成为"口无遮拦、肆意
泄愤"的键盘侠,或干脆厌倦了网络上的"虚虚假
假"变得沉默。不管是何种反应,中国青少年群体
无疑成为数字时代中国民众行为模式最具有代表性
的一部分。

3.1.2　基于网络开放平台的民众行为适应性

　　中国当代处于经济发展迅猛,高新技术应用井喷的
上升阶段。信息化技术与百姓生活衔接愈发紧密,接触
形式、接触程度愈发深刻。虚拟现实技术在几年前还是
尚存于新闻中的颇具科幻色彩的高精尖,2016年年中
却以亲民姿态出现于淘宝造物节,成为一个让老百姓更
真实体验现实产品的网络化虚拟营销,再由虚拟产品形
态转化为感官体验更为立体的"虚拟现实产品"的实用
技能。3D打印技术,同样在以年甚至月为计量单位的
发展速度中被广大用户熟知、运用。

　　一个"技术源",通过专业技术平台转化为可更容
易被编辑的类似于计算机中的汇编语言,在网络化开放
平台上,众多从事各个行业的专业人才因为各种原因,
比如兴趣、遇到的其他技术困扰、交友甚至网上冲浪一
时兴起,都可能成为具有"汇编语言"特性的新技术被
转化为实践应用的契机。这种集思广益避免了一个领域
内专业技术人员易于做精深却难以找到交叉性创新方向
问题。虚拟现实等一些信息时代出现的新技术,其价值
体现亦得益于其可被利用的领域有多大。

　　网络开放平台无疑为其多样式、层次递进式或者跳
跃式的发展提供了强劲有力的助推作用。其积极作用
不可估量,但同时也直接触发了新技术影响人类生活方
式的加速开关。人人网、百度论坛、天涯社区此类社交
网络平台,大众从了解、接受、熟悉到最终走入生活,
历时几年。而微博、微信的推广普及却速度惊人。曾昙
花一现的"飞信"从出现到消失甚至仅仅数月。神州租
车、嘀嘀打车、优步等代步应用程序几乎可以满足各类
刁钻的乘车需求。饿了么、大众点评网、美团等集中于
大众娱乐、饮食消费的应用程序使更快、更省钱、更个
性化、定制化服务快速融入百姓生活。手机快报、网络
要闻检索等新闻发布平台使各类即时信息,分秒间被传
播。此之种种不再赘述,但可见网络技术已从"衣食住
行游医娱"的各个角度渗透进大众生活,对传统市场运
作模式的冲击已非常明显。

诚如前文所说，在网络平台的助推下，新技术被实际应用是处于加速状态。由零到一的突破需要很久，但从一到一千的爆发却仅需之前1/10不到的时间。以代步出行服务软件为例，在异地租车、较难叫到出租车的时候预订车辆以及拼车等多个差异化出行需求中，神州租车、优步与滴滴打车三款应用都各有服务优势侧重。对于用户而言，面对各有特色，优势明显的网络平台服务程序，若完全以利益需求为出发点，一个非常熟悉网络的中青年，将不得不同时熟悉三款服务程序，实现在生活需求某一方面的网络技术应用的纵向深入，进而利用网络提升生活质量。

但当"衣食住行游医娱"全面铺开，每一点都具有如代步出行服务软件般服务侧重明显，交互体验感受良好的优良产品时，即便是学习能力、适应力最强的中青年群体面对如此巨大的信息量亦会变得无所适从。

基于网络平台的大众行为适应性，主要探讨网络技术应用的主流人群，是如何调整自身，完成诸多网络平台软件的学习与适应的。

（1）该主流人群对网络平台的界面操作熟悉，对虚拟界面的通用标识主要功能能流畅使用。

（2）对主流交互软件已能熟练应用，并掌握了几乎每个软件的服务特性与侧重点。以"衣食住行游医娱"几个领域内至少掌握两个应用软件为基准。衣：淘宝网、京东购物；食：饿了么、美团网；住：携程网、去哪儿网；行：神州租车、嘀嘀打车；百度地图、高德地图；游：驴友论坛、去哪儿网；医：中国建设银行网上银医、中国银行网上银医；娱：大众点评网、美团网。以上囊括七个生活主要方面的16个主要APP，是目前主流人群最低标准需熟练掌握的。同时，与这七个方面并行的"社交需求"、"工作需求"软件，又包括微信、微博，论坛、贴吧，Office办公软件、专业技术软件等。生活、社交、工作三个方面列举出大约30款

网络APP是主流人群必须要熟练掌握的。这些APP在基础操作层面，如关键词检索、信息分类、信息上传与下载、信息分享、"下一步"操作引导等部分，具有良好的用户识别和通用设计。主流人群在熟悉基础网络交互方式前提下，对这些部分的适应性较高。而对每款软件的特色部分则需要重新适应与学习。如微信的"语音信息"、京东购物的"白条服务"、各个银行推出的"银医服务"等，因为其服务方式、内容不同于以往，大众没有或极少有可借鉴的使用经验。而该部分将成为主流人群对网络服务适应性的主要困难。另外，每款软件在完整的服务事件设计中，不流畅、不合理的"截点"也是大众需要反复适应之处。如某点餐软件，在结束一次付款下单后，购买页面直接跳出回到起始页，再次购买同样产品只能完全重复一遍。

3.2   中国老龄人群行为模式特征

大量事实及数据已清晰证明我国老龄人群的互联网+模式下的融合使用矛盾已达到峰值。"不会用，不想用"的心态几乎成为这一特殊受众的普遍情况。而信息时代并不以其能否适应，愿不愿意融入其中为转移，数据爆炸、高新技术与生活无缝链接等现状，逼迫老龄人群盲从适应，求助一切可以求助的人或物却依然不得章法甚至惶恐不安。这类人群在当前又因中国特殊国情影响，普遍经历过节粮度荒、"文化大革命"、经济体制改革等巨大历史事件，过去的苦日子使其对新生活格外珍惜，性格坚韧、朴实，容易屈从、妥协，需求期许较低。

针对老龄人群活动能力、社交能力等基础素质可将中国老龄人群划分为：处于初老（55~65岁）、中老（65~75岁）、终老（75岁以上）三个年龄层的老龄人群现状。不同年龄段老龄人群的需求方向受其自身行为意识、认知经验以及文化积习等因素影响，表现出较为

明显的差异性。又因老龄人群共性心理特征决定其对需求及相关看法的固执性与保守性。需求趋势强度受其生活方式、经济条件以及文化背景、区域公共文化建设等因素影响，呈现出十分明显的区域性差异发展特征。

初老人群群体身体与精神状况优于另外两层级，而刚刚步入老年的初老人群普遍存在"恐老"心理，对"老年人"这个称谓表现出明显的"迷茫、反感、抵触"。有研究表明，部分初老者对首次"被让座、被搀扶"等老年人指向明显的行为活动印象深刻。"我原来已经老了"的认知，会令他们感到悲伤。而中国传统文化影响造成的谦和、中庸，与老年人群作为家族长辈的身份认同，以及常年承担生活压力造成的"自尊心强、把控欲强"，共同对初老人群心理产生影响，在被迫接受"进入老年"的事实后，往往选择默默承受与适应，这种最消极、恶劣的处理方式。其对与自己生活息息相关的生活用品、公共服务设施等产品的需求态度，也被直接影响。"不愿求助于年轻人或陌生的工作人员，在几次求助后出于自尊心放弃继续学习使用、惧怕新产品使用错误带来的未知损失等"消极负面心理将会一直延续。在此过程中，若没有发生能够正确引导其使用、适应的事件或契机，则初老人群在步入中老及终老阶段，势必继续恶性发展，促使中老及终老人群继续降低需求期望。而市场直接表现即是中国明明有世界前列的老龄人群基数，却难有对等消费现象产生，老龄人群消费热情极低，老龄产品越卖越便宜，品质越来越差。

当然，马斯洛的需求理论证明，老龄人群绝对不是没有需求，恰恰相反，其对健康、快乐、品质化的生活方式的期待，拥有比中青年人群更强烈的欲望。而这种被迫造成的消极抵制、低期望值却成为老龄化产品市场开发的最大烟雾弹和强烈阻力。

3.3　中国中青年人群行为模式特征

2016年被热议的网络词汇"空巢青年"，指到大城市打拼生活的独居、远离亲人的青年，其人群界定虽仍存在歧义，但年龄段区间基本可确定为20~40岁。"巢"兼具真实的"家"与精神层"归宿"的双重概念，"空巢青年"的生活状态则恰恰背离这一核心词汇且人群数量激增。

主流媒介对"空巢青年"的阶层定位主要有："城市准中产阶层"和"独居异地打工者群体"。2015年新华网报道称"数据显示，中国目前超5800万人独居，占全国总家庭数14%，其中20岁到39岁的独居年轻人数量接近2000万。"因估算标准不统一，两千万可能仅为最保守数字。作为中国中青年人群的重要组成部分，其行为模式特征具有强烈时代性。

表3-1[1]为截止到2018年2月份的百度新闻搜索中全部文中含有"空巢青年"的46207篇中有效新闻656篇标题中的媒体新闻标题中的热点词汇调研。该项研究已明确电子商务平台对这一群体的认同。中国城镇化进程加快，网络信息平台的开放等很多特色化现状，致使中国青年被迫成为"信息爆炸浪潮中的盲从者"。青年人因自身精神、身体状态的绝对优势，对新鲜事物有绝对好奇心，对未体验过的生活方式有极高热情和极大期望。物联网技术与城镇市民生活的密切相连，使中国青年人有机会窥探到"新数字时代中变幻莫测的新生活"。自计算机技术应用出现后，全人类对新技术带来的新体验的接受度、适应度变得越来越高。从Bp机、大哥大、无绳电话到手机、彩屏手机、智能手机的进化速度呈递增式，锤子手机、小米手机、苹果手机以"情怀、归属感、粉丝经济"三个新的跳脱于技术层之外的

① 朱恙劼，风笑天. 网络形象与概念反思：对"空巢青年"的再审视[J]. 青年探索，2018（2）.

新闻媒介中"空巢青年"的特征词汇和其他词汇词频及排序　　　　　　表3-1

	特征词汇	词频	非特征词汇	词频
1	青年	619	中国 / 全国 / 我国	85
2	空巢	618	北上广深	49
3	孤独 / 寂寞 / 孤单 / 空心 / 空虚 / 失落 / 一人	107	群体 / 现象 / 人数 / 人群 / 热点	34
4	经济 / 营销 / 消费 / 市场 / 赚钱 / 购物	43	调查 / 受访者 / 报告	21
5	单身 / 伴侣 / 婚恋 / 爱情	41	大数据	17
6	精神 / 情感 / 慰藉 / 安全感 / 感情 / 心态 / 压力	41	拯救 / 逃离 / 避免	15
7	梦想 / 奋斗 / 拼搏 / 向往 / 追求 / 理想	38	专家 / 解读 / 讨论	15
8	危机 / 阵痛 / 问题 / 悲剧 / 痛点 / 同情	27	新闻 / 媒体	14
9	年轻 / 青春	22	男性 / 女性 / 男女	13
10	租房 / 买房 / 房租 / 蜗居	20	社会	10

精神需求再次将物联网时代中的"物与非物"的巨大作用力明白显现。

　　中国网络霸主阿里巴巴旗下新产品"盒马鲜生",将视野重新投递于线下实体经济。所有生鲜部分全部实行包装化、品质化、新鲜化,实行当天配货、当天包装、当天卖完退档,所有现场加工产品均不过夜,并且价格比一般的生鲜电商低。由于自建3公里半小时达的物流体系,和阿里巴巴大数据支持下的生鲜供应链,无论在供应链还是物流方面都非常有优势。如(图3-1~图3-3)以"超市、餐饮店、菜市场"的多重身份交织而成的线下超市完全重构的新零售业态,从内到外透露出时代感超强的"洋气",备受中国中青年人群青睐。

　　高效率、高质量、低成本特征以及十分符合中青年人群对品质生活、自我品位认可、群体认同的准确定位,甚至成为有效缓解部分背井离乡的"空巢青年"心灵孤寂的途径。不得不说,盒马鲜生的经营理念极其精准地把握住"中国中青年"群体的普遍行为特征和复杂、矛盾的中国国情下催生的独特行为特征。

图3-1　超市

图3-2　餐饮店

图3-3　菜市场

中国知名虚拟歌手洛天依，是以Yamaha公司的VOCALOID3语音合成引擎为基础制作的全世界第一款VOCALOID中文声库和虚拟形象。与日本虚拟歌手初音未来的开发模式类似，这一虚拟卡通人物亦创造了超乎想象的经济价值。其热血粉丝众多，洛天依的活动现场在应援、周边推广以及虚拟人物的品牌代言等诸多方面，都不亚于真人偶像明星。

百度百科词条其基本信息完整，身份背景、演出历史一应俱全（图3-4）。虚拟人物洛天依的存在，令很多不接触"动漫艺术"的"中老年人群"倍感迷惑。而年龄层在12～28岁的青少年人群熟悉该领域的比例极高。根据艾瑞咨询数据表示，2016年国内以"95后""00后"为代表的核心二次元用户规模达7000万人，泛二次元用户规模达2亿人，"95后""00后"为代表的群体已经具备很强的消费能力，并呈现年轻化、高学历的趋势。目前洛天依代言的产品及推广的周边用品所创造的

商业价值也早以亿元为单位。图3-5～图3-7虚拟偶像洛天依的成功建设，直接反映出中国青少年对信息时代下"物与非物的融合共生"具有极高的包容性。电子虚拟技术结合线下的经济实体，准确契合青少年的"精神

图3-5　虚拟偶像洛天依演出1

图3-6　虚拟偶像洛天依演出2

■ 基本信息

中文名称	洛天依	擅长音域	A2-D4
外文名称	Luo Tianyi ルオ・テンイ	擅长节奏	80-170 BPM
其他名称	洛殿、洛神、吃货大人、世界第一吃货殿下	代表物	包子
配音	山新(王冰冰等)	代表色	#66CCFF(天依蓝)
登场作品	VOCALOID CHINA PROJECT 官方动画系列	性格	软萌可爱、温柔天然呆、偶腹黑感
	Vsinger	职业	虚拟歌姬
生日	7月12日	形象设计	MOTH、ideolo
年龄	15岁	背之精灵	天翔
性别	女	粉丝名称	锢钉团、锢依卫等
身高	156cm	产权归属	上海禾念信息科技有限公司
星座	巨蟹座		

图3-4　洛天依百度百科词条

图3-7　虚拟偶像洛天依演出3

消费需求点"，以极低的风险与成本完成了虚拟向现实的转变。将虚拟产品与现实生活融合，用技术创造亦真亦假的"科技伊甸园"，满足青少年对梦想的追求。

3.4 信息流与目标用户辩证关系

无论是物质态还是非物质态，其作为产品提供的服务、用户使用它们的交互体验成功与否，本质上看与产品的"信息流"能否准确传递给目标用户有直接关系。设计鬼才菲利普斯塔克设计的形如外星人的"手动榨汁器"，在清洁性、出汁率上仍存在一些瑕疵。这样一件"功能诉求未达满分"的作品，却因为"逗趣的长相"深受西方家庭主妇的喜爱。在爱情的力量下"它的不完美也变成可爱性格的加分项"。甚至这种不完美让它拟人的性格更加真实。此案例生动证明了产品的物态及非物态，所具有的"信息流"准确传递给目标用户的重要性。"完美的功能"或"华丽的外表"若不能指向正确的目标用户，或者产品传达出的"信息流"本身存在歧义，都将会阻碍用户与产品间的"交流"，会使他们觉得自己选择的并不是"对的产品"。信息流与目标用户间的辩证关系，体现在"信息流的准确""目标用户是否被准确界定"以及"二者的情感契机或交互关系"。

对于完全非物质化的网络公共服务平台，如淘宝网、京东网等购物平台；微信、微博、贴吧等社交平台；携程网、途牛网、去哪儿网等旅游平台；Q医网、银医服务等医疗自助服务平台；大众点评网、美团网等饮食、娱乐平台等涵盖生活方方面面的非物质化产品，不同于基础交互体验方式的服务创新，需对其存在意义与价值进行严格评估。以确定新的服务产品具有的价值能否抵消用户必须"重

新习得"产生的不适感，也就是动力与阻力的抗衡。同时，新服务产品的服务模式也必须尽量减轻用户学习与适应的难度，如微信的语音信息，实现这一创新服务产品的途径是："按住"记录语音，"放开"释放语音信息。用户现实生活中"按住"代表控制好、收纳好等具有"良好把控"意义与微信语音的信息汇总具有意义近似。而"放开"搭配如同丢出去的音效，与现实生活中"丢出东西"产生形式上的近似。"微信语音信息"产品，比文字短信更方便、快捷。而其实现服务的方式，运用大众现实生活中熟知的动作，使这款新产品被接受几乎不存在学习困难，则其被推行的动力远超认知习得的阻力。

因我国步入老龄社会后，老年人生活幸福感与信息时代老年市场产品开发间的矛盾日益激化，本书将首先通过对我国老龄人群（初老阶段）的信息传递的分析以及对初老人群这个明确的目标用户与物质态、非物质态以及兼具两种特性的物联网产品所产生的交互体验深度分析，获得产品与目标用户间"复杂的信息流"是如何被输出、传递和接收的。

3.4.1 目标用户为老龄人群的信息传递

我国老龄人群以初老、中老、终老三个年龄段进行划分，根据不同年龄段老人的自身素质、工作层、社交层以及生活层的需求均有侧重方向与发展展望。因初老人群与非物质化数字产品、服务产品等的交集更密切、复杂，与如老年手机、数字电视之类的物质态产品交互亦是频率最高的。对创新性产品的灵敏度也较高。故而在此仅将初老人群作为主要分析对象。

在中国特殊国情影响下，处于初老（55~65岁）人群面对的压力分外沉重。我国改革开放到经济体制改革直至信息网络的飞速普及，初老人群必须被迫接受并不断去适应。而中国的经济、科技对大众生活的影响正以加速度模式成倍递进。初老人群自幼生活方式、接受教育、价值观、人生观都受传统文化、现代文明、工业

时代知识技术体系等当时的客观现实影响，自我认知体系已非常完整、牢固。进入老龄阶段，其学习能力、记忆力、体能却逐渐衰退。在晚年突然面对足以改变世界的网络信息侵袭，完全不同的知识体系、信息传播模式、人际交流方式、消费习惯，致使他们不得不以看起来效率低下的"蒸汽能"追赶"全电力"驱动高铁。交水电费、手机话费、订车票、打车、医疗预约挂号……当这一切公共服务快速网络化信息化时，初老阶段的老人，有的甚至还不会用自动提款机。

如同婴儿般脆弱无力的面对信息时代，却有着无比清晰的自我认知，极高的自尊心和控制、安排事件的习惯，这个处于顶点的巨大矛盾在"原来我真的老了"找到看似合理的解释后，初老人群如潮水般翻涌的挫败、悲痛、颓然成为左右其生活的十分巨大的消极情绪。并且这个消极情绪因为日常生活也时刻不离的"高新技术融入"而被反复强调、加深。

值得思考的是，初老人群在这个信息技术更迭加倍，生活方式日新月异的社会大背景下迎来老年生活的过程中，又会采取哪些措施去积极应对。被迫适应之初虽然带来巨大压力与不协调，但主动配合学习，同时随着时间推移对现状的逐渐熟悉，都可降低初老人群的不适感受。

3.4.2　老龄人群与非物质化产品的互动特征

初老人群相较中老及终老人群，与信息社会的黏合度更高。部分初老人群仍需工作、应酬，生活节奏依然较快。则前文提到的主流网络开放平台的各种APP成为这部分人群必须要学会应用的。逐渐步入老年的身体素质降低与不得不去适应高新技术带来的生活、工作、交流方式剧变，是初老人群面临的主要矛盾。

对初老人群的习惯与认知方式进行行为模型构建，提炼出具有代表性的行为特征、认知特征、习惯特征。将这些特征进行动作拆解，继续细化、形象化，使其成为不同网络公共平台上服务产品的服务模式被创新所采用的语意联想法的重要素材。

如老年人因手指感知能力变弱、听力下降，对电视遥控器、洗衣机按键等产品都会很用力点按，甚至多次反复按压。则当前全触摸屏式网络公共平台的轻触点按就极易使老年用户产生误操作。但如果对这一老年人群特有的习惯动作提炼、整合，增加进度条、能量条等动态视觉效果，则可使老年人以自己熟悉的方式更好地适应网络公共平台的服务操作。

通过对初老人群的行为与认知心理的细化分析，可获得诸多公共自助服务设计的重要参考点。而因为这一阶段老人的学习能力、社交需求、工作需求都处于较强烈时期，其对自我身份认同也是矛盾性最强的阶段，故课题对该部分做了一一对应研究。

3.4.3　目标用户为老龄人群的引导式设计

初老人群在工作、社交及生活方面正经历由中年过渡到老年阶段，社会关系复杂，初老人群的个人精力相较另外两类老龄群体更充分，其与公共自助服务的主流人群需求契合度较高，热情也最高。但因为对"步入老年"认知的迷茫与恐惧，主流网络平台支持的各类公共自助服务学习与使用过程出现诸多困难，在社会与家庭中的身份定位决定其对自尊心与自我能力的高要求等，初老人群甚至多次求助他人后仍"难以搞明白"某些电子产品、服务终端时，最终选择放弃，需求热情经过多次反复挫伤逐渐降低。初老人群逐渐丧失对非物质态数字产品使用的信心，进而选择降低产品使用需求。另如老年手机等物质态对老年人身份认定确切的产品，初老人群亦会产生抵触情绪。

针对该群体的引导式设计，必须紧扣其矛盾心理核心"身份认同与被尊重"。初老人群希望在步入老年生活后亦被尊重，保持社会身份及家庭身份认同。任何可能减损及降低两个诉求的行为及事件都会使其选择放弃、退缩等消极处理。引导式设计需首先保证初老人群对主流物质态及非物质态产品的顺利使用与适应。

以"引导式设计"切入公共平台针对初老人群的服务创新，可通过初老人群熟悉的生活、工作、社交习惯获取设计关键点。将关键点与产品触点进行逻辑分析，在一个完整的初老用户使用过程中找到二者合理结合方式。同时，引导式设计注重过程中用户的习惯培养，而非断点式即时价值体现。如地铁自动售票机的服务过程可概括为：明确终点——所在地铁几号线路——点选确认——确认张数——出现票钱——投递现金——出票——接收找回余额。初老人群完成自助服务过程的识别难点包括：终点位置属于几号线路，眼花看不清线路文字标识，但因惧怕误操作而不敢像手机一样"拉"大屏幕。

针对这些关键接触点，引导式设计可转换思路，将公共自助服务终端、系统界面以及用户个人手持终端三个方面进行整合。因老年人与中青年人群需求及产品适应度存在较大差异性，所以对以非物质态交互为主的数字化产品终端的开发可集中于通用性、易用性原则。在设施的人机尺度、细节表达方面，可从材质、色彩、功能、形态方面加以拓展；对老年人的定制化服务，引导式设计则可通过用户个人手持终端实现。例如德国红点大赛作品"电子医疗导航"（图3-8、图3-9）。

个人医疗导航系统为患者提供个人就医信息

图3-8　电子医疗导航1　　　图3-9　电子医疗导航2

指导，其终端产品由医院提供的可循环使用移动设备和患者的个人信息卡组成。"医导"能随时为患者指引方向，实时同步更新医院就诊信息，自动智能排队，云端存储就医信息，为患者提供最优就医方案。其清晰的系统流程，简洁的系统界面，更好地改善了患者就医流程。个人医疗导航系统是基于云计算及云储存上的设计，通过云计算同步智能更新就医信息并排号，通过云存储，使患者简化就医所需携带大量检验报告及病例，而区域定位系统则能更精确地定位患者在医院的位置并为其指引方向（图3-10、图3-11）。引导式设计，注重对关键触点的对应方式，即界面仅显示当前及前后各一步操作，并有较好的体验反馈。

图3-10　电子医疗导航操作界面1　　图3-11　电子医疗导航操作界面2

3.4.4　目标用户为老龄人群的命令式设计

命令式设计是对引导式设计的补充。老年人群学习能力、记忆力甚至手的感应力都远远低于中青年人群，中国特殊国情不仅直接影响着老龄人群意识形态、需求与期望的反映，更因不同地域与民族造成的文化差异，致使老龄人群的生活方式、行为习惯存在着具有明显区域特质的差异。糅杂着较复杂操作方式，交互信息的命令式设计，是通过反复强调、使老年人群有重复操作使用服务终端的机会，最终熟悉该系统操作。命令式设计存在条件为：物质态的产品操作装置、非物质态的产品控制界面，在操作方式及界面特征上具有连续性、共通性。

在"被迫"使用某个操作界面、操作方式后，可举一反三，进而熟悉整套系统。命令式设计的关键点在于其"被迫性"学习的动力能否抵消所造成的不适感，进而不断练习最终养成使用习惯。因此，命令式设计需要结合其他要素进行设计创新，如某公共自助售票机，其界面设计采用亲和性更强的卡通形态，这种方式极大减轻了用户因被迫熟悉而造成的紧张情绪。"被迫性学习过程"才可能实现。针对老龄人群则可选择能让其产生情感共鸣的带有怀旧意味、亲情意味，使其更自信或令其自我能力得到肯定等性质的事件，通过系统性挖掘后成为应用于界面及终端设计的形态要素，用以降低命令式需求建设带来的不适感。

3.4.5　目标用户为中青年人群的信息传递

年龄跨度在18～40岁间的中青年人群，纵贯20世纪70年代末、80年代及90年代。以20世纪80年代与90年代为主的中青年人群对信息时代的理解和认识存在较大差异。因中国网络技术飞速发展始于20世纪90年代中期，所以20世纪80年代的中年人群大多在大学及工作阶段才初步接触网络产品。而20世纪90年代的青年人群几乎在出生之日起就沉浸在网络信息影响下的生活中。两个年代的人群因生活方式、认知方式上的差异，导致他们对信息时代的应激性、不适感从本质上说也存在差异。举个简单的例子，"80后"的母亲虽然习惯于通过手机寻找菜谱，却仍会对儿时胡同口叫喝的"冰糖葫芦儿、熟梨糕"念念不忘。每日不得不利用网络办公、网络社交的"80后"们，对偶尔逃离网络控制，回归旧时光，是充满渴望的，认为这才是生活的本质。在建立价值观和完整的知识体系等重要成长阶段，"80后"人群没有受到网络信息侵袭。因此"80后"人群虽然可以熟练习得信息技术并融入网络生活，但因已有健全、完整、根深蒂固的物质时代文化、生活观念，因此与信息时代、网络技术处于"若即若离，此消彼长"的，并不稳定的动态适应过程。中国社会当前的"80后"

人群人口基数大，正值精壮年龄段，是社会主要消费层与建设层，是中流砥柱。因此，也可以看到目前如"小米、锤子、华为"三款分别定位"文化圈、情怀、本土民众价值观取向"的手机品牌都已占有绝对市场优势。建立优势的本质，在于企业方准确抓住当前或者是其针对的消费群体在"80后"人群中的"文化背景、需求特征"。不可否认，虽然市场发展趋势存在诸多影响因素，但围绕目标人群的行为特征、文化背景所获得的具有前瞻性指导作用的未来学研究，亦如人类社会之发展始终脱不开哲学轨迹，最终可见用户行为轨迹的预期发展并对最终产品走向、市场经济建设产生重要影响。

"90后"青年及"00后"的青少年群体们，因从小就看惯了"捧着手机、电脑生活的大人们的行为"，也习惯了实用主义至上的价值理念，饱受信息资源爆炸的折磨，日复一日"见多识广"地甄别各种"垃圾信息、有害信息"并被越来越"重口味"的新鲜信息产品反复刺激，磨损"兴奋点和痛点"。从小就生活在毫无节制的网络信息资源沁浸环境下的中国青少年们，在"非物质产品"的作用影响下，趋于麻木、兴奋点变高，道德准则变低。缺少社会经验，生活经验也并不太充实的他们，却可以通过网络学到远超于其年龄段的各类庞杂经验。这其中也不乏一些杜撰、夸张、用来博眼球虚假信息。这种不符合生长规律，不同于我们常规循序渐进地依靠经验、知识不断积累形成自我价值观与精神信仰的"倒叙式、跳跃式"甚至是"填鸭式"的知识倒灌，必然会导致各种问题产生。

大多以"实用主义、功利主义"为价值衡量标准的"90后"中国青少年人群，在网络虚拟世界中，在庞杂混乱的信息流巨浪中，是极容易陷入"精神困境无法自拔的"。在迫切想要得到认可和群体认同的年龄段里，迷茫、困顿、偏激、易怒、极易怀疑又极易被欺骗的矛盾属性悉数出现。而中国社会现状造成的大量"空巢青年"的"物质现状"更成为这种虚妄情绪的助推器。"80后"及更年长的一代人，像看"小怪兽"一样地看着狂躁、善战的"90后"。

目标人群为"80后"及之前的中青年人群因具有健全、坚定的价值观、知识体系和正处于精力和体能的黄金期，对信息时代的"物与非物的创新"可以保证高效高质量地学习和掌握。并且以正确的价值取向灵活使用。因其对慢节奏、尚未完全步入信息时代的生活有深刻的体会，因此以充满"怀旧主义、情怀、旧时光"为主题元素的合理创新，进而融入设计中，将会对"物与非物"的多种信息时代创新产生事半功倍的效果。

目标人群为"90后"的青少年人群在爆炸性信息流的冲击下，所产生的消极抵触等负面情绪，对信息时代的"物与非物的创新"存在"信息流指向明确，自身可信度权威度高、安全度高"等潜在需求。如网络娱乐信息的"标题党"以及具有引战性的时事新闻，一味以博眼球、促发网民参与讨论为目的，"90后"青少年人群经常因长期参与其中，熟悉各种网络暴力语言，谩骂诋毁之词信手拈来。长久下来，其价值观知识体系都将受到错误引导并形成十分恶劣的性格特征。积极正面的信息流指向，在权威安全标准下，发布的信息会使青少年产生依赖和安全感。某娱乐明星因业务能力不过硬却不自我反思，积极寻求进步，反而引导和煽动自己的粉丝制造各类有利于自己的言论，引导舆论走向。一时间各类营销号本着"博眼球、扩大自身影响力的目的"纷纷参与其中，将这个漩涡继续搅乱。此时，作为一个在青少年中影响力颇大的信息流是混乱的。最终权威网络公众号人民网发文：痛批该明星，标题为"明星什么时候不能批评了？"扭转娱乐新闻走向，以十分明确的态度将网络民众引导到正确的方向。"90后"青少年人群虽乐于参与各类具有争论性信息流的讨论，但在社会核心价值观的影响下，仍然具有追求积极、正面精神寄养的强烈诉求。因而针对"90后"的青少年人群的"物与非物的创新"一定要以自身信息流的权威、安全、可靠为最高标准。信息时代的"信誉度"将是其制胜的关键。

3.5　物与非物设计融合趋势

现在是一个互联网主导消费的时代，形形色色电子商务的出现，在缩短人与人、物与物之间距离的同时，也在不断改变和影响着实体经济，这对实体经济来说，既是一个巨大的挑战，也是一个最后的转型机会。实体经济一直以来都是一个被动接受选择的消费形式，但是时代不同了。未来的世界可以说是由大数据支配的时代，不是人选择物，而是在人做出主观需求选择后，由网络收集数据，进行习惯的分析，进而将最适合的物品送到使用者面前。而依托于互联网虚拟界面发展的人工智能，更是使非物质文化形态的网络控制有形态的具体物品变成了常态化，非物质的设计与物质的设计可以说是水乳交融，慢慢开始融为一体，可以大胆地假设，在以后的人类生活中将没有物与非物的设计界限，它们将变为不可分割的整体。设计的终极意义是服务人类，改变人类生存环境，让未来人类的生活变得更加美好，而通过各种设计的形式将人类生活的方方面面变得更美好，融化物与非物的界限感，将物与非物进行深入的融合，惠及的是人类生活的所有部分，会大大地改变人的生活环境，也会大大地提高人类社会的生产效率，现在中国社会的主要矛盾是：人民日益增长的美好生活需要和不平衡不充分发展之间矛盾。而中国的版图非常辽阔，想要做到平衡且充分地发展，依靠普通常规的线下的物质形态的发展模式是远远不够的，以提高非物质的发展模式为基点，融合物质与非物质的趋势是势在必行的，也是现代社会发展的必行之路。

从衣食住行这四个基本包含了人类生活所有内容的方面去细致分析现代生活中物与非物的设计的融合，已经是势在必行的（图3-12~图3-15）。

图3-12 衣的方面

图3-13 食的方面

图3-14 住的方面

图3-15 行的方面

第一，衣的方面。

有一句俗语说：女人的衣柜里永远少一件衣服。这句俗语说明人类对衣服的更新换代的需求非常大，现在的中国社会已经不是只要保暖就好的时代了，改革开放后的今天人们对美好事物的向往越来越强烈，但是如果仅仅只能通过购买的方式满足欲望，就会产生很多问题，而网络的出现完全可以解决各种问题，如果说人的衣物是一个具象的物质形态，那么近几年才出现的新型分享型的App就是一种联通了非物质性的设计形式，两者的完美结合，孕育出了以租赁代替购买为终极卖点的大众分享型社会衣柜（图3-16），在一定的范围内，这种App可以说是解决了衣物的重复购买问题，也解决了出席不同的场合时，衣服无法满足需求的问题，并丰富和提高了使用者的衣服的质量，这种App因此也在广大的青年男女之中流行起来。

互联网的发展速度极其迅速，而衣、食、住、行这四个方面中除去衣以外的其他三个方面以分享为形式核心的App已经出现非常多，大多发展得非常迅速，且相对于衣服租赁App其他三项的App也发展得非常完善和成熟。衣服租赁App是2015年左右才开始出现，相对于其他三个方面可以说是相当晚了，这也从一个侧面证明了融合衣物这一物质与网络非物质的设计的困难程度非常大。

现今网络电子商务的保障和基础的物流公司，其支持移动电子支付的发展已极其规范和成熟，所以获取客户和吸引客户再次使用，已经是现代电子商务可以发展

亚洲最大共享衣橱

图3-16 衣物共享形式

的必然因素。而这两个方面需要的是联通衣物这一实体物质与网络流量、网络项目推广等非物质性的成本，寻找收支平衡。分享衣物，租借衣物的形式正好可以将这两个方面全部兼顾到，所以这也是电子商务新的爆发点和增长点。

　　分析现今网络电子商务平台上出现的各种各样的衣物分享App，其中发展比较好的两个平台分别是女神派（图3-17）和衣二三（图3-18），其操作的形式基本相同，都是将衣物进行分类处理，其中礼服类的以单次租借为主，而其他类型的衣物则是以多次和月租两种形式为主。

图3-17　女神派App　　　　图3-18　衣二三App

　　这两种形式就要求相应的电子商务平台要有充裕的资金支持，需要支持衣物存储与衣物洁净等方方面面的费用，也因此提高了成本，而真的可以持续支付这，能持续投入资金的用户并不足够多，所以支持平台持续发展的客户增长率就无法保证，而平台的发展就进入了困难期。

　　所以平台的设计应该不仅仅局限于衣物的租借这一表象的盈利平衡点，而是应该和不同的衣物品牌商进行合作，从根本上改造衣物的供给链，与大数据进行结合发展，进而影响衣物品牌的设计风格与生产侧重点，衣物品牌由物质性的被动选择方变成可以主动选择的一方，使物质性质与非物质性质结合起来。

　　衣物租借最困难的方面是使用者对于衣物卫生问题的担心，所以平台也开始和洗衣公司合作发展，多方联动的设计模式在打破了物与非物界限的同时也不断促进着行业的发展，也不断吸引着资本进入，衣物租借平台的未来发展值得期待。

　　第二，食的方面。

　　中国有一句古话：民以食为天。可见中国市场对食品的需求有多么巨大，而从源头分析食品，食品其实也就是农业的产品，可以说食物的任何细微变化都会对人类社会的生活产生巨大的影响，人最离不开的就是食物，如果说衣物代表是门面，那么食物对人类来说是一切存在的基石，中国随着经济的不断发展，百姓的餐桌越来越丰富，而在品种丰富了的同时，人们开始对食物购买的便捷性有了更高的追求，购买方越来越挑剔，而提供食物的生产方也开始有追求，农民不满足于被动选择、被动接受的固有形态，而开始需求更快捷更有保障的方式来种植、养殖、生产食品。以前出现的重复密集的、没有计划的生产也出现了大量的问题，比如之前的海南香蕉丰收，但因供远大于求而出现了无人收购，农民血本无归的情况。购买者与提供者共同的愿望是打破食物与人的固有界限，形成一种无形的关联，进而催生出的是以非物质形态的网络电子生鲜设计去引领和发展具体的生鲜食品的种植和养殖生产（图3-19），也以最低廉最迅速的方式平衡了不同地区的发展。

　　分析生鲜电商设计的发展历程，分为三个阶段，第一个阶段是萌芽期，从2005年开始，网络上第一次出现了以售卖生鲜食品为主的电子商务平台"易果网"（图3-20～图3-21）。这标志着生鲜食品与非物质网络融合起来了。之后的三年又陆续出现了一些主打有机绿色的专注于特定客户群的小众生鲜食品电子商务平台，比

图3-19　生鲜电商

图3-20 易果网

图3-21 使用界面

如乐康。随着中国社会进入转型期，民众面对媒体曝光的各种类型的食品安全问题，普遍对食品产生了不信任感，开始关注食品的安全性与健康性，所以接下来的四年，生鲜食品电子商务平台如同雨后春笋般出现，太过快速的行业发展使得这一市场出现了过度发展的问题，产生了巨大的供需不平衡，供过大于求，也使得平台和平台之间为了吸引客户而开始了恶性竞争，且生鲜平台的设计模式并没有根据生鲜食品的特点进行专业的设计，而是完全将普通的平台模式进行全线模仿，所以出现了很多失败案例。第二阶段是痛苦的发展与转型期，这个时间大概在2012年年底到2014年年初，虽然只是短短的一两年时间，但是在上一波生鲜电子商务平台大面积倒台的风暴中侥幸存活的生鲜电商开始了针对生鲜食品的特性而经营发展的电子商务，先是利用网络传播快的特性，进行相应的包装宣传，比如褚时健的褚橙就将其励志的种植背景进行包装营销，让其平台"本来生活"也在网络上火了起来。在这个时期，电子商务的关注点开始从自媒体、动

态弹性备货的形式进行摸索和探究，虽然还是有各种各样的问题，但是其蓬勃的发展活性还是吸引了大量资本的关注。第三阶段可以说是百花齐放井喷式发展时期，这一时期各种资本源源不断地进入各种的生鲜食品电子商务平台，各种平台也开始利用本来已经有的优势进行差异性发展，属于生鲜食品平台的战争开始了，而且网络的发展进入一个新的阶段，生鲜食品的需求量飞速地增长，可以说现在就是发展的黄金时期，而京东与阿里巴巴的强势介入也为市场的各种并购与重组提供了可能，未来的生鲜电子商务包罗万象、惠及消费者与生产者。

第三，住的方面。

中国人常喜欢说：金窝银窝，不如自己的草窝；英国人喜欢说：鸟自爱巢人爱家。由此可见，住房在人们根深蒂固的思想里是绝对不能分享的，是只属于自己的，一个私密性的，独特的空间。但住房也是一种物质形态，互联网影响下的社会，各种思想都在不断变化，现代生活让人们对于居住舒适性的要求不仅仅局限于家中，当其生活在世界的任何地方时，无论生活的时间长短，都希望有宾至如归的感觉（如图3-22），人们开始希望通过设计将房屋的物质化属性与非物质化的互联网进行结合，服务于人类，使人们可以在任何时间、任何地点都享受到家的体验。

以共享的态度，做到处处有家，具体细分为，服务于短租的各种租房电子商务平台，其特色是可以在需要

图3-22 房屋租赁内部环境

短时间生活时，快速迅捷地享受到生活的舒适，比如最近很火的小猪短租，就以其打造家这一主体的短租形式而迅速打开了市场，并不断地获得使用者的认可，使用人群不断扩大，使用范围遍及世界各个角落，运用互联网这一非物质的形态连接了房子与人的物质形式，融合了物质与非物质的设计，改变的是人类出行的居住方式与体验感受。而将长时期的租借房屋与互联网进行结合就有了一定的难度，以共享为卖点进行的形式改变如图3-23。现有的长期房屋租借形式的核心是，现有的租住客人进行房屋租住的信息发布。现有的租住的客人在长期租住的时间快到时，利用其还可以使用房屋的优势，将房屋的形态以视频的形式放在网络平台上，协助房屋主人与新的租借者进行沟通和签约。现有租客的房屋推广需要花费的精力并不大，但对于房屋的利用率却可以大大提高。当然房屋主人也需要付给现有租用者一定的费用，这种形式可以说是盘活和连接了房屋这一物质形态与网络平台这一非物质形态最合适的方式，而且这种方式也可以在一定程度下，促进房主降低租金，也可以为租户提供一定的安全保证，这种长租的模式设计，让租户变成了房子一定意义上的主人，也解放了房子原本主人的一些压力。

短租电子商务平台解决的是特定范围内房屋的物质与非物质设计的大融合，将各个地区的房屋资源整合，将个人的短时间房屋需求整合，打破了物和非物的边界；而长期的电子商务平台解决的则是几乎所有空置房源的使用问题，也可以在一定的程度上解决租房难的问题，彻底地将房子本身的价值最大化。

第四，行的方面。

有一句古语说：读万卷书，不如行万里路。人类想要发展、想要进步就需要不断地出行，不断地在路上也是现代人的生活态度。现在的生活中，人类的出行越来越便捷了，大量的私家车的出现也方便了生活，但是私家车的过量出现也严重地影响了人类的生活，比如北京、上海、广州等大型人口密集型城市，因为私家车过多而出现的道路拥堵问题，严重时会拥堵将近八个小时；出现居住地停车困难的问题，车位紧张以至于车位价格过高，居民无法承受；出现因停车不方便而随意胡乱停车的现象；出现因为私家车过多而产生了大量尾气污染环境的问题。虽然公共交通可以缓解一小部分的出行压力，但并不能真正做到替代私家车出行的能力，所以各种以共享出行为核心的平台出现了如图3-24，其设计性的核心是将物质形态的出行工具与非物质形态的互联网结合起来，联通单一的人与不同地区不同出行工具的距离，打破的是工具设计的单一产品的归属性，扩大其使用的价值与范围，更好地改变出行形式，方便出行路径。

共享出行的形式多种多样：摩拜单车、Ofo小黄车等以自行车为分享工具的形式，解决公共交通中最后一公里的问题；而顺风车、神州租车等以汽车为分享工具的形式，解决的是汽车使用浪费的问题，对闲置的出行

图3-23　原有的长租形式

图3-24　共享租车广告界面

资源进行合理的利用与分配。这两种形式大大地改变了人类的绿色出行方式如图3-25，但平台的探究还在继续，彻底打破物与非物的界限的共享形式出现了，以江苏扬州最近开始打造的以高科技为基础的全自助形式的"无人驾驶汽车城"的出现，彻底地打破物与非物的边界如图3-26。当近百辆的车在新建成的港珠澳大桥上快速行进，且其全部是以无人驾驶的形式进行操作并且还完成了高难度的"8"字形走位，让人非常惊艳。共享和无人操作已经成为汽车这一产品的新的发展方向，而整体规划汽车市场进行全共享模式也是扬州"无人驾驶汽车城"最大的特色，也是将物质提高设计与非物质进行融合的最典型的案例（图3-27）。

现在的设计趋势是为未来生活进行指导，以后的出行共享形式是物与非物彻底地融合后，人类的

图3-25 绿色出行

图3-26 扬州共享汽车

图3-27 汽车无人驾驶

出行就变得非常方便，当人们需要工作时，车早已停在了门口；而到达目的地后也无需为停车而烦恼，车自会找到停车区域；清洁汽车更是无需人们忧心，车会自行清洁，这就是一条完整的成熟的共享型无人操作的出行循环链条。前期的研究开发后期的体验使用，过程中的日常修护的出行组成物与非物的设计融合网络。

目前这种物与超前的非物进行结合的设计趋势吸引了大量天使投资的进入，也重新地塑造了出行这条产业链，可以说是互联网形态下的未来爆发点。

3.6 物联网创意应用解析

物与物通过互联网络这一无形的线连接起来，物质与非物质组成了人类社会万事万物，从连接开始，人类进入了万物连接形成网络的阶段。

物联网进入了深入发展的阶段，产品制造业开始进入产业的升级阶段，现代社会的网络体系建立多维度发展，其中移动互联网时代的到来将网络体系带到了一个新的阶段，人类社会进入了大数据时代，互联网技术融入了千万行业，人类的生活热情被点燃，人类的生活水平不断提高，新时代的设计者也迎来了第三次创新时代也就是物联网引领的时代。

构建物联网大平台，可以做到全覆盖化的数据监

控、网络互联网监控、相关数据存储备份、出现意外事故进行相应的警告、设计产品的功能性输出、对收集的使用数据进行全方位的分析。

通过广泛范围内的链接，连接人类生活各种产品，比如汽车、智能家居、可穿戴设备、相关产品制造销售行业的终端。通过轻应用将设计者设计的产品集成化，形成一个互相控制、互相影响、互相促进的物联网智能产品系统。

人无远虑，必有近忧。企业也是如此，作为中国国产智能手机品牌的成功者小米公司，在手机市场竞争进入白热化阶段以来，一直思考如何充分利用现在处于新兴产业体的物联网产业发展，并且在市场上拥有更强大的话语权，并抢先占领物联网市场。以小米一系列的智能物联网产品为例分析，首先小米科技公司推出了小米智能手环，手环可以与手机建立联系，记录和控制运动的数量与消耗的卡路里，记录使用者的睡眠情况，并且可以设置智能渐进式闹铃，可以提醒手机来电和短信息，手环丢失可通过手机连接查找，有防水的功能，解锁手机可以无需解码，手环可以通过认证功能保证手机的信息安全，蓝牙连接手环与手机同步记录使用者的运动量和睡眠情况。接着，小米科技又推出了小米空气净化器，其作用与一般的空气净化器不同，不仅将设计的重心放在了空气净化的角度，也着眼于长远的物联网产业发展。小米空气净化器的净化技术借助于万利达公司的光净化技术，在保证了可以过滤Pm2.5有害颗粒物的净化器使用价值后，又战略性地开发出了空气净化器与手机连接，进行远程控制，通过手机可以监控室内空间的空气质量，并且进行实时的监控，随时开关空气净化器。当使用者走在下班回家的路上，就可以打开空气净化器，不用等待，回家就可以享受到清新的空气，晚上休息时，也不需要起床操作空气净化器，只需要用手机，切换净化器到睡眠的模式就可以舒舒服服地躺在床上睡觉了。手机也可以实时监控空间内

的空气情况，也会收到气象局的空气质量指数提醒，使用者可以通过对比空间内与外的空气质量指数不同而放心使用净化器，产品带给使用者的精神幸福感更强，使用者容易感知到幸福。接着，小米科技顺势推出了一款摄像功能的物联网发展战略下的智能产品，名字叫小蚁智能摄像机，这款产品的设计理念是幸福的重新定义，时时刻刻都可以在地球的任何地方看到家中的影像，而且是实时互联互通，保证使用者不会错过任何一个画面和任何一个重要的人，当想念家里时，打开手机，通过小蚁智能摄像机就可以看到可爱的孩子与和蔼可亲的父母长辈，而且小蚁智能摄像机还有双向语音功能，想念不再只能通过画面传达也可以通过语言表达出来，进行相互的交流，人与人之间的感情通过物与物的相连而无缝连接了起来，且实时监控家庭也可以保证家里的安全性，可以将实时的摄像跟踪传达到使用者手机上，家中出现任何问题，都可以实时进行处理。并且小蚁智能摄像机对长时间的静止画面并不进行保存，大大地方便了使用，且小蚁智能摄像机的机身十分小巧，装在家中美观方便，所以说设计让生活更美好，物联网让设计更美好。依托于积累的技术与设计经验，小米公司在近期推出了小米智能家庭，包括特定的网站，相应的App，小米的多功能网关，小米无线开关，小米门窗传感器与小米人体传感器，通过小米智能App的统一控制，从各种电子智能设备的使用，比如小米盒子，小米空气净化器，小蚁智能摄像机，小米智能插座，到小米智能家庭套装的整体把控，线上的网站加移动通信设备的终端控制，再加小米的具体智能产品共同构成了人的生活网络，用无形的线将人和有型的智能产品关联起来，形成的是基于小米技术的物联网应用系统。分析这种设计理念，可以说是使用者与生产者的双赢局面，使用者拥有体验最先进生活方式的机会，生活的便捷度与幸福感大增，人类社会也因此而进步。设计生产者，通过整体化的万物相连的网络产品设计规划，打开了非常广阔的市场，而且因其网络化的产品表现形式，对于品牌的忠诚度的培养也变得更加容易。一个产品的使用幸福感提

高，其产品的销售量就能上去，这是比任何的营销都要可行的产品宣传方法，也可提高品牌形象与品牌价值，未来市场的导向是由使用者的体验感受决定的，品牌成功的关键是如何将产品与人类之间的纽带连接得更紧密些，使用者变为品牌产品的忠实拥护者，智能产品也控制了人类选择产品的方向，小米科技全面进入智能家居生活产品的行业领域，就是认为人类的生活网络形成了，品牌与人类的连接网络也就形成了。智能产品网络与人共同构成了以物品为连接方式的人类社会生活网络。

现在社会物联网的范围之广超出了一般生活家居产品的生活范畴，当人们走出家门时，就会发现家中建立的网络已经消失，取而代之的是更大社会网络的形成，在这个更大的物与物、物与人、人与人相互构成的最大的物联网中，如何做到智能化的，整体化的互联互通更加重要。

如果设计是引领世界进步一个行业，那么将未来的设计定位，基于物与物的连接，人与人的连接、人与物的连接、物与非物的连接的物联网设计是社会发展的趋势。

以中国物联网设计公司为例进行解析，就会发现，物联网是可以引导社会经济发展，创新发展的。小米公司的物联网设计应用于家中，构建家庭内环境的物联网络，物质与非物质之间的连接更加的紧密。

第**4**章

发现生活设计

本章主要的研究内容就是通过对生活中不同种类的产品案例进行分析来探究生活，设计和本源之间的关系。具有针对性的对近几年的数字产品、交通工具、家居产品以及产品设计展示案例进行解读。意在将设计来源于生活又反哺于生活的关系进行梳理。本章以此来进行深入探索，将理论与案例相结合，理清思路，为后续研究奠定实例基础。

在生活中，人们总是能听到一句话"生活中不是缺少美，而是缺少发现美的眼睛"，这句名言出自于著名的法国雕塑大师奥古斯特·罗丹。作为一名优秀的设计师应该具备一双快速捕捉美好事物的眼睛，去发现生活中稍纵即逝的美。随着数字化时代的到来，信息的传递越来越便捷，由此推动了不同设计风格的交融，从而衍生出新的设计理念、设计风格和设计方式。因此，及时捕捉新元素，收集新素材，成为设计发展的重要推动力，促使着设计师们不断地进行探索和创新。

设计来源于生活，生活也离不开设计。当新的一天开始，人们的衣食住行都会接触到不同的产品。小到洗漱用具，大到交通工具，人们的工作生活一直伴随着各式各样的产品。随着经济的快速发展，在满足人们物质生活的今天，人们对精神文化的追求与日俱增。设计出来的产品不能仅仅停留在功能性的需求上，还要满足现代人个性化的发展以及最直观的心理诉求。设计不仅需要被大众所接受，还要考虑到小众的个性宣泄，这就使得现代设计必须具有多元化，多层次化，复杂化的特征。

如今，当一件优秀的产品设计问世，总是吸引着不同群体的目光，备受关注。各大品牌在推出下一季单品时也都会出现类似的设计元素，商家会增加产品数量扩大市场份额，消费者会第一时间购买产品并持续关注，甚至在一些电商门户会出现一些"山寨货"，可见优秀的产品对人们的生活有着极大的影响。就设计本身而言，追根溯源还是"为人而设计"，就是解决当下所存在的问题，通过产品

设计满足人们的功能需求和心理诉求。即使现在的设计提倡"以自然为本，返璞于自然"，但其最终目的还是在于人。因为在现代社会中，工业化发展带来了一系列的问题，人们的生存环境发生了变化。为了应对这种变化，人们希望通过绿色环保，亲近自然的设计来营造出一种和谐的、适宜人们居住的环境。由此可见，设计的核心始终围是绕着人、机、环境三者之间的关系。

设计可以提高人们的生活水平，而设计本身也需要人们对其产生共鸣。优秀的设计总是蕴含着某种深层次的意义。它不是单纯的市场营销噱头，而是一种令人感同身受的精神内涵。设计并不是无意义的追求潮流，而是通过感知生活，突破价值体系的枷锁，让消费者发自内心的接受，这才是发现生活设计的意义。

4.1 生活·设计·本源

众所周知，设计是一种具有目的性的能动行为，其宗旨是为了创造出更加舒适便捷，符合人类生存需要的造物活动。它并不能等同于自然界中与生俱来的事物，而是人们通过主动的、自发对事物进行改造活动，而产生的新事物。简而言之，设计就是人类为满足日常生活诉求的创造性行为。

长久以来，人们总是在追求设计的本质是什么，什么是设计之本，什么是设计之源？其实设计的本质就是为了解决生活中所出现的人、机、环境三者之间所存在的问题，从三者关系中找出最为合理的切入点，提出可行性设计方案，系统全面地进行设计创新。为谁而设计说明了设计之本在于"人"——以人为本。设计的根本属性和职能所在是要满足人类的需求，有目的性、计划性、针对性地解决实际生活中的各种矛盾关系。满足人们需求的设计，往往来源于生活中的点点滴滴，只有找到设计的本源，才能设计出最贴合实际、最符合心理诉求的产品。这样的设计自然而不刻意，能够承接起人、

机、环境三者之间的桥梁作用，创造出美好舒适的生活体验。所以，设计的本源不是为了创造浮夸的外型、复杂的功能、虚高的价值，而是要从生活出发，去创造更加美好的事物。

设计是一种发现问题、解决问题的行为方式，侧重于解决大多数人存在的共性问题，最理想的状态是能够设计出解决所有人共性问题的产品，当然，这在现实生活中很难实现。优秀的产品设计源于设计师们积极的自我感悟和自我审视的生活状态，通过设计去改善生活，引领生活方式，追求更高品质的生活诉求。

设计是一个载体，接收着各种文化和物质的输入，再以创新性的形态输出给人们。作为一种文化，设计具有更加崇高的职能——情感诉求。设计活动的重心是改变现实生活中不尽如人意的地方，在情感表达上更加的具有前瞻性和预示性。如果人们在生活中有了自我感悟的能力，就会对现状进行审视和评判，这成为构建理想生活状态的最佳动因。因此，这些原因会使人们更加深入地思索生活本质，关注自身的发展，这也是设计的本源所在。

在生活中，但凡能够触动人们心灵的产品设计，来源于设计师们对于现实生活中物质层面与精神层面的深度挖掘，善于打破现实的枷锁，以"陌生"的视角重新审视已有物质，在重复过程中不断地完善和发展。这类产品设计能够契合人们的价值观和人生观，由物质层面的感官体验产生精神层面的共鸣。来自日本的设计师Toshi Fukaya通过对生活细微的观察，发现人们在使用图钉的时候容易刺破手指造成伤害，尤其是在需要同时使用多个图钉时，很不方便。为此，设计出这款令人感觉温暖的产品设计——胶囊图钉（图4-1）。Toshi Fukaya将图钉置入生活中常见的透明胶囊中，在闲置状态下，完全处于胶囊中，不会刺破手指；当需要使用时，用劲推挤即可使图钉固定，这种设计既安全又美观。这款胶囊图钉的灵感来源于猫爪，

平时猫爪是收在肉垫之下的，只有遇到危险或者必要时才会伸出。这种对生活细节的观察和空间联想的能力，产生出新的互动和创新。

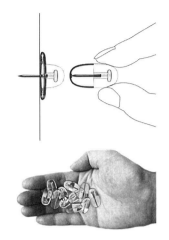

图4-1 胶囊图钉

随着人们生存环境的改变和对生活期望值的提升，简单的基础设计已经不能满足于现实的需求，人们开始向往更加优化的未来生活。这在无形中赋予了设计更加多元的表达形式、操作手段以及附加值。一个全面而成熟的设计师应该对专业有着积极而执着的研究态度，对自身能力进行不断地提升，对产品设计的设计语言在表达上有自己独特的视角和诠释路径，能够将生活中的阅历和经验融入设计中，传递给人们最本质的情感语意。

在产品设计繁多的今天，不少设计师走入一个怪圈，过多地强调产品的功能多样性，夸大了情感表现力以及产品附加值，却忘记了其中最为本质的诉求。深泽直人，这位来自于日本的产品设计大师，其设计理念有别于其他设计师。他将一种无意识的行为活动转化为具象的形态表达，归纳为"无意识设计"或"直觉设计"。这种所谓的"无意识"并不是真正意义上无意识地去投入，而是人们潜意识的举止并且还未注意到其本身的需求。正是基于这种状态，从而引起了深泽直人的关注，所以他的设计处处体现了设计视角的细腻与微妙。带凹槽的雨伞是深泽直人无意识设计中的经典之作，伞柄位置有一个凹槽，方便老年人在行走时将雨伞当成拐杖，另外还可以悬挂重物，成为受力点，减少老年人由于提重物造成的过度劳累，有助于其保持体力（图4-2）。

深泽直人的设计总是能够超前一步，当人们还在纠结生活中种种不便的时候，其设计的相应产品已经面世。这款"带托盘的灯"巧妙地解决了大多数人都会遇见的问题，利用物与物之间的联系进行设计，带有设

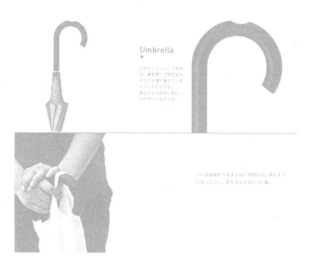

图4-2　带凹槽的雨伞

图4-4　"RE DESIGN展览"

者的创意思维，提醒人们留意生活。这件灯具的造型十分简约，没有多余的装饰，色彩较为柔和，适用于大部分环境。这款灯并没有电源开关，而是将人们的生活习惯带入设计中，当人们回家后顺便将钥匙放入托盘中，灯就会自动亮起，既不会因为随手放置钥匙而忘记钥匙在哪，又能照亮空间；反之，当出门取走钥匙时，灯就会自然熄灭。这种人性化关怀的产品设计不仅可以减少生活中忘记带钥匙、忘记关灯的陋习，还可以起到节约环保的效果（图4-3）。

　　大多数的产品设计来源于生活，并且是为了解决生活中出现的问题。但是，现如今的产品设计不再止步于满足人们的生活需求，更多的是一种引导式的注入，使人们进入一种更加健康向上的生活方式。原研哉（Kenya Hara），无印良品（MUJI）的设计总监，他的设计在很多人看来是与现代设计"毫无关联"的，无论外部的环境发生什么样的变化，科技发展如何迅猛，原研哉只专注于"日常生活"，能够敏

图4-3　带托盘的灯

锐地察觉生活中需要设计的地方，并将自己的设计理念和设计意图精确地寄予在产品设计之中，赋予其生命力，被人们所需要。"RE DESIGN展览"是由原研哉发起，展览中汇集了许多著名的设计大师。展览的整体思路是通过对日常生活中的产品重新进行思考，将已有事物不合理的地方进行再次设计，把已知变为未知，创造出新的事物（图4-4）。

　　有人说原研哉是"狂热的纸张设计者"，在他的设计中，经常能够看见纸张设计的身影。当电子科技时兴的今天，传统纸质阅读已经呈现"衰退"趋势，但是原研哉却认为，纸张并不拘泥于印刷，而且不会因为新媒体的出现而淘汰。在他的观点中，即使作为一次性消耗品的纸张也需要进行精心的设计。图4-5是原研哉为著名的茑屋书店设计的包装盒，包装的纸张以白色为基调，印有"茑屋书店"的字样，直观地将内容展现给人们。而纸张的肌理给人一种简约而不简单的感觉，同时也带来不一样的触感体验。

图4-5　茑屋书店（DaikanyamaT-Site）

设计的核心理念是为了让人们拥有更加舒适便捷的生活方式，寄希望于能将人们从繁琐枯燥的工作中解放出来，去享受生活中的乐趣。但事实上，人们的工作生活依旧繁忙紧张，过重的压力使人们的身心都出现了负面的状态，为了缓解这种负面效应，一些设计师开始打造一种"趣生活"状态。

图4-6～图4-9是一款便签纸的设计，在某个平台被用户晒出来之后，被许多人所喜欢。这款便签纸在使用前，与其他同类产品没有区别，但是随着人们的使用，便签纸开始出现一些造型，当便签纸用完的时候会出现日本清水寺的建筑造型。这是由一家日本纸制品公司（Omoshiroi Block）推出

的"建筑模型便签纸"。另外，这款便签纸的每一次使用也带有自己的一些小巧思。每一张便签纸在使用之后，可以按照折痕进行折叠，折叠后会出现一些人物的剪影，据说这些剪影构成了一个女孩成长为母亲的故事。在高压的工作环境中，拥有这样一款产品，每一次的使用都能带来一次新鲜的体验。这款产品设计之所以受到人们的欢迎，不仅源于产品本身抓住了人们的猎奇心理，只有将产品使用完才能看到建筑的全貌，而且还为了防止人们在使用时出现倦怠，每一张便签纸又有人物剪影，最后可以串联成一个与人们经历相关的故事，在情感上能够达到共鸣点。

经典的设计创意并不需要过多的修饰，是一种来自

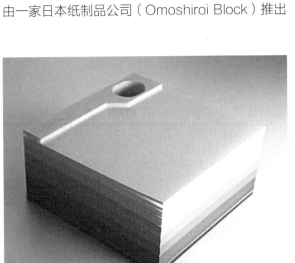

图4-6 "清水寺"便签纸使用前状态

图4-7 "清水寺"便签纸使用中状态

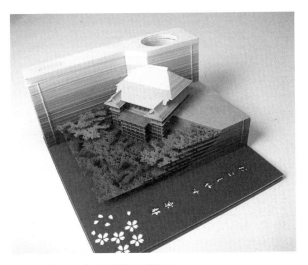

图4-8 "清水寺"便签纸使用完状态

图4-9 "清水寺"便签纸单张剪影

于最平凡朴实的生活状态，是一种最合理的现实诉求，是一种去繁从简的生活方式，是将人与物、人与社会、人与自然的有机结合，通过不断的打散重组，找到最合适的契合点，去解决相互之间的矛盾，而非为了设计而设计。设计应该更加注重生活中的微观层面，观察细节，打破固有设计的思维框架，将这种生活中的"无意识"放大，融入已有的事物中去，致力于打造出人、机、环境相互和谐的产品设计。

设计师们寄希望于产品设计能够提高人们的生活质量，满足人们的心理诉求，但是，在现实生活中，很难有一件产品设计能够完全满足所有人的需求。设计作为一个输入和输出的载体，在绝大多数情况下，设计能够被主流客体所接受，是因为主流客体存在着共通点容易产生共鸣，从而达成共识，这是由设计本源所决定的，当本源产生差异的时候，设计也随之产生变化。人们一直在探索设计的本源问题，实际上，设计本源也存在共性和个性的差异，在共性基础上的产品设计能够解决大多数人的需求，而以个性为基础的设计则会产生新的问题，所以应该返回到设计本源，从个性差异中找出设计的方向。

随着科技的发展，信息的快速传递，设计已经走向大众化，每个人都有可能成为设计师进行设计，但并不是每件设计都能得到认可与喝彩。只有将设计置于生活中，从不同时间、不同空间、不同环境汲取设计元素，再反哺到生活的不同层次、不同视角进行试炼，才能了解设计是否有存在的价值。

4.2　数字产品与设计生活

随着技术的革新和经济的稳步发展，为我国带来了新的机遇。工业化的结构转型，将原本单一的物质产出转变为更加多元化的形式输出。设计是客观世界中的一个动态变量，不断地进行自我更新和自我完善，以适应社会经济的发展。现阶段的设计基于原有基础，又衍生出新的设计风格，这些新风格来自于设计文化和设计理念的相互交融，从而使得设计变得更加多元化、复杂化、综合化。

如今人们已经步入大数据信息时代，各种数字化处理技术，将原本存在的有形物质载体转变为非物质形态，其所带来了新的技术变革，使得设计方式和存在形式也随之产生变化，从传统的物质载体变为无形的、可变的设计形式。对于产品来说，其功能性，用户体验和使用方法也逐渐趋于两种形式：物质形态和非物质形态。以数字化为媒介的信息传播已经成为现代社会的主流趋势，各种以互联网传播形式的数字化产品带来了新的技术革命，几乎渗透到生活的方方面面，与人们的交互关系越来越密切。强大的数字化技术和便捷的互联网服务改变着人们的生活方式，拉近了人与人之间的距离，带来超越时间和空间的交流模式。数字化技术的发展改变了设计的惯性思维，打破了原有设计中的束缚，随之而来的数字产品设计逐渐走进人们的视野，成为人们生活中不可缺少的必备品。

4.2.1　数字产品界定

美国经济学家Shapiro曾提出，数字产品（Digital Products）可以看成一段字节。其中应有数字化格式，可编码为二进制流的交换物，均视为数字产品。

在数字产品的界定上有狭义和广义两个层面的区分。狭义的数字产品是指信息内容基于数字格式的交换物或通过因特网以比特流方式运送的产品；而广义的数字产品除了包括狭义的数字产品外，还包括基于数字技术的电子产品或将其转化为数字形式通过网络来传播和收发的相关内容的产品，或者依托于一定的物理载体而存在的产品。基于上述定义的表达，数字产品并不能从单纯意义上的界定为无形的存在，而是应该更加宏观全面地对数字产品进行归纳和总结。

4.2.2 数字产品分类

科技的进步带来人类文明的进步，近几年数字产品的兴起带来了更加科学直观的使用体验，让人们能够快速便捷地掌握想要了解的信息，同时也提高了生活的质量和效率。在生活工作中，数字产品随处可见，其分类形式多种多样，在这里主要介绍两种主流分类：一种是以数字产品用途来分类，另一种是以物质形态和非物质形态来进行划分。

数字产品的用途分类，大致可以分为三类：内容性产品、交换工具、数字过程服务产品。这类产品的共同点在于都需要依托一定的媒介进行内容传输。内容性数字产品主要是传达某些信息内容，以便人们能够快速的接收到相关信息。例如，已经代替传统纸媒的数字刊物、数字新闻、数字音乐、数字电影等（图4-10）。交换工具主要指那些具有交换效益，同时具有特定契约属性的数字交易产品，可以是数字门票、数字代金券等。在网络技术下，以往的货币交换形式以及传统纸币交换工具，都被数字产品所代替（图4-11）。数字过程服务产品一般是指数字交互行为，如网络游戏、视频聊天、远程教学等（图4-12、图4-13）。

物质与非物质分类主要指的是数字产品的有形或者无形的状态。物质化的数字产品是具有数字技术的载体，即电子产品、数码相机、手机、电脑等

图4-11　交换工具——
电子代金券

图4-12　数字过程服务产品——交互游戏

图4-13　数字过程服务产品——远程教学

图4-14　数码相机

（图4-14）；非物质数字产品主要是指可以经过网络输出的产品。

4.2.3 数字产品特征

1. 永久性

数字产品相对于传统意义上物质形态的工业产品有着本质上的区别，其永久性特征主要体现在数字产品一旦被生产出来，就能够进行永久性的保存。这是由于数字产品不可被破坏的属性所决定的，数字产品不会因为

图4-10　内容性产品——数字新闻

时间的长短和使用频率的增减而产生磨损和消耗，相对比较稳定。数字产品的这一属性被认为是一把双刃剑，对于用户来说，一个永不损毁的产品可以降低消费投入；对于生产者而言，这无疑减少了数字产品的销售量，降低了利润空间。因此，针对于这种现象，生产者通过提高产品的性能、优化系统、增加新功能、扩充信息量、输入附加值等手段来吸引消费者，以此来增加购买新群体，刺激老客户更新换代。

例如，现在的手游，经常进行升级更新或者系统优化，解决前一个版本中出现的一些问题，提高用户的交互体验。例如，最近流行的《绝地求生》，这款游戏每隔一段时间就会对版本进行升级，推出一些新的装备、新的角色设定、新的场景，这些更新的数字产品具有更高的战斗力，能够提高玩家在游戏竞技中的获胜概率，抓住用户在游戏竞技中的胜负心理，从而吸引玩家进行在线购买装备，以此来体验更好的游戏效果（图4-15）。

在许多游戏中，其装备、角色、场景可以通过游戏中的虚拟币进行购买，当虚拟币不足时，可以在现实生活中以充值的形式进行虚拟币兑换，这种购买力成为运营商刺激用户消费的手段，从中带来利益。

2. 可变性

数字产品与传统产品相比有很大的变革。以往产品设计出来的成品，无论是外观、颜色、功能、

This beta version of iOS 11.4 contains bug fixes and improvements.

For more information, visit:
https://developer.apple.com/go/?id=ios-11.4-sdk-rn

This beta version of iOS should only be deployed on devices dedicated for iOS 11.4 beta software development.

下载并安装

图4-16　ISO系统升级

内容等部件都是不可变的，但是数字产品却恰恰相反。数字产品在符合大众的需求和审美标准外，还能进行个性化定制。例如：人们在使用手机的时候，经常会被提醒App更新或者系统更新，通过软件从低配往高配的升级，灵活运用数字产品的可变性来解决数字产品的"不可破坏"性带来的漏洞和问题（图4-16）。此外，数字产品的可变性还体现在其购买后的不可预测性，这一点主要是对于生产者来说的。一件产品在面世后，应该具有一定的完整度，对于数字产品也是一样的。但是，数字产品具有一定的特殊性，当其在售出后，生产者对数字产品失去了掌控权，无法验证产品的完整度亦或产品是否进行过改变，用户可以自由地进行改造、分解、重组等变化，从而改变了该产品原有的样子，在数字产品的内容上尤其突出。数字产品的可变性特征是具有一定范围的，当超出这个范围的改变，可能会对产品原有的体验产生一定程度上的影响。

3. 快捷性

所有的虚拟数字产品都有一个共性特征，那就是快捷性。从字面上就能看出虚拟数字产品的特征就是快速和便捷。虚拟数字产品通过网络的比特流方式进行产品的快递，在极短的时间内，可以是不同地域、不同时差、

图4-15　游戏中的装备

不同用户之间进行交换和共享，具有物质产品所无法企及的速度优势，同时也方便人们的生活方式。

我国"新四大发明"——高铁、网购、移动支付、共享单车，带给人们科技生活的便捷和舒适，改变了人们的生活方式和生活习惯，其中就有数字产品的例子。如今，人们已经习惯了出门从简，只要你的手机有足够的电量，甚至出门的时候只需要一部手机就够了，这是因为移动支付的出现，基本上可以解决现代人们的衣食住行等问题。目前，这种支付形式已经在国内的中青年群体中逐渐普及。当人们需要购买东西时，只需要几秒钟，就能轻松完成交易。另外，消费者在线购买数字产品时，可以有效地减少搜索、交易、送达的时长，在最短时间内就能将虚拟数字产品送到消费者手中，缩短了整体交易的时间成本（图4-17）。

4. 共享性

非物质数字产品与物质产品区别的最大不同在于数字产品可以进行共享，用户可以通过复制、存储、输出等方式进行共享，既不会损坏数字产品本身，也不会产生高额的成本。数字产品的分享用户越多，其价值表现也就越大。物质产品可以进行分享，却不能共享，其原因来自于本身的属性。用户在使用物质产品时，是通过先后顺序进行使用，而不能同时进行，使用频次越高，对产品本身来说磨损就越大。这些在一定程度上体现了非物质数字产

品的优越性。

5. 个人性

个人性特征是数字产品最具代表性的特征之一。前文中提到，设计的最高理想状态是能否设计出满足全部人需求的产品，但实际上，只能够达到主流群体的生活需求，还有少部分人是无法满足的。同时，现代人对于个人隐私越来越重视，不希望个人的事物被他人所窥视。所以，数字产品的个人性特征是基于产品适用普遍人群的基础上，进行个人化的定制，主要体现在产品原有的基础功能上，添加新的附属功能或者附加值，以此来满足个人化的需求。

当今社会既有大众文化的诉求也有追求个性突出的个性化需求，数字产品个人性特征，正好符合现在社会的双面要求。在强调个人与隐私的今天，个人对数字产品的特殊诉求主要体现在以下几个方面：对个人隐私的保护；对个人信息的存贮和管理；信息的原创和外部信息的整合；信息的接收和共享等。个人性数字产品的使用会带有浓烈的个人烙印，人们的消费观和需求观有了更高层次的追求，产品的差异化、个性化、人性化已经排在人们选购产品的首要位置。

数字技术的成熟和相对较低的成本价格促使着人们进行消费，同时也使大规模生产个人定制产品成为现实。用户在使用数字产品的时候还能根据自己的需求进行修改，使数字产品更具个人特色（表4-1）。

图4-17 移动支付

个人数字产品——平板电脑 表4-1

4.2.4 设计生活中的数字产品

我们的生活方式正处于由物质向非物质转变，即数字生活。数字技术为我们的生活环境带来了一场深刻的变革，影响着生活中的各种领域。

在非物质逐渐普及的时代，人们的追求也发生了变化，生活的需求走向高科技，高情感的生活模式，将个性与自我价值实现摆在了更加突出的位置，这也决定了人们如何去选择产品，设计师如何去设计产品，生产者如何去提升产品。新的设计方向使产品内容变得更加复杂、更加多元、更加丰富。

数字产品的非物质化并不是以牺牲物质产品为先决条件，而是科学技术和经济发展所带来的改变，是用多元的视角和全新的理念设计出满足多方需求的数字产品，以此满足人们不断提高的生活需求。数字产品是将人与非物质关系有机结合起来，力图打造出低消耗，低污染的生活环境，真正做到人、机、环境的和谐统一。因此，用户、数字产品、设计师三者之间的关系也不再是简单的输入和输出，而是互相协作，达到共赢。

时隔14年后，在2017年11月份，日本索尼公司发布了一款虚拟宠物——家用机器狗AIBO，其名字来源于人工智能机器狗（Artificial Intelligence Robot），这是该系列机器狗的第五代机型，也是世界第一台家用型AIBO系列。这款机器狗使用了人工智能技术，能够模仿真实宠物狗，自己主动亲近主人，根据不同情况发出不同的叫声（图4-18、图4-19）。

图4-18 历代AIBO机器狗

图4-19 第五代AIBO机器狗

与前几代的机器狗相比，第五代AIBO机器狗的外观设计可爱精巧，与现实生活中的小狗十分相似。智能化的处理，可以让AIBO 在与主人的日常互动变得越来越亲密，同时也能逐渐培养出属于自己的个性。这款机器狗设计能够接收到180条语音命令，在视觉系统中作了进一步更新，提高了图像识别系统，植入了模式识别功能，这些系统配置最主要的目的就是使AIBO机器狗与用户的交流更加顺畅，提高人机交互的能力。AIBO机器狗内置多种系统卡CMOS，这些系统卡具有不同的命令分工，通过数字处理技术，在与用户互动中执行命令或者表达情感。例如：利用图像命令，可以让AIBO执行"坐下""找骨头"等命令。通过识别模式，可以让机器狗在电量消耗完之前感应到，自主寻找充电器进行充电。充电桩上有识别标志，类似于现在的二维码，AIBO找到该标识利用图像功能锁定目标，就能完成充电。AIBO机器狗仿真度最高的是情感表达，产品面部及尾部植入了28个四色二极管，可以表达常见的高兴、忧郁、惊恐、生气、不满、好奇等情感状态。甚至可以根据与主人的交流，或外部环境的改变进行内部数字处理，通过学习来掌握新技能，与现实中养的宠物狗达到一定程度上的契合。AIBO机器狗的设计目的就是与人们分享情感，解决人们现实中养宠物狗带来的不便，是数字产品交互体验的完美作品，丰富了人们物质与精神的双重追求（图4-20、图4-21）。

一成不变的生活环境和生活习惯，已经让越来越多的人感觉到疲惫和乏味，人们总是希望能够突破现实，去体验一下不一样的生活模式和生存环境，逃离现实生活中的压力。近两年，数字技术的发展越来越精进，数字产品的普及范围越来越广泛，人们可以通过数字产品虚拟的环境去体验不一样的情景。虚拟实境（Virtual Reality），也就是常说的VR技术，利用数字化模拟出一个三维的虚拟空间，提供人们在视觉、听觉、触觉上不一样的感官体验，仿佛身临其境般，这需要数字技术的复杂运算才能得以实现。

VR Ulm Experience飞行模拟器获得了2018年IF金质奖。这款VR眼镜通过模拟飞行的状态，带给人较为真实的飞行体验，可以置身于高空中俯瞰整个乌尔姆市，带给人们一种全新的体验，能从不同的视角来了解这个城市，探索德国的历史变革和发展（图4-22）。

除此之外，VR最大的核心技术就是虚拟环境的设计，这种环境设计逐渐向各个领域渗透，目前，最常见的是在游戏场景中使用，对电影场景以及一些城市或者景区进行虚拟设定，从而带给用户身临其境的体验效果（图4-23）。

快节奏的生活往往需要更加便捷的方式去开启协调人、机、环境之间的关系。数字产品已经逐渐走进人们的生活。例如：最近在热播综艺中经常能看到的云米全屋互联网家电。云米家电其实就是将家庭中所需的一些家电产品进行智能化和数字化设计，使这些家电产品可

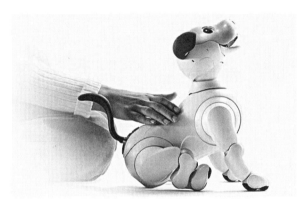

图4-20　AIBO与人互动

图4-21　AIBO玩耍

图4-22　VR Ulm Experience飞行模拟器

图4-23　用户体验游戏

图4-24　云米全屋互联万家电

图4-25　云米小V

以连接互联网，通过云米小V与用户的交流，通过AI语音模式向小V传输命令来控制家电，真正做到数字化（图4-24、图4-25）。

腾讯集团在2012年发起了NEXT IDEA项目计划，每一年都有不同的主题设定，用一种开放的参与形式，吸引更多有艺术才能和创新精神的年轻人加入到项目中。腾讯利用自己的平台优势，结合各个领域中尖端的合作者进行启发、探索、挖掘并培养青年人的创新力。使得年轻人能够关注到与人们息息相关的各个领域。例如：低碳环保、可持续发展、非物质设计、非物质遗产的传承与保护、人工智能、数字化技术等。

2016年，腾讯携手故宫博物院进行了合作

尝试，利用现代人喜闻乐见的方式，将固有印象中的历史人物和古建筑进行了一次脑洞大开的"穿越"。故宫在我国历史中占有举足轻重的地位，是华夏文明的里程碑。为了传承和保护我国的文化遗产，故宫先后借助互联网技术，文化创意产品，VR实景还原技术，手机互动App等多种形式并举，成功地吸引了时下年轻人的关注。在人们的刻板印象中，故宫是历代皇帝参政生活的地方，有宏伟气派的宫殿，绚丽多彩的文化，琳琅满目的文物，与现代人的生活存在着距离感。这次与NEXT IDEA的合作，让人们看到了历史人物如何"穿越"到现代。人们看到端坐在画像上的明代皇帝走出画像，唱起了Rap，玩起了自拍，并上传到朋友圈点赞，在微信群中也会使用自己的表情包，看到嫔妃使用VR眼镜进行互动。这些都是时下人们最为常见的生活方式，一下拉近了历史人物与人们的距离。在创作团队的眼中，故宫是一个鲜活的个体，在不同时代背景下出演不同的角色。为此，团队的设计者们将故宫"拟人化"的展现出来，最好的切入点就是故宫里面的"人"和"事"。利用画中或书中的人物为原型，挑选出人们熟悉的故事为背景，结合各种已有元素，带入现代人的行为习惯，如自拍、发朋友圈点赞等，让人们在看到后能够产生共鸣（图4-26）。

生活其实就是一种风格，需要用眼去观察，用心去体会，设计出最合理、最适宜、最和谐的产品，去改变人、机、环境之间的关系。数字技术的加入，革新了人

图4-26　NEXT IDEA×故宫

们的行为模式，带来了更具有科技含量的生活方式，顺应了社会发展的需要，满足了人们物质与精神层面的追求。

4.3 交通工具的数字化融合

人们常说交通工具的发展史可以看成设计的演变史，从最早的蒸汽汽车到现在的高铁，交通工具不仅变得安全美观，而且速度也越来越快，拉近了地区与地区之间的距离。但是，随着经济全球化脚步的加快，环境问题已经成为世界性难题，交通工具的发展和使用作为环境问题的一大诱因，开始被越来越多的国家所重视。

今天的交通发展已经达到一定的高度，带给人们更加便捷、舒适、安全的出行体验，可是随之而来的矛盾也越来越严峻，一方面是供给交通工具使用的资源逐渐匮乏，另一方面是交通工具使用所产生的环境保护问题。面对这种多方面的矛盾，数字化技术的出现打破了这种瓶颈局面，给予交通工具全新的发展导向，不再以车的本体为设计的出发点，而是以网络终端服务性设计为视角，致力于打造一个新型的、健康的、绿色的、以人为本的、以自然为根本的交通环境，实现交通工具的数字化融合。

随着我国城镇化脚步的加快，汽车的销售和使用与日俱增，不仅给城市交通网带来了巨大的压力，同时也给人们的生活带来许多不便。人们寄希望于交通工具与数字化的结合，是为了改善现在的交通环境所带来的各方面的问题，探索出舒适，便捷的出行方式，形成一种全新的代步工具发展模式。交通工具与数字化相结合，需要协调多方面之间的关系，才能够真正得以实现，为现代人所用。

4.3.1 国内数字化交通工具应用

在数字化社会，人们的出行方式也发生了变化，在国内，"滴滴出行"已经成为时下年轻人外出乘车的一种重要方式。其中涵盖了出租、快车、代驾等多种类型的乘车服务。用户只要在应用商店下载相应的"滴滴出行"手机App，利用手机数据端进行注册，在需要乘车的时候可以通过互联操作，在打车平台上快速叫车，可以有效地减少等车时间，同时还可以错开用车高峰期，带来便捷的出行体验。快速高效的互联网数字技术，将人们与交通工具之间的交互关系提升到一个新的阶段，传播给人们更加多元化的信息，引导着人们对于出行模式的关注和思考，从而以此为切入点，将交通工具与数字化相结合（图4-27）。

图4-27　滴滴出行

我国是一个人口大国，每年汽车购买增长量的提升，已经造成了国内交通系统的巨大负担。一些城市为了解决交通拥堵问题，不得不扩建城市道路，以此来舒缓交通压力，但是实际效果不尽如人意。另外，快速增长的个人用车，对于能源的消耗和环境污染问题也开始逐一显现。为此，各地出台相应限行、限号等措施，在一定程度上起到了控制作用，却治标不治本。

共享单车的出现，为人们的生活带来了一个新亮点。在上下班高峰时期，不仅解决了人们短途用车的问题，还减少了对环境的污染，缓解了部分城市交通的压力。特别对于那些赶公交、赶班车的上班族来说，共享单车的使用减少了短距离步行所耽误的时间。共享单车实质上是一种基于互联网模式下的一种共享自助服务，通过数字化平台的对接，产生自助租赁模式。共享单车早在2014年起，由北京大学的4名同学共同创造了OFO共享单车，其最初的目的是为了解决由于高校面积过大，教学楼与宿舍楼之间距离过远，学生在校园里出行不便的问题。通过共享单车的使用，来减少学生们步行耽误的时间。共享单车的使用方式，大多是通过手

图4-28　OFO共享单车

图4-29　摩拜共享单车

机APP进行注册充值，在缴纳一定数额的押金之后就可以使用，以使用时间长短进行计费，用完共享车后，通过数据端App进行费用扣除，实现交通工具出行的数字化（图4-28、图4-29）。

　　高铁的成功运营，引领着我国轨道交通进入一个新纪元。目前，轨道交通的售票形式有三种：人工窗口服务、电话订票服务以及网络购票服务。而网络购票无疑是最为便捷快速的方式，这使得人们不用因为怕抢不到车票而深夜排队。人们只需要通过电脑网页或者手机客户端就可以轻松地选择需要购买的车票，搜索快速、内容清晰、操作方便，减少了人工服务或者电话订票的人工查询环节。订完票后只需在乘车当天提前去自助取票机上打印车票就可以。这种一体化的自助服务方便了旅客

图4-30　自动取票机

的出行，减少了人为因素，使得出行成为一种享受（图4-30）。

4.3.2　国外数字化交通工具应用

　　目前，国外有不少交通工具数字化应用的案例，大多数都处于调试阶段，并没有真正投放市场。Google X实验室设计的"谷歌Google27无人驾驶"交通工具，其最终目的是实现驾驶操作全自动化处理。Google X实验室在前期对于半自动化驾驶研究上，已经取得了一些科研成果。但是由于在半自动化驾驶过程中缺少了驾驶人员的参与，在处理突发事件时的反应速度远不及正常驾驶操作，在这种情况下，反而加大了驾车的危险系数。如果将人与车分离开来，就能减少类似情况的发生，但是却缺少了交通工具为方便人们出行的意义。在"谷歌Google27无人驾驶"交通工具的实际路况中，还没有完全达到有人驾驶的安全标准，在今后的发展中，提高无人驾驶车的安全性和避免发生碰撞的几率是亟待解决的问题（图4-31）。

　　EO Smart 2未来智能交通车是德国研发团队设计的一款数字化处理的人工智能车，这款车的设计是为了改善人们的驾乘体验和交通环境，被德国的汽车工业寄予厚望。

　　EO Smart 2的外型小巧，一节车体只能乘坐2

人，在车身首尾部可以进行连接，这种设计可以节省部分资源，在特殊的路段可以组合在一起也可以独立行动。EO Smart 2在设计之初，将每辆车进行模块化设计，将电源作为动能，当电源不足时，只要车辆组合在一起，可以互相补充电能（图4-32）。

EO Smart 2占地面积较少，便于停放，由于数字化设计，即使在狭小的空间里，可以通过数字化控制车轮方向，让车体达到"横"着走的效果，将车安全停靠。另外，自动驾驶功能和智能交通系统进行联网，可以通过互联网进行系统配置，随时观测交通环境的状况，以此来调节EO Smart 2是该横向入位还是正常入位（图4-33）。

BYTON拜腾首款SUV主打超科技时代，这款"黑科技"SUV为用户提供共享体验屏和触摸式方向盘。此次的BYTON Concept采用未来科技感的设计理念，具有前沿技术的数字化智能技术，让用户具有更好的人机交互体验。这款车的设计预想是希望利用科技来服务于生活，为人们的出行提供数字化智能体验。"拜腾生活"（BYTON Life）可以与数字终端进行衔接，让数字化技术在车中得到应用。通过连接系统，数据和数字云处理，将用户、车辆以及交通环境进行连接，在需要的时候提供信息服务。BYTON Concept互联体验，可以与第三方进行连接，将用户个人喜好，行程安排等内容进行云端存贮，实现个性化服务。BYTON Concept设计两点是"共享全面屏"的设计创新。提供五维效果的人机交互体验，包括了人脸识别、触摸调控、手势识别、语言指令和智能手机控制，为用户提供最直观的驾乘感受（图4-34）。

2017年丰田公司在国际消费类电子产品展览会（CES）发布了一款概念车——Concept-i。其主要看点是该款概念车设计搭载了名为YUI的人工智能系统，并且可以实现自动驾驶。YUI的人工智能系统使驾驶人员与车辆之间产生更加紧密的关联。这套系统可以自主掌握驾驶人员的操作习惯、日常停靠点、日程安排，提

图4-31 "谷歌Google27无人驾驶"交通工具

图4-32 EO Smart 2组合和脱离方式

图4-33 EO Smart 2横向入位

图4-34 BYTON Concept共享全面屏

供最合适的行车路线。同时，还能监测到驾驶人员在行车时情绪变化和反应灵敏度，自动调节驾驶模式，保证出行的安全性。Concept-i内部仪表盘采用声光交互系统，代替了传统仪表盘的繁琐界面，可以使驾驶人员拥有更直观的操作体验。挡风玻璃利用现实技术可以显示导航功能，方便驾驶人员清晰地了解路线的走向（图4-35、图4-36）。

图4-35　Concept-i外观

图4-36　Concept-i内饰

4.3.3　数字化交通工具的特征

数字技术作为目前世界上最尖端的处理技术之一，被运用到各行各业。之所以数字技术能发展得如此迅速，是因为数字技术能够模拟解决现实中无法攻克的难题，可以通过数字化技术进行反复试验，降低现实操作中的安全性问题，成本消耗等问题。同时，还可以模拟现实生活中无法体验的事

图4-37　虚拟驾驶

物，通过更加便捷的操作方式加强用户的体验度。

1. 数字虚拟化带入

目前在交通工具的运用最广泛的是数字虚拟化技术，主要是通过虚拟技术还原现实中可能存在的问题和突发状况，让用户身处虚拟环境中进行体验。在虚拟的空间里，驾驶人员可以进行各种操作，以此所带来的感官体验成为设计者最直接的反馈资料。设计者利用视觉、听觉、嗅觉、触觉等让用户感受到环境的变化，真实驾驶车辆时的感受，有利于设计者和开发商收集更多的数据进行下一阶段的研究（图4-37）。

2. 人机交互

数字虚拟技术在交通工具上的应用大多是场景和环境的模拟，而人机交互体验，更加强调人机的互动性，人们的操作体验度。现在的交通工具不再仅限于驾乘人员的单向输入式操作，特别是对于长途旅程来说，人在操作交通工具的集中度会下降，不利于人身安全。所以现在的交通工具都会有数字化智能系统，在可能出现突发事件之前，提醒驾乘人员，以此来避免突发事件的产生。以家用汽车为例，现在的汽车大部分都添加语音提示、自主导航、压线提醒等多种数字化模式。其主要目的是减少人在驾驶时，对于手部操作以及精神集中力的要求，从而降低安全隐患（图4-38）。

3. 数字化交通工具延展性

数字技术给设计者带来无限发挥的空间，将未来可能达到的成果提前展现在人们面前。这种能看见、能摸

图4-38　人机交互

到、能感受到，却并不是以物质形式存在的产品，让人们体验到未来产品的发展趋势，创造出现实中的可行性方案。这让我们可以通过在数字虚拟的环境中进行观察、模拟、使用来发现它的缺点，也可以展开无尽的想象，去延展一个概念。因为数字化的产品并不需要过多的消耗资金和资源，只是在虚拟的平台上来构建延展的想象概念。在数字平台上的概念可以随时进行修改或者增添新的想法，而现实中的产品，成型后发现问题，就只能再重新制作。因此，数字现实技术可以为那些不敢想、不敢做的人提供一个平台。另外，也可以搭建一个多用户共享的平台，大家可以同时在自己的计算机上观看、讨论、修改服务器上的产品，能够及时让其他人看到自己的想法，获取他人的意见，从而激发大家的创造性，尽快将其实现。数字化对于未来交通工具设计来说十分关键，设计领域最为重视的创意在这里变得更加容易实现。因此，数字技术所带来的创造性和创新空间，为交通工具的发展提供了更加广阔的空间，这也是交通工具与数字化结合之所以受到青睐的一个重要的原因。

4.4　家居产品的非物质设计

随着工业化社会的变革以及数字时代的到来，设计的目的、理念、过程、方式等环节都在发生着

改变。设计从有机的物质载体逐渐过渡为数字化时代的非物质形式。人类社会文明的发展将物质文明向着非物质文明进行变革，致使设计也随着从有形物质转变为无形设计，从传统物质产品设计转变为非物质设计，从实体产品转变为虚拟产品设计。非物质设计是在物质设计的前提下提出的新概念，是信息化、数字化时代发展的必然趋势。

非物质设计在诞生之初，被认为是信息传递的方式，是对已有事物的非物质形态进行设计，例如：以数字化设计为代表的无形态设计，即应用软件设计、UI设计、VR设计等，这些设计都没有具体的形态，却能满足相应的功能性。由此，非物质设计从边缘走向中心。非物质设计的概念相对广泛，除了能对物质形态的事物进行设计外，还能延伸到物质设计无法企及的范围。非物质设计不再局限于对产品单纯的外观和功能设计，而更多的是契合人们精神层面的服务性设计，通过引导人们转变使用方式和生活习惯来提供非物质生活。

从有形变成无形，从物质变成非物质，反映了科技的进步和社会的发展正在迈入一个新的里程。从满足功能性需求的设计转变为协调各方面矛盾的非物质形态的理想化设计，致力于满足人们物质和精神层面的双重诉求，营造出人、机、环境三者间和谐发展的新阶段。

4.4.1　家居产品的非物质设计层次

家居产品的非物质设计第一层次，主要是针对在家庭环境中使用的电子产品，这些产品大多数都是以电脑编程的信息产品，例如电脑里面的程序或者是软件产品，当关闭电源的时候就无法以物质形态存储下来。

第二个层次，是突出"人"的感受，是面向"人"的服务。服务性设计作为一种非物质的存在，可以从精神层面上与人达成契合点，帮助人们从高压的工作状态得到释放，去享受生活，感悟生活。如LGP-Veyron6系列对开门冰箱。这款冰箱设计中的创新点在于它有一个透视窗，当人们敲击冰箱上面的透视窗

图4-39 敲击透视窗前状态　　　图4-40 敲击透视窗后状态

时，冰箱就会变亮，用户可以看见冰箱里面的情景，提前选择所需要的食材。不会因为打开冰箱后长时间进行选择而导致的冷气外泄，造成食物新鲜度降低，是人机交互体验的一种新方式（图4-39、图4-40）。

智能家居（Smart Home，Home Automation）在近几年发展迅速，受到人们的喜爱。智能家居主要以家庭住宅环境为使用平台，通过互联网技术、数字化技术、智能技术等，将家庭居住环境进行整合，建立起家居产品与家庭事务之间的管理体系，方便人们在日常使用时的操作，提升生活品质，实现安全、舒适、便捷、节能环保的居住环境。

2016年的米兰国际家居展中，推出一款模块化设计的家居产品——Lift-bit的智能沙发。这款沙发可以根据个人需要和空间变化自由组合，可以变为椅子、沙发、床等。作为一个智能产品，Lift-bit的智能沙发中的每一个模块都可以进行升降，六边形的设计，可以任意组合，也可以用最小的体量平铺整个空间。为了方便人们的操作和体验度，Lift-bit的智能沙发还有与之相配套的手机App，用户在手机上就能进行操作，随意调节组合方式和高度（图4-41、图4-42）。

图4-43是一款智能家用水龙头——Lynx，由南非Murray Sharp所设计的。这款水龙头模拟了眼镜蛇的外观，分为上下两个部分，一个部分是出水口，另一部分是电源线路，这种设计是为了分离水和电，以免造成漏电事故。龙头采用触摸显示屏的设计，每个按键上面都有感应器，当你需要使用

图4-41 Lift-bit沙发细节

图4-42 Lift-bit沙发组合形态

的时候，只要靠近就能够呈现激活状态，人们可以选择相应的按键进行使用。使用时，按键会有LED发光，方便人们清晰的掌握使用状况，操作界面十分简洁，主要有开关、限制流水量以及控制水温等功能，其中最大的看点在于Lynx的水温可以达到烹饪级别。另外，为了保证人们的使用安全，在出水口也设置了LED提示，不同的颜色代表不同的水温，从蓝色的凉水可以调节到橘色的温水直到红色的沸水。作为一个智能家居设计，Lynx提供了双重的保证，除了出水口的LED灯的颜色来区别水温，如果人们想要沸水，必须通过组合按键才能达到沸水的功能，且水流的速度进行了严格的控制，避免水花灼伤皮肤（图4-44）。

设计引导人们进入更加健康的生活方式，为了达成这一理念，不少设计师开始关注生活中的细节设计，尤其是人们生活中的家居产品。Flosstime研发了一款智能牙线分发器，这款产品通过吸盘可以置于洗手间内。当人们使用时，轻触一下按键，就能自动"吐出"48mm的牙线，会对使用情况进行计时，除此之

图4-43　Lynx水龙头整体造型

图4-44　Lynx水龙头出水口细节

图4-45　智能牙线分发器外观

图4-46　智能牙线分发器使用状态

提高人们的生活质量，改变人们的生活方式。

4.4.2　家居产品非物质设计特征

　　家居产品区别于其他产品设计，具有自己独有的特征，这是由于家居产品与人们的生活更加亲密，使用频次更高，互动关系更加突出，因此，家居产品设计的好坏直接影响着人们生活的品质，优良的家居产品会给人们带来更加舒适的体验度。

　　在忙碌的工作之后，家居环境会提供给人们放松休息的场所，以此来舒缓工作带来的高压状态。随着数字化，网络化时代的发展和变迁，家居产品也逐渐向非物质设计进行转变，高效便捷的家居体验，改变着人们生活方式，带来更高层次物质层面和精神层面的享受。

　　1. 形态非物质性

　　在信息时代背景下，无论是设计一种产品，还是设计一种服务性质的体验，都逐渐向着非物质形态进化。而家居产品设计也开始趋于数字化、扁平化、服务化、个性化，这是非物质设计最本质的特征。近几年，家居产品从庞大变得精巧，从显性转为隐性，从立体变为扁平化。互联网技术的发展，让用户可以通过互联网和数字技术对家居产品进行远程操作，也可以通过图像识别或者语音命令来指挥家居产品进行工作。例如家里的电视、空调、冰箱可以隐藏在建筑中间，与建筑成

外，当人们忘记使用时，牙线分发器会显示皱眉的形象提醒人们使用牙线清洁牙齿。这种关注人们牙齿健康的智能家居产品带来了更加健康的生活方式（图4-45、图4-46）。

　　非物质设计的终极目标是通过无形的设计，去引导人们打造一个良好的生活环境，在精神上和情感上都能够感到富足。希望通过设计的手段和方法

为一体，用户在使用的时候只需要进行语音操作就能实现（图4-47）。用户可以通过移动数据端对家居产品进行实时监控和操作，特别是离家后还可以了解到家里的情况。

图4-47　移动数据端对家居产品进行管理

2. 功能前沿性

现在的家居产品已经不再仅限于功能性设计，而是变得更加多元化、复杂化，注入了更多的附加值和品牌效应。在非物质产品中，产品的物质外型与功能进行分离，即设计时不再以功能外型为设计的主要表现形式，而是以原有物质产品所不能涉及层面进行"超越性"设计为终极目标，也就是家居产品的前沿化。例如：人们在发送信息的时候，并没有以物质表现形态进行传递，人们只能见到信息传递的功能表现，却无法触及到。人们传递信息的载体只是一种形式工具，不具备具体的信息语言，如：手机、电脑等，在这个层面，信息的传递和信息工具实际上已经剥离开来。现在技术已经将居家产品非物质设计的表现形式和信息传达的界限模糊化，产生了一种"共存"形态。例如，用户可以通过声音识别进行操作，或者利用手势识别等方式进行控制。这种家居产品的非物质化设计将物质产品变为了一种人机互动关系，能达到物质产品做不到的事情，其功能性也更具科技前沿化。

微信已经成为人们生活的一种行为方式。人们可以通过微信发送接收信息。人们可以利用碎片化的时间进行操作，其功能插件也日趋多元化，成为信息的共享交流平台。在我国，微信已经覆盖了94%的手机用户，成为新兴的通讯载体（图4-48）。

图4-48　微信图标

3. 情感人性化

家居产品的非物质设计更加追求以情感表达的设计理念，设计中注重如何能够调动人们的情感共鸣。如今的消费者在选择家居产品的时候除了最基础的功能性之外，更加看重符合自己情感意向的产品。传统家居产品注重产品的功能性和使用的安全性，而非物质设计更加突出"人"的价值体现和情感体验，追求高层次的精神需求。在家居产品的非物质设计中，可以进行大规模的定制产品，用户的诉求也已经由低向高进行转变，由物质需求向精神需求转变，家居产品中的人性化逐渐成为消费者购买的决定性因素。另外，非物质产品设计可以在使用过程中，根据用户的操作习惯实现个性化服务，根据需求进行部件购买，按照自己的意愿进行组合，实现人机的互动关系，打造属于个人化的模式特征。

据调查，全球70%女性需要花费大量的时间用来打扫家庭卫生。这款清扫机器人Mab是一个概念设计，它的中控系统可以探测到房间哪里不干净，然后命令产品主体上的迷你机器人自动进行清洁。据说，Mab能够释放908个微型机器人进行清扫，可以细致地清扫到一粒灰尘。微型机器人的动能来自于"翅膀"上的太阳能储蓄板，还可以自行扫描不干净的区域，分区定点地完成清扫任务，不需要人工参与，其系统可与互联网连接，用户只需通过手机进行操作指令。设计者称，这款产品的设计灵感来源于群峰采花蜜的场景（图4-49、图4-50）。

4. 交互体验性

信息化社会的发展带来了诸多方面的变化，人们

图4-49　Mab概念清扫机器人

图4-51　体验式游戏

图4-50　Mab人机互动

逐渐从整体中脱离出来，突出了个人化的发展。设计承载着人们物质和精神双重诉求，同样需要适应社会的发展，兼具共性和个性的设计要求。在传统设计中，设计师是输出者，用户是被输入者，其交流媒介就是产品本身。当产品受到用户欢迎的时候，设计师与用户之间能够达成"共识"；当产品出现滞销时，说明设计师与用户之间出现了交流歧义。非物质设计强调的是与用户之间的交流和沟通，设计出具有意向性的产品，当用户对产品不满意时，可以对产品进行更改或者调试，增加交互体验的顺畅和便捷。非物质设计的传播形式都具有互动性，需要用户进行参与，这使得非物质产品设计可以及时地进行更改和反映。例如，家庭虚拟游戏，以物质产品为载体，体验虚拟环境下的界面设计和环境渲染，让

用户与多媒体产生互动行为，快速地传递信息（图4-51）。

5. 可持续性

非物质设计脱离了产品对于材料的依赖，在减少资源消耗和浪费的基础上满足人们的需求，借助现代化信息、数字化、虚拟现实等技术产生非物质形态，用创造性的思维进行设计。非物质是在物质基础上衍生出来的，不能否定或者完全脱离其存在本质而进行设计活动。非物质设计强调的是人与非物之间的关系，以最少的占有和消耗创造出具有品质的生活。目前，家居产品的非物质设计构成形式，主要还是以物质与非物质形态出现的，这里的物质主要指非物质的表现形态。例如，用户通过电脑上的视频软件与朋友进行视频电话，那么，电脑就是非物质产品的表现形态，与非物质产品没有相关的信息传递。而视频软件就是一种非物质设计产品，是一种无形的存在，当电脑关闭后就会"消失"。所以家居产品的非物质设计是具有可持续性的，其生命周期不会因为物质表现形态的损毁而消失。在这一方面，非物质设计与可持续性一致，可持续性指的是人们在时间和空间上对某一事物支配承载力的限度。非物质设计作为一种新的设计理念，有着显著的特征，对于家居产品的应用还处于发展阶段，需要更加深入地去研究和创新，从而为人们带来更舒适的生活体验和生存方式（图4-52）。

图4-52　Windows微信版视频聊天

4.5　现在技术指导下的产品设计展示

产品设计展示是综合类的设计学科，其展示的主体是产品。产品设计展示是随着社会经济，科技的发展逐渐形成的。在限定的空间和时间范围内，通过设计语言，设计出独特的空间环境，诠释展示的主体产品，让用户参与其中，形成面对面的交流模式，产生互动关系。

随着现代技术的发展，互联网的运用，数字技术的更新叠加，设计的方向、理念、方式和流程都在发生改变，数据终端在设计中的运用已经趋于主体，在现代生活中占有重要的位置。对于产品设计展示产生了更加前卫，更加多元的影响，例如：数字技术、虚拟技术、非物质设计等。因此，产品设计展示也随着这种发展趋势衍生出更多的新变化。

4.5.1　产品设计展示非物质性发展

产品设计一直以来是依靠设计师的设计意图来进行创作的，用明确的物质形态进行表现。在最初，设计师借助劳动工具进行刻画，使造型有了纹案和肌理效果。之后随着工业革命的发展，产品设计走向专业化，系统化的设计，使用一些先进的测绘仪器进行高精度的设计。在如今的信息时代，计算机辅助设计已经逐渐代替了原本使用的设计工具，无纸化设计代替原有的纸上绘图。非物质设计的发展成为物质设计的另一种存在形式。

目前，产品设计展示开始趋向于非物质化，在设计中开始运用更加人性化，具有互动性的故事、情节、场景等。所展示的产品设计不再停留于对人们单向的输出，而是利用声光效果，模型的可操作性，使人们在参观时身临其境，增加人与产品之间的互动。现代的产品设计展示所用的形式，材料都发生了很大的转变，场所并不需要大兴土木，只需将展示的产品设计内容和相应的信息植入到虚拟空间，然后借用互联网技术，数字虚拟技术，让大家能够全面的浏览产品设计展示的内容，有针对性、目的性的进行参观，减少了空间和时间的成本。

例如，故宫博物院珍藏了很多展品，但是由于藏品容易被氧化，风化等问题，一部分展品不适合公共展出，导致参观者无法欣赏这些藏品。现如今，可以借助数字技术对这些藏品进行三维透析扫描，运用计算机模拟操作，进行建模还原，建立非物质展示设计。在保护藏品的同时，也能够让人们欣赏到这些藏品。另外，对于一些已经被破坏或者保存不完整的文物，工作人员同样采用数字化技术进行了修复和还原，并建立档案库，让这类的文物可以被大众所知晓，了解其由来和历史的演变。参观者在进行参观的时候可以自主操作进行选择，通过非物质模拟场景，近距离地了解这些藏品的历史信息（图4-53）。

图4-53　非物质展示——虚拟藏品

4.5.2　产品设计展示的动态化发展

以往的产品设计展示中，设计师的工作流程是先拟草图，以效果图的形式表现，最后落实在现实生活中，

图4-54　虚拟试衣间

即使是使用一些现代先进技术进行表现，但是产品展示始终停留在静止状态。参观者的参与性不强，处于被接受状态，只能通过文字介绍或者自己的解读来了解产品，并不能在真正意义上进行体验。而非物质展示设计通过多维视角将产品的每个层次和细节部分充分地展现出来，然后利用动线路径进行串联，以数字虚拟场景展现出来，让参观者由被动转换为主动参与，展示效果也由静态向动态进行转化。

目前，"虚拟试衣间"是将产品展示可以向消费者展示出试衣效果，将静态的模特展示转变为动态虚拟试穿。消费者可以根据自己的需求，在不换衣服的前提下，实现"试衣"的效果。这种数字技术的应用，其目的就是减少消费者试衣带来的不便，和试衣所耽误的时间；对于商家来说，可以减少因为试衣带来的产品损坏。这种"虚拟试衣间"使用的是3D虚拟试衣技术，所有的模特和衣服都是利用三维成像（图4-54）。

4.5.3　产品展示非物质形式

现代科学技术推动了非物质的发展，同时也促进了产品展示设计向非物质设计的转变。传统的展示设计已经具有相当成熟的技术和条件，但是却受到现实诸多条件的制约，无论是在时间，空间上，还是在材料的加工和损耗上都处于较为被动的地位。这些限制在一定程度上导致信息传播无法达到预期效果。相对而言，非物质产品展示设计中的限制因素要少得多，这主要归功于技术上的变革。非物质产品展示设计主要运用计算机三维处理技术进行制作，并且与数字技术，互联网技术等相结合，可以在视觉、听觉、甚至是嗅觉上让参观者身临其境，增加体验性和互动性，这使得现代产品设计展示更加的完善。

与传统的产品展示不同，现代技术指导下的展示设计更加的多元化，其核心在于人的参与度和体验度。非物质产品展示中，参观者在浏览的时候，可以根据自己的喜好和需要来获取相关的信息，进行有目的的浏览，参观者占有主体地位，这与传统展示中被动地接受信息有着本质上的差别。所以在设计之初，设计师需要进行角色互换和详尽的调研，了解参观者的需求在哪些方面，并且能够通过设计引导参观者进行参观，并提升其兴趣点。这些是现代非物质产品展示设计的优势，也是未来的发展趋势。

非物质产品展示与传统展示设计既有共通性也有差别性。在对产品进行展示时都具有综合性以及开放性的特征，而非物质产品展示更加的多元，科技运用更加的复杂，这是传统产品展示所无法涉及到的领域。

1. 外观视觉化

在非物质展示设计中，产品不再是以物质形态进行展现，参观者无法进行接触，更多的是通过视觉进行信息的传导。设计师需要把展示的有效信息通过文字、图像、三维模型等形式展现在参观者的面前，这种可视化的产品展示可以直观地呈现有效信息，缩短了参观者不必要的时间。

2. 视听立体化

非物质产品展示除了视觉上能够快速直接地传达给参观者有效信息，在听觉上也可以通过数字媒体技术搭配上与主体产品相关的视音频，更加立体地呈现展示的产品。

3. 展示可操作化

非物质产品展示不同于传统展示，放大了参观者对于产品的操作性和互动性。参观者可以通过数据端界面进行操作，选定有意向的产品，多角度地了解产品外观，功能，操作方式等（表4-2）。

	展示的载体	展示品展示的方式	参观者的参观方式	供需方的交流方式	工作强度	展会的时间地点	耗资
传统展示	展览馆	实物展示	需到每个展厅参观	面对面进行实物展品的观摩交流	大	有限的时间、空间	多
非物质展示设计	电脑	可模拟操作的三维模型	在电脑前便可参观展览	网上交谈，模拟操作	小	不受时间空间约束	少

非物质产品展示与传统产品展示对比　表4-2

4.5.4　非物质展示设计的多元化发展趋势

随着产品设计展示由物质向非物质展示过渡，在设计的理念上发生了一系列的变化。信息的传播带来文化的交融，对产品设计展示的艺术表现、功能表达、技术运用等方面产生了深刻的影响，这种质的变化，使得产品设计展示的艺术表现形式呈现出不同的风格。无论产品设计展示怎样变化，都应该把握其设计的本质，突出设计中的以人为本的核心，是为了更好地满足人们快节奏生活的诉求。

在现代技术帮助下的产品设计展示走向了多元的设计风格，不仅为人们的生活提供了方便，还有助于平衡了人、机、环境之间的关系，带来更加和谐的社会环境。

1. 服务设计

展示设计的目的是向参观者输送产品信息，让人们产生购买意向，将服务设计融入展示设计中，可以更好地服务于人们。

服务设计是近几年兴起的设计理念，其主旨是有目的性和计划性的将服务中所包含的人、设施（产品）、交流工具以及其他材料等因素组织起来，产生高效的服务质量和用户体验。服务设计的

理念是为"人"而设计，主要是为用户设计出一套满意度高、可信懒、易操作、高效的体验为目标，适用于各种服务业。大多数服务设计都是基于非物质形态的，用户的体验过程可能在生活的方方面面，所有的涉及人或物，都是为了完成一项服务设计的关键所在。服务设计将以人为本的观念贯彻于整个服务周期，使人和其他因素进行相互融合，以达到成功的服务体验。

服务设计，是一种设计思维和理念，用于改善人与物，环境等诸多因素关系之间的服务体验，这些体验会在不同的时间和空间点产生交集。服务设计强调共赢的可行性体验，让服务本身变得高效、可用、被需求，是一个综合性强的设计领域（图4-55）。

瑞典的大型超市Hemköp的宣传语是"食物之乐"，它的主要购买群体是通过市中心的流动群体和住在周边的老年人，而年轻人或者一些家庭已经趋向网络购物，以此来节省时间。所以，为了不被这种新型购物形式所淘汰，Hemköp也开通了电子商务，可以通过线上和线下两种购物形式进行购买。但是Hemköp电子商务在使用时出现了一系列的问题，如，操作不合理、物品区分不明确、难以找到要买的商品、无法确定食物新鲜度等等。为此，设计师Fjord从设计痛点入手，对食物进行细分，建立积分制度，对每日的食物进行数字化推送，让用户能够直观地看到称重以及食物新鲜程度等，整个服务设计以全方位的视角增加了用户的体验度。另外，Hemköp提出"忠诚度计划"的服务设计，当用户在电子商店进行注册后，可以关联到实体店的忠诚度计划并

图4-55　服务设计示意图

进行积分，用户可以在两个平台上都获得相应奖励，根据用户购买最为频繁的商品显示，推送相应的折扣等活动。这种通过线上线下的服务设计，可以为用户提供更好的购买方案，解决了上班族没有时间购物与选择食物的困扰（图4-56）。

2. 界面设计

界面设计是人机之间输入和输出信息的媒介，广义的界面设计可以分为硬件界面设计和软件界面设计。由于界面设计总是针对于用户，所以也可以称之为用户界面，即UI（User Interface）。界面设计主要研究的是软件界面的人机关系、操作的逻辑性、界面的视觉元素以及美观度。好的界面设计可以使用户的操作体验变得简单、舒适、适合用户的使用习惯，突出用户的个性、喜好、定位等特征。

以不同用户的需求对界面设计进行分类，从界面设计的元素运用对用户的引导作用进行分析，可以了解到用户的使用习惯和行为方式。人机交互式界面设计的核心所在，为了满足用户的使用需求，需要对不同的用户进行分类，以此来进行有针对性的界面设计。界面设计需要掌握三大原则：用户原则、认知原则、评价原则。用户原则的关键在于用户类别的划分。例如：根据界面操作的熟悉程度可以划分为新手用户、一般用户、和专家用户等。在用户原则中应该考虑到是否方便用户的学习和使用。认知原则是对用户心理上的认知，要了解用户的认知过程，并且进行分析总结。评价原则是对已有界面设计进行评价和反馈，提供设计方向和改进目标。界面设计最根本在于人机之间的交互关系，没有交互行为，界面也就没有存在的意义。作为界面的构成元素，交互形式是界面设计所要追求的终极目标（图4-57）。

合理的界面设计对于现在技术下的产品展示设计有着巨大的帮助。当参观者进行参观时，可以通过界面操作了解到展示的内容。如果界面过于复杂或者上下级链接关系不合理，会让参观者产生抵触情绪，对展示的最终目的和效果会产生影响。

在界面设计中，垂直导航是目前网页和手机常用的视图模式，用户可以查找相关产品，信息内容等，视图模式相较于单纯的文字信息更加直观。另外，还可以在App中进行其他模块的切换。以抽屉式垂直导航为例，在App中每一个模式下滑出的抽屉式导航，都是一个独立的层次可以快速进行选择，不会因为过多的信息产生不必要的错误操作，其容错性较好（图4-58）。

3. 低碳设计

所谓的"低碳设计"就是以"设计"为出发点来降低产品整个生命周期内各个方面的能源消耗和温室气体的排放。相对于低碳理念，低碳设计是优化一种生活方式的理念，通俗地讲是在生活的每个细节中降低二氧化碳的排放量，达到低排放、低消耗、低支出的一种生活方式。低碳设计理念让人们的生活更贴近自然，更加健康、安全、低成本高效的生活。低碳设计理念注入产品展示设计可以让生活更加趣味化。

非物质产品展示设计的低碳设计，以节约能源、保护环境、减少有害气体排放为设计理念，一方面它向参观者宣传健康环保的生活理念，引导人们保护自然、维护生态平衡、充分利用资源；另一方面，它在设计实施

图4-56 Hemköp服务设计

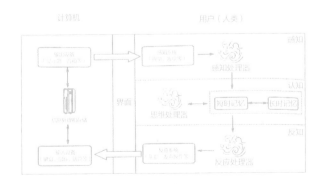

图4-57 界面交互模型

图4-58　App界面设计

过程中，使用低碳环保材料，防止有害气体排放污染环境，利用科学合理设计方案进行施工和展示空间结构，以实现展示材料的回收利用，延长材料的使用周期，避免浪费。

在米兰世博会，中国馆的主题为"希望的田野，生命的源泉"。中国低碳馆的屋顶采用竹编材料，用不同的透光效果，将自然光引进到馆内，满足基本的照明要求，降低人工照明的电能消耗，同时也降低了材料的使用。另外，设计师将屋顶材质重量减少到65公斤以下，降低材料的重量，方便现场拆装。中国低碳馆采用的是全开放式空间设计，尽量减少幕墙的使用，可以让室外的空气进入室内，减少空调和电能的消耗。利用农作物的高度进行区域划分，最大程度保持空间的通透性，减少材料的使用，是一次降低成本的投入使用。中国低碳馆内部空间的展示合理布局，参观者可以根据动线从东南侧的入口进入进行参观，由西南侧的出口离开场馆，参观布局紧凑合理（图4-59、图4-60）。

设计师S Fahmi Yusoff设计了一间低碳环保的零售亭。与以往常见的零售亭不同的是，这间零售亭整体利用可循环使用的材料，当使用周期结束后，可以进行再次利用，降低了使用的成本。零售亭的屋顶装有太阳能板，可以自给自足为零售亭各方面的供电。屋顶采用了不密封设计，利用透明材质进行遮挡，既可以通风也不影响采光效果。零售亭外

部栽培了一些花卉，可以减少有害气体的排放，同时为零售亭增添了几分美感。另外，零售亭有储水系统，可以将雨水进行收集使用，例如浇花，打扫卫生等（图4-61）。

设计的本质是人们的造物活动，也是一种文化的象征，以多元的组合形式，并赋予产品独特的艺术内涵，让人们从中获取到物质和精神上的需求。设计是沟通人、机、环境之间的桥梁，是传播信息的有效途径。从设计的角度来说，非物质设计是未来的发展趋势，通过合理地利用现代科学技术，设计出更加具有感染力的交互体验，从而传达出设计的目的，理念和内容，突显设计的科技化，多元化和人性化特征。

未来的设计发展将更加具有科学性和技术性，但是以人为本的设计理念是一成不变的，只有将人们的需求作为设计的出发点和切入点，才能满足人们的物质需求和精神需求；以自然为根，才能在不破坏生活环境的前提下享受生活；以生活为源，才能发现生活中的美。

图4-59　中国低碳馆示意图

图4-60　中国低碳馆整体效果图

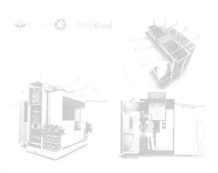

图4-61　S Fahmi Yusoff设计的零售亭

第**5**章
非物质文化
创意设计

物质遗产也叫作有形遗产，非物质文化也叫作无形文化遗产，因此非物质文化指的是："被社区、群体，有时是个人，视为其文化遗产组成部分的各种社会实践、观念表述、表现方式、知识、技能，以及与之相关的工具、实物、手工艺品和文化场所。非物质文化在一定区域内世代相传，各个群体和团体随着其所处环境、与自然界的相互关系和历史条件的变化不断使这种代代相传的非物质文化遗产得到创新，为这些社区和群体提供认同感、历史感和持续感，从而促进文化多样性和对人类创造力的尊重。"联合国教科文组织，英文简称"UNESCO"是联合国系统内主管文化事务的政府间组织，正是因为教科文组织的长达几十年的不断努力，才有了今天的全世界各个国家对于非物质文化研究与保护。非物质文化遗产这个概念从提出 - 建立 - 保护经历了几个重要的节点：

（1）1972年，通过了《保护世界文化和自然遗产公约》，虽然当时"非物质文化遗产"这个词还没完全界定，但是当时就有一些会员国关注到了"非物质遗产"的重要性。

（2）1997-1998年，联合国教科文组织启动了关于"宣布人类口头和非物质遗产代表作"项目。

（3）1982年，联合国教科文组织成立了保护民俗专家委员会，同时其机构中建立了"非物质遗产处"Section for the Non-Physical Heritage这一部门。

（4）2003年10月17日联合国教科文组织在《保护非物质文化遗产公约》中对于非物质文化遗产的概念给出了明确的界定。至此非物质文化遗产才正式有了自己的明确概念。

"非物质文化遗产"Intangible Cultural Heritage，英文缩写为"ICH"概念，这一概念解释为两种基本类型的"文化表达形式"Cultural Expressive Forms和"文化空间"Cultural Space。非物质文化遗产的概念化过程中，可以看作是考量人类智力

与促进文化间对话的一段历史书写，人类在社会历史实践过程中所创造的各种精神文化。大体上可分为三个部分：

（1）与自然环境相配合和适应而产生的，如自然科学、宗教、艺术、哲学等；

（2）与社会环境相配合和适应而产生的，如语言、文字、风俗、道德、法律等；

（3）与物质文化相配合和适应而产生的，如使用器具、器械或仪器的方法等。

在联合国教科文组织第三十二届会议上保护非物质文化遗产公约中进一步定义，非物质文化遗产可以进一步细化分列为以下五个领域：

（1）口头传达和表述，包括作为非物质文化遗产媒介的语言，诸如民间故事，民间诗歌及民间谜语等等；

（2）表演艺术：音乐表达形式，诸如民歌及器乐；行动表达形式，诸如民间舞蹈，民间游戏，民间艺术形式或民间宗教仪式等；

（3）社会风俗、礼仪、节庆；

（4）有关自然界和宇宙的知识和实践；

（5）传统的手工艺技能，诸如：民间手工艺术品，尤其是笔画、彩画、雕刻、雕塑、陶器、拼花拼图、木制品、金属器皿、珠宝饰物、编织、刺绣、纺织品、地毯、服装式样、乐器、建筑艺术形式等。

非物质文化的传承、保护方面全世界各国都有相当丰厚的案例，建立在文化为基础的现代创意设计，把非物质遗产宝贵独特的资源以全新的形式转化为创意产品，使这些文化能够以物化的形式呈现，成为地域空间中的文化名片，是带动经济文化的创意设计发展之路。日本是世界范围内，第一个在国家管理政策中，将文化遗产纳入基本法规，足以见得日本在保护非物质文化遗产方面的重视。日本的非物质文化遗产主要分为三个部分：无形文化财产、无形文化民俗财产、文化财产保存技术三大部分。美国在非物质文化遗产数字化保护方面走在世界的前列，建立"美国记忆"这个全国性虚拟图

书馆工程，"通过因特网提供免费、公开所获取的书面与口头文字、音频记录、静态和动态影像、印刷品、地图、乐谱等记载美国印象的各种资源。它是美国历史和创造性的数字记录——并作为教育和终身学习的资源为公众服务"。意大利作为历史文明古国，非物质文化遗产的内容自然相当丰富，建立的网络文化遗产项目，旨在建立一个为公众提供获取意大利文化遗产资源的在线文化遗产资源服务系统。该网站能够提供基于图书馆、档案馆以及其他文化机构的数字或传统文化资源的集成获取系统，从而能够将文化遗产的可获取性提升至国家乃至国际水平。

我国对于文化创意产品的开发和非遗的保护均有一定的研究，将非遗和文化转化为文创产品设计也有一定的研究成果，2016年5月，文化部、国家发展改革委、财政部、国家文物局《关于推动文化文物单位文化创意产品开发的若干意见》出台，成为博物馆文创产业的助推器，2018年故宫博物院文化创意产品销售额突破10亿元。周和平在《文化强国战略》中，讨论"文化软实力"对于国力的重要性，针对"文化产业是迈向支柱型产业"的问题做出明确论述，提出现阶段文化产业的状况和发展思路，和如何处理好继承传统与发展创新之间的关系。中国台湾在文化创意产品的设计展开较早，在发展本土文化和民族手工艺方面经验丰富，并且已经在文化创意产业的人才培养进行系统研究，2016年台湾艺术大学谢颙丞教授在《设计及美术高校生对文创人才的培养探讨》一文中提出文化创意设计能力的重要性，从文化创意产业的发展需求方面进行深入探讨，提出高校应该对文创人才进行系统的培养和训练，并能够指导学生对"数位典藏"进行调研，数位典藏也就是前面提到的多个国家已经展开的非物质文化遗产的数字化保护。

文化是连接人与人、人与自然社会环境之纽带的理念，通过"文化梳理、公众教育、融合创新、市场联结"的保护模式，对以传统手工艺为代表的珍贵文化进行系统性恢复与传承。打造可持续共赢的公益生态圈模式组，聚各界力量，整合政府、院校、企业、媒体、设计、艺术、创意等资源，形成良性可再生的社会公益能量，从学术与设计角度进入，发掘珍贵文化与技艺，融入时代创新思路，重新接轨消费市场，从而推动以传统手工艺为代表的珍贵文化得以真正传承、重获新生，实现可持续的发展，进而为周边人群获得关怀与价值、相生的自然社会环境获得关注与改善作出积极的促进。

本章的内容主要从非物质文化的空间要素、文化元素这两个方面进行分析，提出非物质文化创意设计理论方法、情感表达，以及非物质文化的数字化保护开发与应用，这几个层面来深入探讨非物质文化创新设计的设计原则，以及拟解决的方法和优秀案例分析。上述五个分类同时也对应着非物质文化创意设计理念贯彻过程中几个非常重要的方面：①非物质文化空间要素对应着文化空间的自然属性和文化属性两个方面，是非物质文化的重要构成部分；②非物质文化创意设计的重点是在顺应现代设计的基础上如何保持非物质文化的特色，这部分需要从产品形式、表现特质和感官媒介几个方面进行综合论述；③非物质文化创意设计理论方法是建立在文化基础上的具有功能性的产品设计。

5.1　非物质文化的空间要素

"文化空间"这个词当前在文化和艺术等多种学术行业中，是频繁被提到的重要关键词之一。非物质文化遗产的保护应该是多方面的，既包括文化实体的保护，也应该包括文化空间的挖掘和保护。文化空间既是非物质文化遗产的有机组成部分，又是文化生存与延续的"土壤"，文化空间的保护利于非物质文化保护、传承的完整性。或者可以说，想要保护非物质文化遗产的完整性，必须保护好其所在的"文化空间"。特别是针对具有活态性质的非物质文化遗产而言，失去其所在的文化空间，文化遗产就会失去他们赖以存在的土壤，即便通过一些技术方式、手段使非物质文化遗产中的活态文化得到传承，但始终会失去其中的"韵味"，如《晏子春秋：杂下之十》中所说的"橘生淮南则为橘，生于淮北则为枳，叶徒相似，其实味不同也"。记载着苗族历史的蜡染，图案多以绘制苗族传统图案，拥有美好的寓意，画娘们几乎不需要打草稿就能把复杂的图形精细地绘制出来，是因为她们从小就生活在这样的文化空间中，这些图案和技艺是源自她们生活中母亲的言传身教，图案中绘制的内容就是民族古老的歌谣、故事和传说，染出的布料就用在平时的生活中。

"文化空间"的概念主要来源于法国都市理论研究专家亨利·列斐伏尔有关"空间"的理论，他认为空间是通过人类主体的有意识的活动而产生的。非物质文化遗产的文化场所是非物质文化遗产定义的构成部分。在1998年的第155次联合国教科文组织大会上，"文化空间"定义为：具有特殊价值的非物质文化遗产的集中表现，一个集中举行流行和传统文化活动的场所，也可定义为一段通常定期举行特定活动的时间。这一时间和自然空间是因空间中传统文化表现形式的存在而存在的。我国2005年也有了文化空间的官方定义，《关于加强我国非物质文化遗产公约》附件中的《国家级非物质文化遗产代表作申报评定暂行办法》，文化空间：与各个民族世代相承的、与群众生活密切相关的传统文化表现形式相关的场所，即定期举行传统文化活动或集中展现传统文化表现形式的场所，兼具空间性和时间性两部分。

日本和食是典型的"世代相承的，与人民群众密切相关的传统文化表现形式和文化空间"[1]，2013被联合国教科文组织认定为世界非物质文化遗产，和食区别于人们印象中的日本料理，是在

平民化的、有亲切感的日本基础饮食之上衍生出的日本文化，但却是建立在日本饮食文化空间中的重要一环。和食追求食材的原汁原味，注重在尊重自然和食物之间的搭配，在制作手法上极为讲究，是世界公认的烹调过程最为一丝不苟的国际美食。同时和食代表了日本独有的价值观和生活样式，在饮食的习惯中包含了日本的社会观念、文化空间和人文理念。在日本的和食文化中，和食不仅仅是传统意义上的"饭"，还是一门体现美学修养的摆放艺术。摆放食材的器皿叫作"盛器"，而摆放和调味部分讲究"五色五味"，这一部分于中国的五行有许多相似之处，"五色"是指红色、黄色、蓝色、白色、黑色，"五味"即甜味、酸味、咸味、苦味、鲜味。在盛放的器物上也尽量选择于文化、味道、颜色相结合的盛放方式，成为有着"色、香、味、器"四者和谐统一的日本和食。

美浓烧如图5-1是日本和食的盛器，最早出产在日本美浓地区，在和食的地域文化、饮食习惯的催化之下，发展成为今天具有实用功能和收藏价值的文化产品。美浓烧在图案搭配和色彩选择上十分具有日本特色，在现带工业设计的推进之下，传统美浓烧衍生出了很多新的文化色彩，是非物质文化遗产和设计创新结合的典范。

针对非物质的文化空间概念的表述有许多版本，但总体上可以用三个关键词概括：传统文化活动内容、传统文化的时间性、传统文化的空间性。2007年张博先

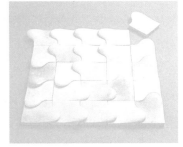

图5-1　日本美浓烧

[1] 王文章. 非物质文化遗产概论［M］. 北京：北京教育科学出版社，2010：426.

生在其文章中提出文化空间的概念应该扩展："非物质文化遗产的文化空间还应该包含该遗产生存、发展以及传承的空间。"因此可以将文化空间的定义限定为：特定群体周期性地在特定时间于特定场所或地点按照一个特定制度举行的集中体现该群体的传统习俗、价值观、信仰、艺术等文化特性的活动，其基本要素是场所空间、时间、行为主体、组织管理、行为叙事等，这些基本要素与传统民俗通过彼此融合和体现达到互为因果的效果（图5-2）。因此，文化空间是以上几个因子共同烘托而成的一个"文化氛围"。

图5-2　文化空间构成结构示意图

从以上分析可以看出，作为一种非物质文化遗产类型的文化空间已经突破传统的"物理性地域空间"的概念，逐步衍变为抽象的事实存在。从对文化空间组成结构的分析可以看出，很多反映地方文化特色，旨在传承和发展传统文化所面临传承危机的、自发而成的或构建而成的活动都可以纳入文化空间的范畴。

非物质文化空间的特性主要由两个方面：自然属性及文化属性（表5-1）。

①文化空间从自然属性而言，需要是一个独立文化场所（空间），具有地理空间或者是一个物理场所，这个场所在非特定时期就是普通的场所空间，一旦到特定时间这个场所就具有了神圣的性质；有时这个场所本身就具有一定的特殊功能，如宗教场所、庙宇、教堂、神山等；有时甚至是一个不固定的场所。

文化遗产空间的特性		表5-1
分类	特点	非物质文化遗产案例代表
文化遗产空间特性　自然属性	一个独立的文化场所，具有一定的物理、地理空间；有些是固定时间固定场所；有些是固定的时间不固定的场所	（摩洛哥）贾马夫纳文化空间；马隆人传统（牙买加）
文化属性	综合性、多样性、岁时性、周期性、季节性、神圣性、种族性、娱乐性	彝族火把节自族统一义

②文化空间的文化属性具有综合性、多样性、岁时性、周期性、季节性、神圣性、种族性、娱乐性等多种特点，往往以一种聚会或者纪念活动的形式呈现，例如上文所提到的哥伦比亚巴兰基亚狂欢节。因为文化空间具有十分宽泛的文化属性，在非物质文化创意设计中，保护其整体性就显得尤为重要了。

回归自然的本源，保护人与自然最初共生状态，保持他的独特的生产空间现状，是非物质文化遗产文化空间保护的初衷，也是世界各国发起非物质保护的最终目的和期望。面对现代急剧扩张的城市化现实，保护地理空间的文化特性，并逐步建立新的城市环境，成为未来城市描绘新的理想，那里既有现代城市所有的便利，也同时有原始的传统的生活肌理，将城市的密度与功能和空间特性结合起来，建造以人的精神和文化价值观为核心的未来城市。

每一项基于文化空间内的非遗文创作品，都需要在这个空间内进行深厚的文化积淀，设计这些需要根植于这片土地，对这里的文化、材料、工艺和传承都有深入的了解，才能基于传统工艺进行形态与功能的创新设计，这需要设计者与手工艺人配合，设计者根植在这片空间内，学习传统技艺，在这样的基础上进行创新探索。

青铜中国就是突破传统，进行抽象设计的代表作品。青铜制品是中国古老文明历史中的一朵奇葩，现代青铜制作工艺虽然还在延续，但制作的产品多是模仿鼎盛青铜时代的仿品，设计师曾熙凯尝试利用这一古老传统技艺和现代设计进行结合，创作出现代青铜设计作品。以青铜中国为题目命名足可以看出这位年轻设计师在青铜器这个设计课题上的宏伟目标（图5-3）。

　　为了保证设计与工艺的完美结合，设计师找到河南省烟涧村，中国有名的古青铜器制造村，在那里学习青铜器的历史的和制作。完成了铜镜系列作品，铜镜本身也是中国传统文化中的使用器物，与中国传统的圆形铜镜不一样，铜镜系列的造型更为自由，一面是锃亮的铜镜，另外一面是一层层如同蜡液堆叠的青铜。为了达到设计效果，这个产品不仅运用到了青铜也运用到了铜和黄铜。

　　青铜中国系列作品是2012年发起的，目前呈现出来的铜镜系列作品只是其中一部分，本系列作品皆是以蜡的特性作为造型的主要特征，在镜子与灯罩上使用蜡遇热变形、融化的特性，创造出多层次的造型，并利用层次配合不同的表面处理，将烟涧厂家原有的技术，做出不一样的发挥。成品包括一系列的铜镜、饰盘以及门档。至今，青铜中国系列作品仍在进行中。

　　新竹椅设计如图5-4是设计师利志荣以竹艺为主题的思考和设计，希望保留传统制作工艺，创作设计出一张富现代感的竹管椅子。设计者为了保留文化空间中的非物质设计元素，将整个设计和

图5-3　青铜中国——铜镜图

图5-4　新竹椅设计

制作都搬到了中国台湾南投县竹山镇，并且请来传统手工艺者一同设计制作，为了保证作品的原汁原味，设计者在竹子的产地买原材料，讨论制作方法并作出适当的调整，观察整个制作过程，不断修改以求达到设计与工艺的融合。

　　新竹椅设计为保留竹的外观，只以直及屈曲的原支竹管组成，成品可完全看见竹的原状，连接处用竹针锁牢的传统方法，坚固而不留痕迹，金镯组装方式将竹与木结合，方便生产也产生出新的视觉效果，带来现代感。

　　竹的优点是生长快速也是现今适用的一种环保材料，其取材廉价并制作简单，所以竹子民间制作成工具及日用品十分广泛，也启发了很多民间创意，在竹产量丰富的地区，竹子制品拥有十分悠久的文化历史，现代设计中，如何合理利用这个文化资源和手工艺者传统的技艺，结合身边可塑之材，发挥解决生活的方案，也就是设计的最基本的定义。

　　新竹椅设计是一次成功的非物质文化遗产的设计尝试，设计者和手工艺者结合设计，在材料原产地，遵从基本原则，善用资源，运用简单工具，以经验、思考、手艺制作出有实用性的物件。希望这样的设计方式可以延续，发掘更多可能性，让设计可以将有价值的传统工艺得以持续发展及承传下去。

5.2 非物质文化元素提炼

5.2.1 文化元素与设计表达

大数据时代，国际化设计已经成为主导，现代设计也逐步趋向一体化，在顺应现代设计的基础上如何保持非物质文化的特色，成为非物质文化创意设计的重点和难点。非物质文化元素是指：区域内的民众价值观点、审美观点、情感意识、行为模式等多种形式的文化元素，特别是其中的情感元素，在很大程度上起到了满足民众精神需求的作用，人们正是通过这种情感的寄托和表达，唤起人类心灵中美好的部分，因此，设计中加入非物质文化的元素有着至关重要的作用。

包德瑞拉在《物品的体系》中指出："今天，每一种欲望、意图、需要，每一种激情和关系，都可以被抽象化或者物质化成为一种符号或者成为一种物品，从而被人们所购买和消费。"将文化元素进行提取，任何文化成果都要靠各种元素符号来传达出它的意义。从某个角度来说，非物质文化元素和符号化设计语言有许多交集之处，都是以它的造型因素作为传达各种信息的符号。

非物质文化遗产的表现形式众多，许多非物质文化遗产都没有具体的物化形式，如何对这样的文化进行创意设计，元素和符号的提取成为其中的重要部分。设计师表达产品形式的手法一般包括：外观形象、空间构成、表面材质、功能结构这几个方面，通过特定的形式表现特质，为人的不同的感官所接受，也是通过这些感官元素准确表达出文化的特质，从而让观者或者使用者产生不同意义的解读，文化元素与设计表达的划分工作比较复杂，大体可以分为产品形式、表现特质和感官媒介这几方面（表5-2）。

文化元素与设计表达		表5-2
产品形式	表现特质	感官媒介
外观信息	文化韵律	视觉因素
空间组合	民族色彩	感官平衡因素
表面材质	地域质感	触觉因素
功能形式	密度节奏	动感因素

看见造物是一家原创设计平台，致力于对中国传统材质与工艺的当代诠释及应用。香云纱和手织布是两种传统布料，香云纱传承千年，材质垂坠清凉，流传于岭南地区。先后需经过阳光雨水、河泥的浸润，由众人共同协力而作；手织布是贵州姑娘日穿服饰，用侗族人改造的织布机排版编织，由天然板蓝根染织而成。香云纱制作需要完成三洗九煮十八晒共几十道工序，这两种布料颜色单一，外表素雅低调，但却有着同样厚重的质感和饱满的手作色彩。看见造物的设计者形容这是拥有着"极强的能量感"手工制造。"侗族人在染织手织布的时候会和染缸说话，他们觉得缸是活的，有情绪，会生气"

看见·香云系列如图5-5和看见·烟灰如图5-6，希望运用香云纱和手织布这两个基本元素进行设计，通过当代生活的实用之美，推动区域造物智慧的传承和新生。不论是手织布，还是香云纱，两种布料都自然亲和，背后共同指向天人合一的理念。在工业化侵袭的时代，大多数生活在都市的人失去了这种与物件对话的能力。而看见造物就是想用材质和设计唤起当代人对这份材质的记忆。这种能量感根植于布料发生的土壤，及其生长的历史渊源与制作使用场景。如看见造物创始人朱哲琴所言，要对中国思想系统和方法学习，并生长出当代性，要有人把它表达出来，先立足当下，向内审视。

图5-5 香云纱手包   图5-6 手织布手包—烟灰

图5-7　瘦金体餐具

图5-8　宋徽宗"瘦金体"书法

瘦金体餐具如图5-7是中国台北故宫文化创意系列设计中的一套作品,以宋徽宗所创的"瘦金体"书法如图5-8为设计元素,提取文化符号制作的系列西式餐具,餐具样式别致大方。色彩和造型等方面极具宋徽宗所创的瘦金体特色,笔法瘦劲有力,运笔飘忽快捷,至瘦而不失其肉,具有明显的宋代文化符号。

将书法这类传统文化设计因子进行提取,应用到产品设计的具体实践活动,瘦金体餐具是一个成功的尝试,设计师将东方书写洒脱明快的气韵融入西方餐具组,稍具厚度的握柄线条来自书法笔触,也体贴到使用者的施力习惯,同时使设计对象拥有了传统文化的内涵,从形、神等多角度体现文化的魅力,带给使用者"美"的享受和"韵"的回味。

5.2.2　文化创意设计方法研究

如何从传统文化上提炼文化元素演变为现代化的设计流行符号,是非物质文化创意设计的研究重点,现代设计艺术与传统文化元素的有机融合是历史的潮流,也是未来艺术设计的主要发展方向。

文化元素与设计的结合,有助于提升产品的附加值和情感化,在满足产品功能需求的同时,唤起使用者的认同感,进而形成产品的文化个性。

文化创意设计借助非物质文化遗产中的传统文化与历史的丰厚积淀,且兼备形神交融、现代与古典结合的特征,能够全方位加速我国文化创意设计产业的发展。为了更好地促进优秀非物质传统文化元素与现代创意产品设计的相互融合,利用非物质文化提升现代创意产品的内涵,已经有许多国内外设计师开始尝试寻找其中的方法,也有些设计者直接深入非物质文化遗产的传承地,与那里的传承人直接接触,提取非物质文化中的直接元素进行设计制作现代工艺产品。

2014年陕西科技大学提出传统文化之中的设计因子的提取方法模型研究,是实现非物质文化创意设计活动的实验性支持。该方法模型提出将收集的非物质传统文化相关资料分类、汇总,并利用"型谱分析法",按照一定的规则构建分析图谱,同时对分析图谱进行用户感知定性分析和基于层次分析法的定量分析。通过这样的方法提取非物质传统文化之中的形态、色彩和内涵因子等元素,该团队利用该模型方法尝试提取汉代文化元素特色设计元素,在具体设计实验中应用过程,检验方法和模型的有效性。通过非物质文化元素与创意设计的融合,有效提升设计对象的文化内涵,并促进非物质文化的传承与创新。

在中国台湾的文化创意大力发展的情况下,涌现出许多具有代表性的创意作品,莲花点心碗盘的灵感来自北宋汝窑青瓷花式温碗,十瓣莲花造型就是从中提取的元素,具有很强的设计符号,圆弧线条、青绿釉彩更添瓷器的温润触感。整体造型方面,鲜活的莲叶盘做茶碗的底盘,增加实用性同时,让用户从不同的组合中发现生活趣味。这套创意碗盘也融合许多现代因素,碗底的硅胶垫圈设计,止滑、隔热、不伤桌面,茶盘中采用木质隔层,在美观的基础上,有不变形、不易开裂,易干防霉的特点(图5-9)。

新层次漆器特展2015年在斯德哥尔摩的远东博

图5-9　莲花点心碗盘

图5-10　新层次漆器特展日常器物设计展品

物馆举行，主旨是使用漆的特性结合当代瑞典设计。四位瑞典设计师跟随台湾工匠学习，在台湾历经20多次考察，对陶瓷、木材、金属、柳布条、布、珍珠石等漆器常用材料和元素进行掌握，创作出了35个日常器物设计项目。最后作品集中展览并且定名为"新层次"，将传统与当今的美学融合并贯通至我们现代社会的发展中，同时探讨了东西方的非物质文化发展和设计交流。

中国是历史上漆器发源地，是漆器工艺最精致且创新的文化地区，中国的工艺师不仅掌握了漆器的制作技术，在漫长的历史进程中还发明了琳琅满目漆器物品，使漆成为既具有功能性，又具有装饰性原料的器物方法。设计师从了解漆器的发展历史开始，跟随技术师傅学习制漆和上漆的基本技术，同时深入研究为什么这些器物在今天是如此的独特且重要。设计者在用传统方法制作现代设计的过程中，与工艺师产生许多技术上交流，同时也是现代设计与传统美学元素的一次直接碰撞，最终产生了独一无二的器物设计（图5-10）。

5.3　非物质文化创意理论之"境"

5.3.1　文化创意理论

创意Create，在英文中的解释是创造或创造性，可以直接翻译成创建、生产或创作。中文中对创意的解释也不尽相同，《辞海》解释为"首创前所未有的事物"。但文化创意的现代含义非常广泛，涉及科技、文化艺术及社会等多个方面的创造与互动。《周礼考工记》说："知者创物巧者述之守之世谓之工"。由"创"和"意"古汉语中有"意匠"一词，在现代社会"意匠"的意义被引申到文化创意、造意、造物相关活动中去。在日本，"意匠"一词沿用至今。"意匠"与"设计"两者有许多交集，甚至有许多专家认为，好的设计者必须首先是一个意匠者。在第五章第二节新层次漆器特展中，设计者和传统工艺师的结合就很好地说明了"设计"与"意匠"之间的交集和含义。"一项作品首先必须是更新的、然后才能称为是创造性的"。在人类漫长的历史文明中，正是因为各种性质各种门类的更新，一种新形状、一种新理论、一种新模式或者新方法等才能产生。

在培养具有创新能力的人才问题上，我国著名科学家钱学森曾经指出："一个有科学创新能力的人，不但要有科学知识，还要有文化艺术修养，没有这些是不行的"。针对文化创意的理论有两点需特别说明：

（1）文化创意理论是一门界定在技术与艺术之间的概念，艺术与技术相结合的设计独创性与艺术本身的独创性在形式表现上有比较明显的差别，现代设计受到功能技术及材料结构的综合制约，立足于文化根基结合传统技术，是创意设计的文化造诣和形式上突破的根本。

（2）创造与创新不是新与旧之争，而是现代技术与传统文化的融合，特别在现代高端技术和材料的支持下，文化创意和高端创意产业领域，只有坚持自主创新

才能更好地将传统文化延伸到现代设计中。在现代
大数据时代，全球信息一体化，现代创意设计一味
追逐创新和环境的独特性，开始背离传统文化和地
域特色，使现代设计商品化、趋同化，在这样的大
背景下，地方政府和国家政策对传统文化的扶持能
够起到保护和推进作用。

　　非物质文化创意产品设计需要重点强调"技
艺"，秋春林对传统手工技艺这样解释："有关手
工艺的知识经验，在民间是普遍的存在，形式是主
观的，纪实性的，因材因时因地而异的，这里有人
的因素、时间因素、空间因素、物质因素都是影响
手工艺质量的变量。手工技艺的本质不是工具所蕴
含的技术性，而是个体的技能技巧，尽管变化是手
工艺的常态，但对于任何一门传统手工艺而言，变
中总有相对不变的因素，否则就没有什么传统可
言，也没有它独立存在的价值，这种相对不变的内
核称作决定某门手艺的独特性——核心技艺"[①]因
此，非物质文化遗产创意产品设计的核心是：①再
设计的基础是非物质遗产的文化内涵；②手工制作
的无法取代的；③传统纹样是跟随地域文化生长起
来的，是创意设计的源泉；④自然材料是不能复制
的；⑤地域性与整体性不能破坏。

　　天趣双翘首摇凳如图5-11 Rocking Horse
Bench是上海木石天工工作室2014年发布的一组新
中式家居其中一件，打破以往新中式家具从传统明
清家具中吸取元素惯例，这种家具的灵感来源于中
国传统建筑的特点，摇凳用红橡木为材质，木蜡油
做表面处理，是传统长凳结合木马的"再设计"。可
单人玩坐，也可两人一起，倍添乐趣。结构厚重，
结实耐用。可拆卸结构，便于运输及减少环境负担。

　　莲花六足衣架如图5-12 Lotus Coat-hanger，
设计造型取自莲花，结构仿照中国古建筑之"斗
拱"。结构设计巧妙，连结处不使用五金配件。整
体衣架六足点地，亭亭玉立，单独放置即成一景。
六面挂钩共十二瓣，充分满足挂衣需求。挂钩末梢

图5-11　天趣双翘首摇凳

图5-12　莲花六足衣架

圆润处理，不会损伤衣物。全实木材质，燕尾榫结构，
组装简便，坚固耐用。

　　从文化创意的角度分析，这一套新中式家具设计是
典型的用"意匠"之境作创意创新设计的案例。立足于文
化根基，结合传统技术，这是与现代主义设计相对应的
设计方法，是一种全新的概念设计样式，这种设计理念
被西方理论家称为"非物质"时代。无需多言，最初为大
众的和可重复生产的设计样式，从此将让位于一种技术
性更强的、结构更为"完美"的文化创意形式设计理念。
从这样的转变中可以看出，在现代设计学科领域中，原
有的纯物质性设计模式已经开始过渡和转变。尽管从形
式上看其基本设计方式并未产生明显变化，但在创意设
计中，功能与形式的关系上已经逐步产生了变化，逐渐
失去其统一性。正如后现代文化学者在论述中所说的，
服务型社会表现为"从重视物质财富的生产转变为重视
非物质财富的生产"，"这种转变也符合后现代社会及
其技术的'精神'，含量日益增高的、非物质的特征"。

5.3.2　非物质文化创意的原则

　　非物质性文化创意设计模式可以理解为，现代设计

① 秋春林. 中国手工艺文化变迁[c]. 上海：中西书局，2011.

到后现代这一过渡时期里设计的新发展。在这样的过渡时期许多相互对立相互矛盾的设计现象随之出现。简单理解，非物质的设计重心已经不再是纯粹对有形的物质产品功能的追求，而转向"抽象的""精神的"关系方面上来。在传统设计理解中，设计中的形式与功能合二而一，而在非物质文化创意的原则中，传统设计教学中的色彩语言、形状元素、线条造型、材料质地都可以不再是功能性形式呈现的必要元素，其最终的产品，已经开始逐步打破传统产品的样子，转变成为一种多功能性的或具有装饰性、艺术性、情感化的形式（图5-13）。

图5-13　功能与形式的关系

工业社会或者我们说的现代社会可以称之为"以技术为中心的社会"（Techno-pole），主要指一种建立在人类商业和技术两个方面的需要和满足基础上的社会秩序。在工业社会中，设计是以满足人类"物质欲望"和"消费主义"为核心的活动。"物质性"表达了人们的生活方式和生活内容的基本方面，产品的所谓"艺术性"和"精神性"是附在产品的物质性上的。物质性是一种明摆在我们面前，但可以任我们去解释和表现的东西，是这种非物质化和功能的超级化，逐渐使设计脱离纯粹的物质层面，而转向精神层面。整体设计原则可归纳为下列三个方面：

（1）推崇人类文化文明的创造、创造能力和创意精神。设计原则上坚持自主创新和地域文化特色，通过产品的文化内涵和整体造型来提升竞争力；

（2）加强文化创意设计与现代经济技术发展的互动和交流，促进新兴文化创意设计理念的发展，加强产品文化竞争的实力，通过一定的创意和设计体现出产品的文化理念和地域风俗，从而使现代产品不仅仅在使用功能上满足消费需求，也能够从精神层面影响公众的生活需求和意识形态等。

（3）创意产业的发展能够为创意型人才的培养提供更大的空间，这样的环境和空间更加有利于发展个人创造力，并顺利地把个人的艺术创意转化为产品。这样的大环境，为创意设计的产业化和文化艺术的商品化奠定了基础。

团扇又叫宫扇，起源于中国，发展至今团扇并不仅是煽风取凉之用，更是一种渊源文化，纪录片《了不起的匠人》将镜头对准了亚洲匠人。团扇如图5-14制作便是其中一集，制作者李晶也是设计者，一把团扇的制作分为：扇面、扇柄、穗子、挂件基本部分，传统团扇设计主要是缂丝工艺，设计者认为在传承传统的同时，需要融合现代设计理念，从画稿到配色，从单纯的"工艺"进化成了"设计师的工艺"，在团扇这样的"怀袖雅物"之上完美呈现，让这些传统的工艺有了实用性，也更符合年轻人的审美。

对于现代团扇的设计制作，在保留传统技艺的基础上，创新和改进无处不在，目前市场上的团扇过于单一，在形式上不过是带包边的框。其实传统中还有更多可以发掘的美。但就扇柄而言，扇柄多数采用竹质或者珍贵硬木，湘妃、凤眼、梅鹿、紫竹、玉竹等等；同时可以配合的工艺还有金银錾刻镶嵌、烙画、雕刻、结绳、大漆等等。就扇面而言，除了缂丝，也做刺绣、章绒、宋锦，甚至是老的绫、罗、纱等。

图5-14　团扇

5.4　非物质文化情感体验设计之"境"

5.4.1　现代设计的情感表达

现代工业设计已经进入后工业化时代，理性设计思维逐步转向感性设计时代，大量的设计是种种能够引起诗意反应的物品[①]。现代化的冷漠的纯粹功能主义的设计已经不再为人们所接受，取而代之的是情感化设计，开始引起设计师关注和使用者的共鸣。回顾人类设计的历史，情感是创造性的源泉，也是推动设计发展的动力，以情感人的行为具有驱动作用。从某种角度来说，设计是人与情感之间连接的最直接的物化表现。产品真实稳定的情感感受来自于人与产品设计之间的不断互动，注重用户体验成为现代产品设计的重要研究方向。通过产品的情感化设计来触发人们的情感体验，在产品设计中是一个难点，看似毫无头绪，实则有理可循，本章节中就是从理论层面、设计方法、用户体验等多个角度针对情感体验设计进行分析，阐述在非物质文化创意设计方面情感化元素的重要性。

唐纳德·诺曼在其著作《情感化设计》中将设计中的情感化进行了详细分析，将情感化设计由低至高分为三种水平：

（1）与外观关联的本能水平

（2）与使用关联的行为水平

（3）与记忆关联的反思水平

情感化产品设计是向用户传达特定情感信息的，并且在用户体验角度，让使用者在使用产品的过程中准确地获得产品所要传递情感体验。整体上来说，情感化产品设计是更人性化的设计，使用者会在使用过程中对产品的外观、材质肌理或触觉产生情感体验或认知认同感。可以说情感化产品设计是设计师从使用者的感受出发，观察与迎合使用者的情感，并以设计产品与使用者沟通作为基础。因此，设计情感化产品的设计师，在情感上与使用者在产品上完成了对话，彼此通过产品这种特殊媒介得到更多的理解。设计师通过设计作品引导使用者从另一个角度观察生活，使用者能准确地体验到使用过程中的情感传递，并且享受其中的乐趣。

人对物产生感情的原因，是设计的产品自身充满了情感，这种情感是设计者通过产品与使用者的交流，如同艺术家通过作品倾诉自身的情绪一样。现代工业设计师将情绪通过形态、色彩、材质等设计语言表现在设计作品中。需要强调的是：设计作品中的形式与情感并不是分离的，从"经验"的层次上来说，只有产品的外观和功能同它们唤起的感情结合在一起时，设计产品才具有情感化的审美价值。

将使用者在心理角度的使用感受进行物化和量化是十分困难的，这与物质层面的纯粹讲究功能的设计有着本质的不同，这种心理上的感受往往难以言说和察觉，在针对心理感受进行问卷调查的过程中，经常会出现连许多的使用者无法说清楚为什么会对某种产品情有独钟。如果深入探讨是什么打动了消费者，简单来说就是"产品自身充满了情感，而人又是有情感的"，产品的情感和人的情感刚好产生了有效交流。这样就需要设计者对使用者进行深入的调研分析，产品的目标用户群明确，针对目标用户群对颜色、材料、形状以及一些情感化的符号语言进行准确的市场调研和归纳整理。所设计的产品针对目标用户群会拥有优质有效的第一印象，要让设计的产品具有这样的效应，设计师就必须让产品这一物的形态具有情感，从情感上打动使用者（图5-15）。

南京绒花早在唐代便被列入皇室贡品，又因为谐音"荣华"是中华富贵文化的代表，为人们所喜爱。至今许多城市还保留着婚嫁喜事、节庆时节佩戴绒花的习

①（法）第亚尼·马克. 非物质社会：后工业世界的设计[M]. 滕守尧译. 成都：四川人民出版社，1998.

图5-15　产品情感引发图

图5-16　绒花图

图5-17　以绒花为元素的爱马仕橱窗

俗。南京绒花如图5-16是南京的非遗项目，绒花
都是手工制作，因为其特殊的表现手法直到现在都
无法用机器生产。"南京最后的绒花匠人"赵树宪
也是国家级非物质文化遗产传承人。绒花的制作分
为两个部分，材料处理和绒花制作，原料采用桑蚕
丝，制作工艺分为一勾条、二打尖、三传花这几个
步骤。绒花的材质柔软细腻，染色自然，造型逼
真，质感十分独特，也就是前面所说的"产品自身
的情感十分饱满"，佩戴绒花不会有满头珠翠拒人
千里的感觉，使用者的雍容可亲的情感自然流露
出来。

　　南京绒花与现代设计有许多成功的跨界合作的
案例，其中与爱马仕合作的橱窗设计是其中的典范
如图5-17设计者张雷提倡："设计理念融入文化遗
产传承之中，致力于对乡村传统手工艺的材料解
构"，将传统手工艺与现代设计审美结合，给观者
多层次的情感体验。这是现代设计的情感回归，也

是对传统技艺的有效传承，张雷说："我并不是特意为
了保护某一个工艺去做设计。我做的事情就是把绒花、
纸伞、竹笛、搪瓷这些工艺整理好，那我在创作时自然
就会用到，而不是狭隘地保护。"

　　设计情感化的回归和开启，产品与艺术渐渐打破了
本就不清晰的界限，同样，设计师和艺术家之间的界
限也开始消失。许多现代艺术家和设计师与传统非物质
文化艺术进行跨界产品合作，南京绒花与国际知名的品
牌合作设计为现代传承提供了新的思路，不是单纯的保
护而是"以用为传"，在传统技艺的基础上进行改进和
创新。

5.4.2　非物质设计中的情感体验

　　产品设计中的符号化设计内容主要包含：外观的形
式、产品的功能、使用的情境这三个方面。一般产品
设计对于用户记忆信息元素的提取都停留在产品外观部
分，通过整体或者部分元素相似的外观设计，引发受众
人群对某种事物的联想。现代产品设计中符号元素不仅
只在外观部分，其他感官可感知的符号加入为现代设计
拓展了更多的可能性。另外在现代产品设计中除了符号
化的加入，还加入了产品的使用情境及使用方式，而这
种情感化的设计能最大程度地促使人们的记忆和情感产
生双重共鸣。可以看出：符号、情境、使用方式这三者

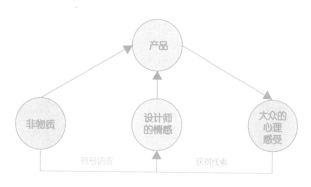

图5-18　情感信息传递过程

在情感体验设计中都能对受众人群产生有效信息传递（图5-18）。

在大数据时代，鉴于人和产品动态交互的设计已经普及，通过五感体验实现交互的过程必定涉及人的多种行为模式的研究，在这个基础上可以将记忆符号分为两个类别：①感官记忆符号，包括视觉符号、听觉符号、触觉符号以及其他感官符号；②行为记忆符号，包括产品使用情境的体验符号和使用行为的记忆符号。

1. 感官记忆符号

原研哉在《设计中的设计》所提出的"五感体验"是针对视觉传达方面的，但是在符号化设计中，这个理论同样适用。在感官记忆符号的设计中，传统的视觉符号设计依然占有很大比重，但是由于物联网技术发展，交互方式的不断进步，在触觉、听觉、甚至嗅觉方面的符号化产品设计也逐渐增多。设计方式也不再局限于产品的外观改进，更加注重从用户体验角度拓展。

视觉符号依然是认识产品、感知产品的第一步，深入研究符号学会发现，视觉记忆具有片段性、误差性和非完整性等特点。人们在印象符号中的误差主要表现在，存留记忆是物体最简洁、最有特点的轮廓，作为该物品整体造型的记忆，而会忽略复杂、无特点的具体细节。完整性主要表现在人们会将物体的造型与色彩、材质等特征共同记忆，而在某些特定的场合下，单一的特征，即使仅仅是色彩的再现，都会让人回想起记忆中物体的所有特征，因此，唤醒人们的记忆无需完全复制记忆物品的所有特征，只需提取少量最有效的视觉符号，就可以唤醒人们的记忆。

千里江山图是中国古代十大传世名画之一，故宫博物馆的镇馆之宝，宋代天才画家王希孟在18岁的时候完成这幅作品。故宫博物院的文创作品种类繁多，单是以千里江山图为基础的文创作品就有配饰、陈设、创意生活几个种类的十几样产品。金属镀金书签是其中一件视觉符号化的作品，书签对画作中最具有代表性的山形进行轮廓提取，并巧妙地将倒影和书签的功能进行结合，使用者在使用的过程中对符号化的图形进行记忆补全，获得情感体验。这种设计手法在非物质遗产的文创作品中比较常见，含蓄的设计语言是建立在受众经验的前提之下的，这样产品的信息传递准确，外延信息和内涵信息都能覆盖（图5-19）。

图5-19　千里江山书峰立金属书签

2. 行为记忆符号

（1）使用情境的体验符号

情境也就是使用情况与环境，将使用情境这种体验符号溶入创意产品设计中，有助于受众人群记忆场景的再现和心理体验的复制，使得记忆中的情境符号的再现形象生动，因而帮助行为记忆符号的唤醒，规避了记忆符号识别的失误。需要强调的是，使用情境的体验符号从根本上说是一种心理记忆性符号，当产品设计中设置了与产品交互的体验记忆后，使用者当再次处于特定的使用情境中时，即使与产品毫不相关，都会重温使用产品的体验经历。

故宫博物院以《唐人宫乐图》作为设计灵感，推出适合上班族的系列疗愈小物，将典藏元素转化为实用的文创商品。《唐人宫乐图》画中绘制了唐朝仕女时尚妆扮，并充分显示受杨贵妃影响，以丰腴为尚的审美观。前面四人，和侧弹琵琶的一人，梳的发型最是奇特，称作"坠马髻"，这是一个典型的用情境体验符号做文创作品的案例，将时尚"坠马髻"发型直接做成造型颈枕如图5-20，让民众不仅可以戴在头上，也可以枕在颈上，兼具文化、实用、趣味三大特性，以幽默创意和情景体验向唐朝审美风尚致敬。

（2）使用行为的记忆符号

使用行为记忆符号越来越多的开始使用在现代创意产品设计中，这与现代大数据时代的交互技术的发展，物联网技术的普及有着密不可分的关系。

技术的进步为产品将使用行为的记忆符号引入设计中，产品和人动态的交互，对使用行为的多种方式提供了更多的可能性，甚至促成对产品功能和使用方法的暗示，即无意识设计。

秦兵马俑坑已经出土兵器四万多件，包含戈、茅、戟、剑、铍等冷兵器，种类齐全，有长柄兵器、短兵器、远程兵器三大种类，这款兵器水果叉仿博物馆的兵器样式，将兵器使用动作和插水果的动作进行重叠，利用的就是使用行为这种记忆符号，让使用者在使用的过程中，促成联想和暗示，使人印象深刻。同时这款创意产品将历史融入生活，让人们在生活的点滴中了解历史文化（图5-21、图5-22）。

让产品开始具有情感依托成分是后工业社会中非物质设计追求的目标。寻求一种更加情感化的设计，让产品这一物质的形态具有思想性和情感化，是现代设计师们要解决的主要任务。在情感化产品设计过程中，设计师应打破人与人之间的生理和心理差别，也应该打破人与非物质之间的距离，让产品更加易于人与人、人与物、人与时间的情感交流。

图5-20　坠马髻颈枕

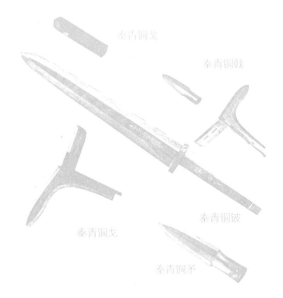

图5-21　秦兵马俑出土兵器

图5-22　兵器水果叉

产品中表现自己的情感，就像艺术家通过作品发泄自身的情绪一样。设计师将自己的情绪通过各种形态、色彩等造型语言表现在产品之上。结果，产品不仅仅是真实呈现物，而是包含着深刻的思想和情感的载体。要强调的是：产品的形式与情感并不是分离的，从"经验"的层次上来说，只有产品的外观和功能同它们唤起的感情结合在一起时，产品才具有审美价值。人们在心理层次上的满足感不会如同物质层次上的满足感那样的直观，它往往难以言说和察觉，甚至于连许多的使用者自己也无法说清楚为什么会对某些产品情有独钟，究其原因就是"产品自身充满了情感，而人又是有情感的"。

5.5　非物质文化数字化保护与开发

5.5.1　非物质文化数字化资源转化

同时非物质设计中的情感化设计还应关注弱势群体的情感因素，无障碍设计能够在细微之处充分表达情感，将人的多种情感因素融入产品使用之中，用更加人文关怀的角度达到人机情感交流的目的，让人从心理情感上接受产品，实现情感世界的产品设计。

设计，讲究的是以情动人，它使人对产品的外观、肌理或触觉产生美的体验或使产品具有人情味，它真正从使用者的感受出发，细心观察与呵护使用者的情感，并以良好的沟通作为基础。作为设计这些产品的设计师，他们与使用者在情感上融洽了，彼此就能得到更多的理解。设计师引导使用者从另外一个角度观察这个世界，使用者能体验到使用过程中的那份情感，心智或精神上的满足，能真正享受其中的乐趣。

其实人对物产生感情其原因是产品自身充满了情感，也可以说是来自于设计师的情感。设计师在

关于非物质文化的保护与传承，已经有越来越多的相关专业人士进行研究。然而许多现实情况不容乐观，口头传说、传统表演艺术、民俗礼仪、传统手工业技艺等非物质文化遗产，由于其无形性、渐变性、复杂性、地域性等多方面的特点，许多门类的非物质文化正逐渐失去其传承与发展的文化土壤，面临着重大的生存危机。因此，运用现代数字信息技术，全面介入非物质文化遗产资源的采集、整理、传播、服务等管理领域，建立起适应数字时代的非物质文化遗产保护机制，成为当前非物质文化遗产保护的重要发展趋势。20世纪90年代至今，世界各国已经开始逐渐将非物质文化遗产资源数字化项目列成重点发展项目，成为发展互联网文化信息资源的主要策略，保护与传承好非物质文化遗产。

非物质文化遗产的数字化保存、开发、利用、传递，是信息时代赋予非物质文化遗产保护的新兴道路，也是数字时代极具社会文化意义的战略举措。目前国内外对非物质文化遗产数字化保护的主要路径有两个方

面：①馆藏非物质文化遗产资源的数字化开发利用②不同行业与部门之间的非物质文化遗产资源数字化共享机制

国内外非物质文化资源数字化保护的主要路径之一就是对现有馆藏资源的数字化开发与利用。国外各类文化机构、协会的自身馆藏，形成众多内容丰富、形式多样的非物质文化遗产数字化产品，为用户提供服务，极大提升了国际非物质文化遗产数字化保护的水平与实施范围。

非物质文化遗产作为人类文明历史的遗存，其重要的历史文化价值已经受到各行业、部门的重视，它们通过优势互补，建立起丰富完整的资源共享机制。非遗的数字化保护虽然从宏观角度看属于起步阶段，但迅速引起多个国家不同学科门类的重视。数字化技术正在从一种外在的非遗技术手段向非遗内在的生命力转化，这种转化正在影响着非遗保护的历史进程、形成非遗保护的新生态。

现代的数字化技术发展迅速，另外大数据分析技术、物联网技术、虚拟再现技术、体感技术、智能技术等多项相关技术迅速发展，非物质遗产保护的数字化保护不断深入，非遗数字化保护呈现出以下几点转变（图5-23）：

图5-23　非遗的数字化保护趋势

（1）建档数字化正在从单项、平面、现象的数字化——到向综合、立体、本质的数字化的转化，原来的数字化建立是偏向语义、语句方面的，

现在开始向语词的数字化发展演变，从单纯保存性建档数字化面向研究性、传承性、应用性建档数字化发展。

（2）非遗宣传数字化从被动的、静态的、旁观的、局部的展示到互动的、动态的、体验的、全面的展示转变，从面向外来者的展示，到兼顾外来者与本地人的展示，从单纯知识性、审美性展示向文化性、传承性展示转变。

（3）非遗传承数字化从被动的、模仿的、平面的、局部的传承到互动的、体验的、立体的、全面的传承演变。

（4）非遗研究数字化从单个的、局部的分析，到整体的、趋势性的分析转变。

非物质文化遗产的数字化保护是现代文化形式与数字化技术相结合的时代产物。

人类文化多样性、历史痕迹和肌理在非物质文化中有重要体现，同时也是人类社会可持续发展的基础。因此，21世纪初联合国教科文组织启动全面倡导的非物质文化遗产保护，具有引导性和正当性。《保护非物质文化遗产公约》是一个建立在国际法基础上的全球行为，是对文化可持续的具有前瞻性的联合行动。在现代大数据时代，非遗数字化保护是趋势性的和整体性的，承续了非遗保护的合法性，并生动阐述了非遗创新发展的本质。

苏州和云观博数字科技有限公司与苏州博物馆联合申报的"数字视觉博览博物基于增强现实技术的文物AR智慧观览平台"项目被列入国家文物局2017年度"互联网+中华文明"示范项目库公示名单。"云观博AR智慧博物馆平台"，基于计算机机器视觉技术，结合云计算、物联网和大数据应用；突破了传统博物馆藏品展陈的时空限制，真正实现"让文物活起来"是移动"互联网+"时代下，改变博物馆观览方式的革命性产品。

"云观博"AR智慧观览App，是国内博物馆观览领域中首款基于AR技术的智慧应用，汇集音频、视频、图片、文字、增强现实和3D互动于一体的"超媒体"

智慧化工具，为博物馆提供文物信息数字化教育传播平台，为参观者提供生动有趣的"超媒体"智慧观览体验。

与此同时，"云观博"将上架湖北省博物馆、长沙市博物馆等深受参观者喜欢的博物馆，也期望与全国更多博物馆有深度合作，为参观者提供更多精彩的内容。"云观博"开发是基于增强现实技术的文物可视化产品，其目的是要让创新科技成果与中华优秀传统文化的传承与发展深度融合，通过AR技术对展品的深度解析，可以让走进博物馆的参观者能够更加全面地理解每件展品背后的故事，让沉淀在历史长河中的古文化和传统知识触手可及（图5-24、图5-25）。

DUAL LAND系列的创作灵感是基于已经被遗忘的荷兰须德海以及意大利威尼斯的海洋文化，设计师们将传统的玻璃吹制技术与新兴的3D数码金属打印产品两相结合，制作出精美的灯具。在过去，金属框架玻璃灯一直在海上生活中发挥了重要

的作用，他们为人们带来光明，帮助他们走出黑暗，确定位置，避免危险。

在这个项目中，古代文献的信息与现代数字技术结合，传统工艺与科技3D打印合二为一。这个案例体现了非物质文化保护的意义，数字技术不是仅仅将信息留存下来，而是将不同地区文化之间的关系进行合作与创新。

设计师Paola Amabile和Alberto Fabbian，两位年轻设计师一直致力于创造与地域以及文化遗产密切相关的设计作品。创建的DUAL LAND系列双土地项目，旨在鼓励对生产对象创新要素的配置，数字技术为传统方法提供了新的机遇的整合。该项目有助于建立新的关系和富有成效的合作（图5-26）。

图5-24 云观博App

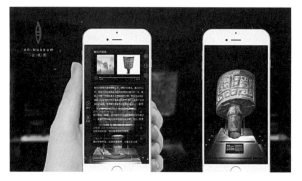

图5-25 云观博使用示意图

图5-26 海灯

5.5.2　非物质文化数字化设计应用

数字化技术是一种综合信息处理技术，其中包括计算机技术、多媒体技术、是智能技术和信息传播技术，它为非遗保护提供多方面的技术支持。①数字化作为一种外在技术，能够有效地实施非遗保护的档案建立、信息宣传、历史研究、物质保存、文化传承、综合利用等措施，保证非遗的生命力；②数字化作为一种内在元素，通过内化到非遗存在和传承实践中，确保非遗的生命力。

非遗数字化保护无论以何种方式开展，非遗拥有者和传承人都应该是其中的主体。非遗拥有者和传承者对数字化技术的掌握虽然有一个循序渐进的过程，但只有他们真正接受了数字化技术，并自觉把其融入到自己的非遗实践中，数字化技术才能真正实现从外在技术向内在技术的转化，才能成为非遗自身的一部分。外来者运用数字化技术参与非遗的存储、宣传、研究、利用，也只有通过非遗拥有者和传承人的认可才能发挥保护非遗的作用，也才能避免数字化技术对非遗文化内涵的碎片化、雷同化伤害。

非遗数字化保护的发展趋势，既体现在作为外在技术对非遗保护措施优化的不断深化上，又体现数字化技术内化为非遗生命的程度上。非遗保护的最终目的是不保护，而是让非遗能够回归自我生存、自我发展，非遗数字化保护的最终目的是不见数字化技术，即让数字化技术真正融入到非遗之中，成为它生命的一部分。

区域联盟的协同战略，在非物质文化的数字化发展中，不得不提的是区域联盟非物质文化遗产数字化保护的协同战略，随着经济区域一体化的发展，一些区域的国家由于政治、经济、文化交流的便利以及相似的文化传统，所以在文化遗产保护领域展开了密切的合作，并取得了不错的成效。

例如欧盟，许多欧洲国家像意大利、西班牙、法国等都拥有相当丰厚的世界级遗产。在欧盟委员会赞助的 ECHO（European Cultural Heritage Online）是一个欧洲地区文化遗产资源数字典藏库，是面向科学文化未来网络的开放存取基础结构，最早由欧盟9个国家的16个研究机构共同组建，而现在，来自世界各地20个国家的170多个机构正积极参与这一数据库的建设。ECHO已经拥有包括人类学、考古学、中国知识、佛教、历史地图、生命科学、巴尔干民俗文化、人口统计、铜板印刷、楔形文字等在内的70种收藏，为大众和科研人员提供能够自由获取的欧洲文化遗产，并鼓励用户的共同参与和分享。

近年来亚太地区快速发展也对当地非物质文化遗产保护产生影响和改变，许多亚洲国家对非物质文化保护加强行动。联合国教科文组织亚太地区文化中心建立了"亚太地区非物质文化遗产数据库"，主要资源包括：①基于社区的非物质文化遗产项目；②非物质文化遗产培训课程体系；③非物质文化遗产学习中心；④表演艺术的音频、照片；⑤非物质文化遗产研究的事件与会议；⑥非物质文化遗产的报告与文件等。

国内非物质文化遗产数字化保护实践的基本思路，我国非物质文化遗产数字化保护工作起步较晚，目前的保护工作可以分为以下几个步骤：①非物质文化遗产数字化网络服务体系的建立与完善，建立了涵括国家级、省级非物质文化遗产网站、专题数据库的非物质文化遗产数字化网络服务体系。开发出各具特色的专题性非物质文化遗产数据库。例如，"中国非物质文化遗产网"。中国非物质文化遗产数字博物馆开发出"羌族文化数字博物馆""中秋节""端午节""中国非物质文化遗产专题展""中国非物质文化遗产保护成果展"等重要的专题数据库，丰富了非物质文化遗产数字化服务内容。②全国文化信息资源共享工程，2002 年开始由国家图书馆组织实施的一项国家文化创新工程、文化惠民工程和我国公共文化服务体系的基础工程。③高校、科研院所参与的非物质文化遗产数字化保护随着非物质文化遗产保护热潮的兴起，高校、科研院所开始建立相关的研究中心或科研基地，并在非物质文化遗产数字化保护的理论研究、实践推广方面进行了诸多探索。

　　陕西省线上非遗馆App是一款专门为手机用户们准备的陕西非物质文化遗产了解阅览软件，在这里可以随时随地了解陕西人文风情，以及陕西本地的文化遗产信息。陕西省线上非遗馆传播非物质文化遗产，及非物质文化商品，致力于传承中国文化、传播中国文化，让更多的文化遗产得以纪念和保留陕西省线上非遗馆线上应用平台，它完整包含陕西省非物质文化遗产的相关资料，为非遗爱好者提供全方位的非遗资料展示窗口，为专业人士提供研究工作的绿色通道（图5-27）。

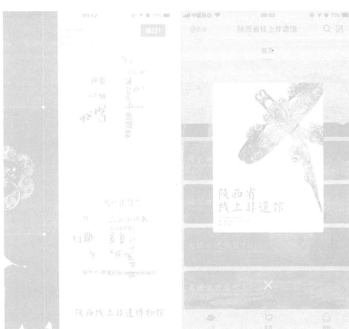

图5-27　陕西省线上非遗

第**6**章

设计创意方法

6.1　设计定位分析

6.1.1　关于设计定位

艾·里斯和杰克·特劳特是"定位"概念的创始人，他们把定位看成是对现有产品进行的一种创造性实验。他们在专著《定位》中对定位所下的定义是："定位从一个产品开始。那产品可能是一种商品，一项服务，一个机构，甚至是一个人，也许就是你自己。但是，定位不是对产品所要做的事。定位是你对预期客户要做的事，换句话说，你要在预期客户的头脑里给产品定位。"菲利普·科特勒是公认的营销大师，他认为"定位是指公司设计出自己的产品和形象，从而在目标顾客心中确定与众不同的有价值的地位。"虽然不同的学者从不同的的角度对定位的概念进行了诠释，但是我们从这些概念中可以发现：定位更多的是相对于消费者而言的，是在消费者心中树立起一个形象，这样人们在遇到某种特定需要解决的问题时，会首先考虑这一形象，从而使消费者和产品之间建立起一种稳定的联系。定位是根据目标消费者的需求特点，运用一系列的营销策略，为产品创造出区别于同类竞争品的差异优势，从而在消费者心目中占据一个与众不同、无可替代的位置。使消费者的心中形成一种潜意识，从而使产品变得特殊和保持其唯一性。

从前面关于"定位"概念的论述中可以看出，艾·里斯和杰克·特劳特的"定位"思想，与我们要讨论的"设计定位"的概念是相同的。设计定位同样是需要重视消费者的需求，并占领一定的位置。它主要是依靠设计的手段，对产品本身进行实质性的创造和改变来实现的。

由设计师Kinam Hwang、Mina Kim、Jisoo Koh & Suim Chois设计的Clasp Range是个轻巧便携的电磁炉，从外表上看，它就像是一个串着四把钥匙的钥匙扣。中间的圆环是最重要的加热部位，用来放置烹饪锅。四个铁片是灶台的四个支脚，起着支撑作用。Clasp Range的控制开关同样在支脚上，至于能量，则来源于支脚内部带有的大容量可充电锂电池。一旦完成充电，即使在户外也可以方便地炒菜做饭了。此款设计通过电磁加热的原理，结合户外、便捷、时尚等关键定位元素，巧妙地解决了户外环境有限条件下加热食物的问题，从消费者的角度建立独特的形象定位，从拿取方式上联系钥匙扣的形象，从而形成消费者的潜意识存在（图6-1）。

6.1.2　设计定位的方向

设计定位方向是贯穿整个设计的指导思想，它概括了整个设计的基本态度和思维方式。现阶段来讲，在进

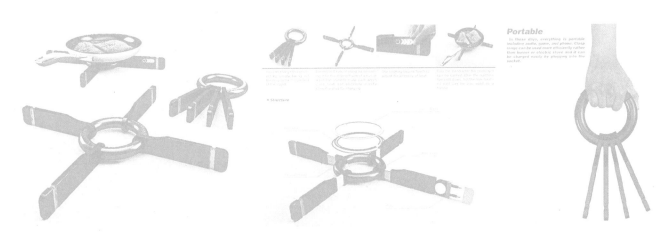

图6-1　Kinam Hwang等设计的"Clasp Range"

行设计和开发工作时，采用的方向主要有以开发者优势为中心、以需求为中心和以竞争为中心。

1. 以开发者优势为中心

以开发者优势为中心，主要是指商家或者设计师可以利用本身的优势引领和创造出一种潮流，从而吸引消费者。这种开发者优势可以充分结合商家和设计师的长处或者生活环境进行。拥有深厚企业文化特色的可以充分发挥其企业的文化，在其产品中注入企业精神和企业文化内涵；拥有技术优势的则可以通过开发新的技术、提供新的体验来吸引消费者；擅长于分析和整合的则可以在充分对目标人群和市场需求进行分析后，通过对技术进行整合或者和拥有技术优势的企业进行合作从而使产品更能满足消费者的不同需求；所在地如果拥有非常丰富的自然资源，则可以将传统手工艺与当地的自然资源相结合，开发出环保、可再生循环的绿色产品；设计师如果用有某一项擅长的制作方式或与众不同的制作方法，则可以将这种制作方法与设计相结合，从而制作出独具一格的产品形式；如果长期生活在一种历史文化和风土人情的熏陶之下，也可以从这些历史文化和风土人情中寻找素材，将这种文化优势转化为具体设计，不仅仅可以使设计体现出一种独特性，也可以使文化得到进一步的传播。

设计的过程中拥有独特的技术、材料，或者企业内部本身就具有自身优势，设计师就可以利用这种优势来开发市场、形成市场优势。这种优势会使产品给消费者带来全新的感觉，但是需要注意的是，以开发者为主的定位，其出发点产生于内部，如果不注意顾客的需求和市场变化，非常容易出现"闭门造车"的情况。

2. 以需求为中心

以需求为主的方向主要是指以目标消费人群为中心，通过和消费人群的沟通和调研，了解消费者的深层次需求，从而进行设计。设计的最终目的是为了满足消费者的需求、得到消费者的认可和喜爱，因而在以需求为中心的设计中，应该始终遵循消费者第一的原则，同时还要掌握需求多样性和多变性的特征，从而能够有针对性地进行设计活动。这要求商家或者设计师要充分注意目标消费人群的消费能力、消费偏好、心理需求以及对消费行为进行具体和深入的调查和分析，并且针对这些具体情况开展设计工作，从而能够以动态的方式满足消费者的需求。以需求为中心是开展设计活动最基本的要求，所有的商家和设计师在进行设计时都应该做到这一点。设计是一种拥有一定时效性的工作，会随着时代和审美的变化发生变化，能够历经岁月考验的设计必然是以满足消费者需求为目的的，只有当消费者心理需求和生理需求同时达到吻合的时候，设计才真正做到发挥出其价值。因而只有在对消费者的需求进行充分的总结和分析之后，提出具体可行的解决措施，并将其与时代特色、审美、技术等相融合，才能够使设计出的产品打动更多的消费者。如图6-2这款锁水器是集水表与锁定装置于一体的水龙头。这款设计主要适用于浴缸水龙头，它允许用户在放水时预设水量后放心的离开，因为在水量流出达到预设数值时，它就会自动关闭，避免水满自溢产生浪费。而同时它也能够记录和显示总的用水量，以此满足使用者节水、防溢水的需求。

以需求为主的方向是一种根本的方向，所有的产品设计都要做到这一点。但是如果所要开发的新产品面临比较激烈的市场竞争，也需要进一步的考虑到市场和竞争对手的情况。

3. 以竞争为中心

以竞争为主的方向，是指设计活动的展开以市场竞

图6-2 以用户者需求进行的设计"锁水器"设计

争者为中心，其本质上是一种强调竞争性的市场行为。它强调在如今竞争激烈的市场大环境中，企业是否能够生存和盈利的关键，已经不再是设计能够满足消费者的需求，而是能否在与对手的竞争中取得胜利。

对于以竞争为主的方向有两面性：从积极的方面来看，密切关注竞争对手，更加容易发现自身的优势和不足，从而扬长避短，树立自己的优势。如图6-3宝马和奔驰历来就是竞争伙伴的关系，两个企业在营销广告上也经常产生一些互动，奔驰在成立一百周年上所发布一则广告，内容翻译过来即是："感谢宝马一百年来的竞争，没有你的那三十年好孤单。"而宝马在此前也有过类似的广告，即一辆满载着宝马的奔驰卡车，配字内容为："开奔驰也可以很开心。"宝马和奔驰的营销广告使我们不禁会心一笑，两个企业的良性竞争关系也同样促进了其自身的发展，在相互学习和竞争中共同成长；而从消极的方面来看，如果过于关注竞争者的动态，从而忽略了设计的基本点——设计的本质是为了改变生活、构建更加美好的世界，就会本末倒置，违背设计的初衷。就像在20世纪60年代美国掀起的"有计划的废止制度"，汽车的正常使用周期是十年左右，而在当时大多数美国的汽车公司彼此之间为了争夺汽车市场，每隔一两年就会推出一款新的汽车，这些汽车大多数只是对原有汽车的外观进行重新改良和设计，而鲜有技术上的创新，这不仅仅没有解决任何问题，给人们的日常生活带来便利，反而使人们掉入了眼花缭乱的汽车市场里，这种不断更新汽车外观的行为使人们陷入到一种不

断追求时髦的错误价值观里，同时增加了能源的消耗和资源的浪费。可见，这种违背设计初衷、一味追求市场竞争所带来的后果是非常严重的。

应当重视的是，单纯的就某一个方向而言，并不能够完整地反映出当今社会条件下产品开发的本质，仅从一个角度入手来考虑设计，结果必定是片面的。实际上，设计定位是在结合了企业自身、顾客需求和竞争对手互动多方面的因素下所形成的一个综合的设计方向。

6.1.3　目前常用的设计定位程序

如今的消费者面临着各种各样的选择，如何使产品在物质丰富的当代社会变得独具特色且拥有更多的受众群体，就需要在设计之初就进行有效的设计定位。有效的设计定位可以给消费者提供更加满意的消费体验，给商家带来更多的效益。

目前，设计开发的过程主要是按照这样的步骤进行的，如图6-4，首先是进行目标人群和市场的定位，确定受众群体；然后通过对受众群体和市场进行调查问卷、实地走访、网络查询等多种途径的调研，分析调研资料，找到设计关键点；接着通过比较优势得出自身的优势和劣势，确定设计定位，落实于设计中；最后再通过电视媒体或者策划举办相关活动等形式开展营销，使其能够在消费者群体中得到很好的传播和推广，被更多消费者认识和了解。

1. 目标人群和市场定位

不同的消费者会有不同的消费习惯。因此消费者在选择产品时，会根据自己的喜好和实际情况进行选择。目标人群定位可以更加准确地确定消费群体的需求，并且根据特定的需求进行设计，这样做可以更加深入的了解消费者的需求，使设计更加具有针对性和深入性，

图6-3　奔驰和宝马"互黑"的营销广告

图6-4　常用的设计定位步骤

图6-5 Juan Camilo Restrepo Villamizar的 "Luna洗衣球" 设计

使消费者的需求得到最大程度的满足。如图6-5由
Juan Camilo Restrepo Villamizar设计的Luna洗
衣球，设计师的想法是不把脏衣服放进洗衣机里，
而是把洗衣机放到脏衣服里面去。只需在Luna中
加入少量水，放入盛脏衣服桶中，它可在表面创造
出静电蒸气，透过震动与脉冲在脏衣物之间流动来
洗刷搓揉衣物，并且将脏污分离出来，这些灰尘污
垢随着水流吸入收集到球体内。洗完之后，还能利
用热空气将衣服烘干。此款设计打破了原始洗衣机
固有的形态，从节约空间、节省劳动力的角度，锁
定目标人群，不仅仅可以给予消费人群更好的设计
体验，同时也会使消费人群留下深刻的印象，这等
于是给企业和品牌奠定了潜在的目标客户，为以后
更好的发展奠定了基础。

　　对于产品的市场定位，同样是不可缺少的一个
环节，设计最后能否落实、设计如何与市场衔接，
通过前期的市场定位，可以看到产品的预期效果，
就像是早早在心中描绘下了蓝图，这对于产品后期
的销售和推广有着重要的作用。

　　在市场定位研究中所收集的各种信息和资料有
广泛的市场营销价值，通过对同类产品进行调研和
分析，可以更全面地看到目前市场上现有同类产
品的不足，然后在设计过程中进行改进，从而使
产品更好地适应消费人群的需求。举个例子，比
如目前市场上流通的工具类产品，它们的功能大
部分是分开的，但是根据人们的使用习惯，人们
一般会把锤子和斧子放在一起使用，因而设计师
Kevin Clarridge设计的这款名叫 "TOMAHAWK
HAWKAXE" 的工具，如图6-6把锤子和斧子结

图6-6 设计师Kevin Clarridge的 "TOMAHAWK HAWKAXE" 工具设计

合在一起，这不仅方便了携带，而且人们在使用斧子的
时候会因为锤子本身的重量增加了额外的重力，而且也
方便人们用其他重物去使劲敲打。

　　通过对目标人群和市场进行定位和调研，可以使设
计更加深入、更加具有针对性。这不仅可以帮助设计取
得成功，而且可以使企业在市场中更加具有竞争力。

　　2. 确定比较优势

　　目前的社会中充满着竞争，设计也一样。因此设
计师为避免 "闭门造车"，不仅仅需要了解消费者的需
求，也应该尽可能得多了解竞争者的情况，从此为设计
找到更恰当的切入点。同时，通过和竞争者进行比较，
找到自身的优势和不足，从而做到在设计中有效地扬长
避短。关于和竞争对手的比较优势，可以从功能、形

态、延伸和形象等方面入手寻找，只需在其中一个点发挥出与众不同的优势和特点，就可以牢牢抓住消费者的需求。

　　日本作为一个设计大国给当今设计界增添了浓墨重彩的一笔，不同于美国的商业设计和德国的实用主义设计风格，日本设计往往体现出一种极简主义和"和式"的禅意，日本设计，既充分挖掘本土的文化并且与当代设计原则相结合。这种独树一帜的设计风格使他们和别的国家的设计拥有很明显的差异，确立起了日本设计的比较优势，体现出日本当代设计的与众不同之处。如图6-7，是日本设计师设计的"睡莲酱油碟"，以湖面上的睡莲为主题的酱油碟设计，层次与形态的变化让人的心情也忽然温和起来。陶瓷酱油碟像是开在餐桌上的睡莲，

酱油碟不仅美观，还附加了另一个巧妙设计，涟漪状的层次设计不仅美观还可以测量液体容量，倒满最小的小槽是5ml，之后依次是15ml和30ml，方便酱油与调味配比。

　　日本"共荣设计"团队进行创作的"立体信纸"时，如图6-8想要在激烈的市场竞争中凸显出来，找到比较优势，就需要找到自身与众不同的地方，而这款信纸也是从日本的传统文化中寻找素材，用于设计之中。这款信纸采用了日本地方特色的传统纸材作为材料，同时，在纸的右上方增加了一个进气口。人们通过向纸内吹气就可以让纸和书写在上面的字体变成立体形态，就像我国古代通过放飞孔明灯来向天祈求美好，这款信纸也通过相类似的理念使写在纸上的文字变成一种美好的祝福和希冀，使设计上升到了精神的层面。通过对纸的

图6-7　睡莲酱油碟

图6-8　Kyouei Design 立体信纸 日本共荣设计

功能和形态进行延伸和变化，改变人们对于纸的日常认知和观念，使人们感觉耳目一新，确立起其与众不同的比较优势，同时有助于日本传统文化的传播。

3. 确定新产品的设计定位

设计定位是产品设计的支撑点，如何让设计变得有理有据，通过设计将目标人群需求和自身优势有效结合起来，转化成为对消费者具有吸引力的真实存在的物品，并且牢牢抓住消费者的内心呢？这中间起到桥梁作用的就是——设计定位。

设计定位是设计开发的行动指南，具有以下特性：①使设计在前期就呈现出最终的效果，不会出现太多偏差；②帮助企业节省资金，使利润最大化；③给予消费者更完整的消费体验，给设计带来更多的追随者。因此，只有认真地贯彻设计定位的步骤，才能有效地树立其形象，并且得到广大消费者的青睐。其步骤可归纳为，第一、要进行目标人群和市场的定位：通过对目标人群进行定位，可以使设计更加具有针对性和专业性，对市场进行定位，则更加有利于找到产品优势，寻找到产品的市场发展空间，通过对目标人群和市场调研结果进行理性的分析和总结，找到设计点所在，构建起设计的初步框架。第二、通过比较优势，寻找到自身与众不同的特点，并且在以后的设计中继续放大和突出该特点，形成自己独特的风格，增加在消费人群中的辨识度。第三、确定新产品的设计定位后，采用适当的设计方法进行实际的设计和操作。设计定位在设计过程中扮演着重要的作用，设计定位一旦准确无误，将会给产品带来巨大的市场反响；如果一开始的设计定位工作没有做充分，后面的过程即使能够很好地实现，设计也未能够发挥出其应有的价值。

6.2 构建叙事性情景

6.2.1 叙事性情境概述

现今，人们的消费观已经不仅仅是从实用的角度出发，而是更多关注其所带有的人文和文化内涵，构建叙事性情境就是在设计的过程中把设计带入到一定的情境中去，构建起一种讲故事的环境，让使用者产生一定的情感共鸣，进而对设计认可。叙事性设计强调事件发生中构成"事系统"的各个要素是如何相互影响、共同作用的。构成一个"事系统"的要素有人、物、时间、空间、行为和信息。当事件发生时，各个要素之间产生单一或错综复杂的联系。叙事性设计的价值主要在于它使用户在使用过程中能够引发一系列的互动行为，从而产生共鸣。并且借由用户本身也成为"事件"构成要素之一，其获得的产品功能、情感体验甚至对生活方式的逐渐渗透而带来的心理体验、道德引导、社会地位等诸多衍生价值，都将随设计通过对"叙事性情境"的把控逐步实现。

6.2.2 叙事性情境的表达方式

1. 静态叙事性情境表达

语言学角度的静态叙事性表达旨在通过语言文字使用户清晰地感受到"时间的流动"。而当设计作为一个独立的单元，未与其构成的"事系统"中的其他要素发生关系时，其叙事性主要体现在"静态的叙事性形态"。中国叙事学研究中心常务副主任龙迪勇研究员在其关于"图像叙事：空间的时间化"研究中，强调"单一场景叙述要求艺术家在其创造的图像作品中，把'最富于孕育性的顷刻'通过某个单一场景表现出来，以暗示出事件的前因后果，从而让观者在意识中完成一个叙事的过程。"设计的静态叙事性表达，也需要通过一定的方式传达出时间的流动性，从而让使用者感知到，并且产生一定的情感交互。

由Richard Clarkson & Crealev.设计的云朵扬声器是采用涤纶纤维制成的"云朵"和磁性底盘产生的磁悬浮效果共同作用而成的，它主要是对天空中云彩的变化进行还原，体现出一种天气变幻的时间流动感。云朵扬声器把产品的使用过程转化为发生天气改变时，云朵发生变化的过程，就像是电闪雷鸣前这一最富有孕育性的时刻，从而打动了用户（图6-9）。

静态叙事性情境突出设计作为"事系统"要素的同时，由人、时间、空间以及行为信息构成的其他要素也将参与到叙事性事件的构成过程，因而更加错综复杂。静态叙事性情境是通过对情境的表达，运用设计修辞的各种手法，暗示出所叙述之"事"的前因后果以及所要传达的信息与意义。产品作为产生"境"的事系统构成要素之一，需要和其他要素发生关系，产生相互影响，才能最终构成完整的"事件"。如设计师Daqi：Concept设计的鸟笼灯蓝牙音箱，蓝牙音箱若是脱离了与之发生关系的鸟笼的特定环境，就很难传达其本身所要表达的使人们犹如"聆听鸟叫"般的设计理念了（图6-10）。

2．动态叙事性情境表达

"生命的色带"项目是由日本设计夫妇团队"Spread"发起的如图6-11，它是通过，不同的颜色代表不同的行为，对调查目标进行调查如图6-12、图6-13，调查目标可以是城市中一位小女孩，也可以是一只在索马里悄悄长大的长颈鹿，通过记录下调查目标的一天，制成"生命色带"。虽然我们生活在同一个都市中，但是每天的行为、每个时间段所做的事情却是各不相同的，通过这些不同颜色的生命色带，我们可以观察到每个人不同的生活，了解别人的生活，从而引起人们的思考和反思，也给设计赋予了与众不同的价值（图

图6-9　由Richard Clarkson & Crealev.设计的云朵扬声器"Making Weather"

图6-10　设计师Daqi：Concept设计的鸟笼灯蓝牙音箱

图6-11　颜色对应行为列表

图6-12　Daughter(女儿）在家里的一天

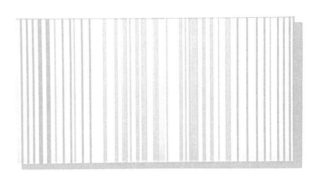

图6-13　一只小索马里长颈鹿

图6-14　"生命的色带"的主题展览

6-14）。

　　动态叙事性情境的建立，是能够实现用户与产品的深层情感交流互动，以及产品对人生活方式、态度的引导。其动态的特性，主要体现在构成事件的各要素"人、产品、时间与空间、行为与信息"将随着事件的发展而产生动态变化。这种变化既包括人的使用状态、心理要素的改变，也包括产品形态的变化，时间和空间的演进，行为与信息的更迭等。使人与产品的关系上升到"产品引导人建立新的生活理念""人在产品的使用过程中体会到如同戏剧发展般的由平淡产生剧烈变化"，"人与产品产生如诗歌般富有情感的相互倾诉"的过程中去。

　　在我们的日常生活中这样的设计案例也有很多，如图6-15是一款通过与无线网络相连以获取天气信息的智能天气设备，它采用了蒲公英为设计灵感，当用户用手触碰装置时，风扇会模拟风力以及温度让孢子摇晃，气氛灯也会根据温度点亮。这种阅读感知比起以往用数字显示的方式，更加直观的让身体感受到气温、风力这些大自然的信息，同时蒲公英的理念和形象也更加使用户容易产生亲近感，从而建立和用户之间深层次的情感交流。

　　构建起叙事性情境有助于设计和用户之间更好的互动，从而使设计更好地与用户沟通，甚至可以引导用户的生活方式和生活态度，从而达到产品与人、人与环境更加和谐的相处。那么，我们应该如何通过叙事性情境的构建从而更好地完成设计呢？

图6-15　设计师JungHoon Lee设计的一款以蒲公英为灵感的天气装置 Dandelion

6.2.3　构建叙事性情境的步骤

1. 发现问题并确定主题

我们以一款以"可伴随儿童成长且环保"为主题的家具设计为例，我们确定的设计主题为"可伴随儿童成长"，即在设计中如何重点突出"可伴随儿童成长且环保"作出假设：我们是否可以采用易于拼装和重新组合的材料作为设计素材，在动手过程中使人们建立环保的意识？

2. 定义关键元素

找到设计问题或者确定设计主题后，我们要在这种分散的描述中，提炼出用于设计的具有专业性和理性的设计元素。如对"儿童成长过程"进行分析后，可以得出儿童在生长发育时中需要关注的点：安全、脆弱、成长快、好奇心重等特点，通过这些点可以找到在设计中需要的关键元素：因为儿童仍然处于成长期，身体和心理都比较脆弱，因而针对儿童的家具设计应该首先考虑安全性；儿童在0到8岁是身体发育较为快速的阶段，因而针对此年龄段的儿童家具设计应该充分考虑其成长性，尽量满足不同年龄儿童的需求；儿童刚刚降生，对世界万物都充满着好奇，因而在设计中应该尽量满足其好奇心和求知欲，给予孩子一个充满想象力的环境等。

3. 拓展关键元素，寻找设计元素

通过上面的步骤，我们找到了在进行这款儿童家具设计中的关键元素，即应该首要解决的问题：安全、脆弱、成长快、好奇心重的特点；针对定义元素进行拓展进而找到设计元素。

针对儿童安全、脆弱的特点如图6-16，在设计中可以采用木材、布或者纸作为设计的原材料，同时这些材料也拥有环保的特点；对于儿童成长快的特点，则可以采用可进行拆除和重新组合的形式；而对于儿童好奇心重的特点，则可以在设计中采用森林和海洋作为设计元素，森林和海洋都具有广阔和神秘的特点，同时，作为大自然的一部分，它们也与环保的设计主题不谋而合。

4. 结合元素与设计构建叙事性情境

通过前面的步骤我们确定了设计元素，在这一环节中，则需要通过对这些设计元素进行选择性的运用，从而围绕主题构建起叙事性情境进行设计。

如果选取木材作为设计材料，则可以选择森林作

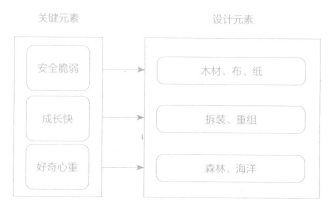

图6-16　关键元素拓展为设计元素图示

图6-17　森林为元素的叙事性情境分析

图6-18　海洋为元素的叙事性情境分析

为设计元素进行组合如图6-17，围绕森林这一主题，在产品的外观上或者精神层面上可以采用森林中的某些元素，通过插接和重组的方式使家具再利用就像是森林中生命的更替过程，不仅可以增加使用寿命从而变得环保和耐用，也增加了用户动手的乐趣，实现叙事性情境的构建。

如果选取布作为设计材料，则可以选择海洋作为设计元素进行组合如图6-18，围绕着海洋的主题，采用海洋中海浪拍打沙滩的行为作为元素，对布艺进行堆叠来改变形态从而使产品具有可以随着年龄的增长循环利用的特点，也可以达到环保的理念，而且增加了堆叠的使用乐趣，完成叙事性情境的构建。

如果采用纸作为设计材料，首先在纸的选取上要注意安全性和稳定性的问题，纸是环保且价格便宜的材料，利于回收和再利用，首先体现了其环保性。可以采用将纸运用于森林或者海洋的设计主题中，采用森林或者海洋中的某种形态或者形式，从而构建起叙事性的情境。

叙事性情境是将诸多要素与关系融入到一定的情境中，结合"事系统"的综合分析，为产品实现与人的深度情感交互、引导人的生活，提供了一条可以借鉴的道路。叙事性情景的构建过程，也是一个循序渐进发现和解决设计问题的过程，即是一边完善故事性情景，一边全面、系统的代入情境中发现设计问题并且逐个解决。在这个过程中，首先要发现问题并且确定主题，为"故事"构建起一个基

本的框架，使"故事"在这个框架里发生和发展，然后定义关键元素，即通过对用户目标进行分析得出设计中应该注意的关键点；接着通过结合关键元素，找到可以开发的设计元素，如针对儿童家具的开发，考虑到其好奇心较重采用森林、海洋等带有神秘感的元素，以环保为主题的设计则采用如木材、纸等环保节能的材料；最后，使这些设计元素共同构成同一语境下的叙事性情景，从而给设计带来更多的文化内涵。通过对叙事性情景的运用，可以使设计具有更深层次的意义，使设计表达变成一个流动的过程，赋予设计更多让人回味的灵动气息。

6.3　孕育性顷刻

6.3.1　孕育性顷刻概述

"孕育性顷刻"是18世纪德国著名美学家莱辛在其美学著作《拉奥孔》中提出的。对于诗与画的区分中，莱辛提到诗是叙述"时间上先后承续的动作"，而画描述的是在"空间中并列的物体"；在诗里可以依靠故事的铺垫和感情的酝酿从而达到激情的顶点，因而诗是流动而富有变化的，而画面是静止的，只能呈现某一顷刻的状态，因而如果要在画面中传达出一种"动"感，让欣赏者在看到作品时不仅看到画面中表现的场景，还能够联想到这一场景以外的东西，则需要描绘出"最富有

图6-19　Henri Klagmann创作的《美狄亚》

是指即将要发生激情前的时刻，其实，这种说法是片面的。"孕育性顷刻"具有两面性，不仅仅是指发生事件前的时刻，也可以指发生后的时刻，或者共同具有前后两种倾向。因而，"孕育性顷刻"主要有三种表现形式：顶点前顷刻、顶点后顷刻和前后双向顷刻。

1. 顶点前的顷刻

我国著名美学家王朝闻在《接近高潮》中强调造型艺术应该把握"矛盾接近解决而尚未解决的富有概括性的瞬间。"这里指的便是顶点前的顷刻。这一顷刻经常会运用到视觉艺术中。

如图6-20是意大利著名的雕塑家乔凡尼·洛伦佐·贝尼尼创作的《阿波罗与达芙妮》，这幅雕像来源于一个希腊神话，讲因为太阳神对爱神丘比特的不屑一顾引起了丘比特的报复，它向太阳神阿波罗射出了爱情

孕育性的顷刻"，即激情发生前的一顷刻。

图6-19是由Henri Klagmann 创作的《美狄亚》，表达了美狄亚在得知丈夫背叛后愤而杀子前的一瞬间，手握着匕首若有所思的样子，通过这种画面，即把人们的视角引向故事的高潮——杀子，从而引发人们的情感变化。通过这"孕育性的顷刻"把人的想象带到即将要发生的激情的顶点中去，使画面本身获得一种"常住不变的持续性"，即画面所表现的那一场景似乎总是在不停上演与发展。

"孕育性顷刻"的这一美学理论最开始只是在绘画和雕塑的创作活动中，其实，不仅是绘画和雕塑，在任何有关审美表达的领域都存在着这样的问题，如何通过对把时间和空间的高度浓缩，以有限的瞬间孕育无限的空间。

6.3.2　孕育性顷刻的表达方式

很多的文艺理论家认为"孕育性顷刻"主要

图6-20　《阿波罗与达芙妮》雕像

之箭，而同时，向达芙妮射出了相反的拒绝之箭，阿波罗因而追逐达芙妮，而达芙妮则为了躲避阿波罗向河神父亲求救，最后河神将达芙妮变成了一棵月桂树。《阿波罗与达芙妮》刻画的就是为了躲避阿波罗的追逐，达芙妮变成月桂树的瞬间。在阿波罗揽住达芙妮的一刹那，达芙妮的脚和手已经开始伸出了树杈，通过对这一带有动势的瞬间刻画，引起人们对故事后面的猜测，给人们留下了无尽的遐想。乔凡尼·洛伦佐·贝尼尼即是恰到好处地把握住了故事顶点发生前的那一顷刻，从而创作出了流传千古的作品。同样的，在现代设计中，也有很多设计师运用同样的方法，将设计带入到一种引人遐想的空间中去，图6-21是由日本视觉传达设计师中岛英树为音乐家坂本龙一设计的《1996》专辑封面，坂本龙一希望在这张专辑中表达出"理性和欲望"相重叠的理念，因而中岛英树在设计整个封面时采用了深浅不一的黑色条纹，希望能表达出无限的概念，同时，也象征着黑色的钢琴琴键。同时，黑色代表着压抑，作者借布满整个封面的黑色传达出压抑的欲望所表现出来的"理性"，就像是一种被压抑的，喷薄欲出的感情，而在唱片的包装中，中岛英树则使用了鲜艳的红色，就像是"理

性"被压抑后爆发出的浓烈的欲望，当用户从专辑封面大片黑色的压抑中打开专辑，进而看到鲜艳的红色的时候，情感达到了高潮，从而表现出主题：理性和欲望。

顶点前的顷刻常常被用于不同的设计领域，特别是视觉传达和产品的设计之中，在日本的设计中，这一体现更加明显，日本设计中的残缺美和禅意与这种顷刻的表现不谋而合，用户可以根据具体的设计进入到更"远"、更辽阔的想象空间中，甚至到达一定的精神层面。如图6-22，新西兰设计师通过抓住水滴下瞬间的状态，加以运用在灯的设计中，当灯打开后，使人们联想到水滴落入水中后泛起的涟漪，通过采用顶点前这一顷刻作用于设计，从而使人们通过联想达到完成整幅画面，带来美的感受。

2. 顶点后的顷刻

顶点后的顷刻主要是指在故事到达顶点后的顷刻，是带有回顾性的顷刻，顶点后的顷刻和顶点前的顷刻同样具有震慑人心的作用，在故事达到顶点后的一刹那，心中依然波涛汹涌，眼中还停留着故事到达顶峰时的一刹那发生的故事。顶点后的顷刻通过描绘和刻画紧靠顶点后的那一关键顷刻，将事情发展的过程能够通过这一顷刻完整的暗示出来，使观者由果推因。

图6-23表现的是古希腊神话中骁勇善战的大将军

图6-21　中岛英树设计的《1996》封面　　图6-22　新西兰设计师设计的水滴灯　图6-23　《发狂的埃阿斯》绘画

埃阿斯在战场上救下了阿克琉斯的尸体，但是被人抢走荣誉，并没有得到应有的奖励和认可，因而生气发狂把成群的羊群当成了希腊军队大开杀戒后，清醒过来时后悔不已的场景。这一瞬间发生在事情的顶点之后，人们从埃阿斯悔恨的表情中可以联想到刚刚发生过的事情。将这种方法运用于设计行业中，也可以达到一定的艺术效果，从而引发人们的联想。

图6-24是一款灯具设计，整个造型看起来就像是处于科幻电影的某个撞击的瞬间，模块炸裂开所形成的动势使这盏灯有了情节和雕塑感，使人对刚刚碰撞的画面产生联想。采用这种回顾性的顷刻进行描述，可以使人产生一种回味感，并且能够让用户发散思维，并引发用户的逻辑推理，达到最美的审美观感。

3. 前后双向顷刻

这一顷刻是视觉艺术创作中运用最多的一种表现形式，主要是指既能表现孕育前的顷刻，又能表现孕育后的顷刻双重含义的顷刻。理想的艺术创作中，前后双向顷刻是最为理想的表现形式，既包含了以前种种，又孕育了以后种种，从这一顷刻可以看见前因后果。莱辛在他的美学著作《拉奥孔》中曾指出绘画只能通过一个静态的瞬间来表现，即只能运用某一顷刻来表现，所以应当选择"最富有孕育性的时刻"。在这里，莱辛指的便是"最富有孕育性"的双向性顷刻。不仅仅在绘画中，在设计的领域也存在着这一问题，即怎样以有限的瞬间孕育无限的空间、以小见大，从而寻找到最令人想象、最耐人寻味和最富有内涵的那一瞬间。

图6-25是设计师Zanwen Li设计的"衡"系列木质LED灯具设计，和传统的灯具不同的地方在于它的开灯方式，两个木质球里面各有两个磁铁，当两个小球相互吸引并悬浮在空中时，两个小球达到平衡状态，灯光也会慢慢变亮。在操作过程中，通过使两个小球处于悬浮的状态，从而完成整个操作体验，而漂浮的静止状态也使美的画面定格，实现设计的目标——"衡"，从而给用户带来美的感受。在这个设计中，达到顶点的顷刻便是处于平衡状态的顷刻，而通过用户对灯进行操作的过程也就是顶点前后最富有孕育性的顷刻，通过使用户参与到这一实现过程中，使用户更加深入地感受到这一顷刻，而灯具未开灯的状态，也给人以无限的想象，正是符合前后双向顷刻的表达方式。

通过将顶点前的顷刻、顶点后的顷刻和前后双向顷刻运用于设计中，可以给予用户更多的想象空间，使设计更加具有内涵和韵味。在产品设计中，对"孕育性顷刻"的运用，可以使设计具有更多灵性和想象空间，在这一方面，日本设计师的表现尤其突出，像视觉传达设计大师原研哉提倡的"白"以及产品设计师含蓄内敛的表达，都是企图给设计留出一定的想象空间，根据每个人不同的生活体验，构建起每个人心目中完整的图案，从而获得与众不同的体验。

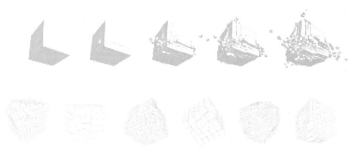

图6-24　由设计师Jaeeun Shin，Seohyeong Kim和Taimin Ahn共同设计的Qrash灯具

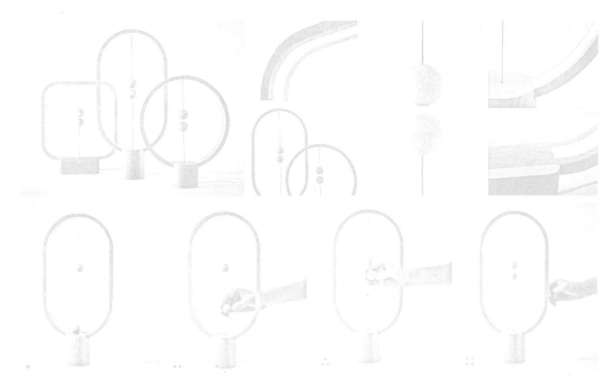

图6-25　设计师Zanwen Li设计的"衡"系列LED灯

6.3.3　孕育性顷刻的应用

"孕育性顷刻"在设计中如果运用得当，会产生与众不同的效果，给人以遐想和回味，因而如何将"孕育性顷刻"这一理念顺利地在设计中表达出来，是一个值得探讨的关键问题。

1. 抓住要表达的瞬间

造型艺术大部分是通过一个瞬间来表现艺术的形式，将其运用于设计中，也拥有着相同的特性，因而，设计师在进行创作时，应该充分利用这一特点从而塑造出成功的典型瞬间，使精彩在这一瞬间绽放出来，成功运用这一特性的设计作品是富有内涵、耐人寻味、能引起人们想象的，既包含着过去，又孕育着未来，并产生良好的视觉和情感的共鸣。

通过对图6-26这三个瞬间的抓拍，观者明显能感受联想到他们接下来的动作会是什么，这一系列的海报通过对三个明显看起来不爱运动的人吃力踢足球瞬间的刻画，引人一笑的同时点出了主题：如果你踢足球很吃力的话，不如买一支你所喜欢的球队，表达你对足球的热爱吧！选取三个过胖或者过瘦的角色，既有典型性，又有集中性，对三个人吃力地踢足球瞬间形象的抓拍，形成了鲜明的对比，既吸引观者的眼球又引起联想，因而使整个海报变得吸引眼球又具有感染力，从而体现出"孕育性的瞬间"。产品设计与视觉传达设计有相同也有不同，相同的是对于"孕育性顷刻"的表达

图6-26　Dream Team足球俱乐部的海报设计

图6-27 灯具设计

中，同样是需要抓取激情发生前最富有想象力的一瞬间，从而给使用者以启发使其完成对整个美的场景的表达。不同的是，产品可以通过使用的过程建立起一个流动的场景，在这个流动的场景中，通过和使用者的互动从而诱导使用者完成最富有想象力的瞬间。

图6-27是一款灯具设计，将灯放置在长方体中，打开盒子就是开灯，当需要关闭的时候只需要将长方体合起来。当灯以长方体的形势呈现在使用者面前时，令使用者产生无尽的联想，对长方体进行猜测，而随着盒子的打开，里面的光亮慢慢透出来，谜底随即被解开。对长方体的猜测即是对"孕育性顷刻"的表达，而随着使用者完成整个操作，便是以建立流动的场景来实现这一理念的过程。对于在产品设计中怎样塑造这一瞬间的方法，这里列出了几种在产品设计中塑造这一瞬间的方法：

（1）选择理想的角度

选择理想的角度就是在设计时应当选择在顶点前后的那一时刻，这一刻的表达对于整个设计而言尤为重要。观者能够通过这一刻的表达从而直接、顺利地到达故事的顶点，引起共鸣，设计才能算是取得了成功；反之，则会给使用者带来含混不清的感觉，效果也不尽理想。

（2）设计过程中应该把握一定的情感性

当今的设计应该能够引起人们情感的共鸣，使观者能够参与其中，并且感同身受，这样的设计，才能打动使用者，从而长存于使用者心中。使设计富有情感，准确地抓住典型的瞬间，不仅能够将设计者的思想完整地表达出来，而且能够给使用者带来持久的审美情感，这种情感性就是通过"孕育性顷刻"来实现的。

（3）设计者在设计时应当考虑一定的意味和情趣

一定的意味和情趣可以使设计更加大众化，关注当今社会的话题，并且在设计中注入一定的审美情趣，同时采用具有亲和力、幽默性的表达方式，让使用者能够产生愉快、轻松、有趣的心理体验，可以使更多的使用者接受并且喜爱。

2. 残缺的美

提到这一部分，不得不提到日本设计，日本设计以其独特的风格闻名于世，日本设计的风格跟日本的文化和精神有着巨大的联系，日本文化中提到的自然、残缺即是指这种残缺的美。"残缺"的定义有两种，一种是指天地残缺，即事物客观存在的自然现象；另外一种是人为的残缺，在设计中我们运用就是第二种——人为的残缺。并不是所有残缺的东西都是美的，而是我们可以通过设计，使作品以残缺的形式表达出完整的内容，甚至比完整的内容达到更好的效果。

图6-28是一款灯具设计，在我们的印象中台灯具一般是由灯罩、灯共同组成的，而日本的设计工作室YOY设计的灯只有一个立着的灯柱。乍看之下，显得有些单薄和突兀，最精彩的部分却是在开灯之后，灯所发的光正是一个灯罩的形状，当打开灯时，实体的灯柱和投影在墙上的灯罩共同组成了一盏台灯，使人不觉产生一种意境美的感受。这款作品即是残缺美的表现，设计师并

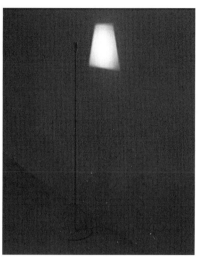

图6-28　日本设计工作室YOY设计的"光中灯"

没有按照人们日常的思维模式设计出人们日常所认为的台灯，而是通过投影在墙上的光实现人们心目中对灯的概念，产生了一种与众不同的效果。

运用残缺之美可以使作品表达出一种形式的美感，更能通过一定的形式美来表达内在的含义，而内在的含义就是"最富有孕育性"的。残缺之美的运用为设计提供了一种表达方式，能够唤起人类内心的感受和想象，从而让使用者和产品之间产生一种互动，进而产生无限思考，自然而然就使产品拥有了一定的内涵和趣味性。

3. 中国式留白

孕育性顷刻的应用中，还有一种方式就是中国式的留白。留白是一种在中国山水画中常见的表现形式。很多人有这样的感受，在面对一幅平面作品时，如果画面特别满会让人感觉没有重点，让人感觉喘不过气来；同样，在面对一件产品时，如果产品身上有着各种各样的功能，会让人感觉到这个产品没有明确的设计目的。适当的留白就像是人的呼吸，使设计有了生命。留白就是给产品和使用者共同留出空间，对这一方法运用得越巧妙，产品所蕴含的孕育感就越强。

青花瓷是我国流传悠久的一种瓷器，青花瓷主要由青色和白色两种颜色、配合各种拥有丰富内涵的纹样布满瓷器的身体。在当今的社会中，青花瓷更多作为一种传统的符号存在，而想要把青花瓷作为一种文化传播下去，则需要对其进行改良，使它能够适应当代社会的时代特点。图6-29是一套运用了青花瓷元素的设计。在

图6-29　以青花瓷为元素的餐具设计

这套瓷器中，设计师没有使用传统青花瓷以纹样布满全身的装饰手法，而只是选取了具有代表青花瓷特色的颜色，同时对纹样进行了简化，在纹样的使用上则采取了大量的留白，使这套瓷器产生了一种韵味和禅意。这种以无带有的手法体现了一种意境美和含蓄美。巧妙地运用留白使设计更加具有生命力，这种"此处无声胜有声"的方式使人们不仅作为一个使用者来对待产品，而是能够参与其中去思考代表着"白"和"空"的那部分。同样将留白代表的含蓄运用于产品之中时，使产品的主题更加突出，不会造成花哨或者是视觉、功能混乱。巧妙地运用"中国式留白"，可以使设计更加接近"孕育性顷刻"。

"孕育性顷刻"为我们提供了一种思考方式，可以使我们从多个角度去思考设计，从而创作出具有美和内涵的产品。

6.4　系统设计方法

6.4.1　系统设计的概念

"系统"一词的英文源于古希腊语，意为由不同部分组成整体。早在我国古代就有了系统思想的萌芽。例如中国人很早就意识到，人体各部位之间是有机的联系着，因此，中医一般不是"头痛医头，脚痛医脚"，而是从全身着眼，根据人的体质，气色、感觉，乃至神态等多种症状，综合下药，一副中药往往要十味以上中药调剂而成。这些，在我国古代医书中也有很多阐述。

系统论的思想虽然在人类早期就有所体现，但是其作为一门现代性的完整理论学科，是1937年由贝塔朗菲在美国芝加哥大学的哲学讨论会上提出的。系统论的核心是系统的整体观念，贝塔朗菲强

调："任何系统都是一个有机的整体，它不是由各个部分的机械组合或者简单相加。系统的整体功能是各个要素在孤立状态下所没有的特质"。

系统设计本质上是遵循系统论的观点，依照系统方法，进行设计活动的过程。准确地讲，系统设计是从系统的观点出发，着眼于整体与部分之间、整体对象与外部环境之间的相互联系、相互作用、相互制约的关系中综合的、精确的考察对象，以达到最佳处理问题的一种方法。

系统设计的核心是把设计对象以及设计的有关问题看作是一个系统，然后用系统方法加以处理和解决。

6.4.2　系统设计的特性

系统设计理念是20世纪初追求标准化和典型化的设计思想的延续和发展，它是以系统思维为基础，将混沌的客观物体置于相互制约、相互影响的关系当中，使某些产品在功能造型上，色彩形态上以及表现形式上建立一定的有机联系。系统设计主要有四种特性，他们分别是关联性、独立性、组合性和互换性。

1. 关联性

一个产品系统中各个功能之间是存在着相互依存的因果关系的，产品的系统设计简单来讲就是使产品的功能造型复合化，色彩形态关联化。但是这种联系不是依靠简单的叠加来实现的，而是符合周密的科学逻辑进行的系统的组合。在满足功能逻辑统一的要求的同时，对色彩和造型进行整合使其系列化。由于不同的人群在不同的环境条件之下会有不同的需求，这种关联性即是在具体的环境下存在的某种潜在的因果关系和依存性。和传统研究单一产品的造型和色彩不同的是，系统设计是对产品系统进行综合分析，达到人——机——环境系统的有机统一。

这是一套"八合一组合工具箱"设计，如图6-30，工具包括照明灯、电钻、电锯等八种不同的工具单件，颜色主要采用了黑色和绿色作为主要色调。这八种工

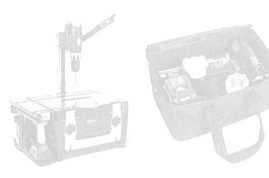

图6-30　组合工具设计

图6-31　日本设计师高桥秀寿茶具设计

是人们经常使用到的工具，各自独立又相互补充，通过颜色和形态将它们置于一个整体的环境之下，通过系列化的设计使它们之间具有了关联性。所以区别于传统方法设计单一个体形态和色彩，系统设计需要对产品进行综合的分析和设计，从而达到人——机——环境的和谐统一。

2. 独立性

除了各个功能之间存在的潜在的因果关系和依存性以外，产品系统的各个产品之间也独自承担着某些独自的功能。比如：电脑这个系统中，在整体上主要承担着办公和上网的功能，但是按照不同的使用需求，也可以具体细分为很多功能：比如显示屏是人们观看的主要媒介、鼠标是人们操作的主要工具、键盘是输入的主要媒介、主机则负责电脑内部的运作等。

日本设计师高桥秀寿设计了一套茶具，如图6-31，它们组合在一起共同形成了茶具系统，负责人们喝茶的需求，但按照人们的需求可以分解为很多层面，每个层面都由不同的部分负责，比如托盘的职责在于盛放水杯和避免水杯里的水溅出来；勺子应该是添加糖块或者茶叶的工具；茶杯是人们饮水的直接器皿；这些都在不同的需求层面上承担着独立的功能，所以说系统设计也具有一定的独立性。

3. 组合性

系统设计还具有组合性，主要体现在通过对不同功能的产品进行组合从而形成一个更加便于使用的产品系统。可以说各个产品功能的系统组合成为了一个更加强大的系统，但是不能够说，系统总体就等于各个产品功能的总和。这里的组合性主要是指在考虑到各个具体功能的产品形态和色彩的基础上，对总体形态和色彩进行把握，使其不偏离系统的整体性。借用我国的一句俗语，可以称为"众人拾柴火焰高"。

图6-32是锤子手机的外包装设计，众所周知，USB接线、充电器是每个手机所必备的，把这些功能性物品放置在一起，同时对形态和外包装进行设计，使整体看起来更加和谐和美观，来体现整体和系统设计下的组合性；图6-32右边是锤子手机的界面，可以看到界面上有电话、UC浏览器、环聊、短信等人们常用的App，它们都是手机这个系统中不可缺少的组成部分，同时，人们还会通过应用商店下载可以满足其个性化需求的App。通过将这些符合人们各种不同需求的App汇总，使其变成一个功能更加多元化的移动工具。而且，对界面图标统一风格的六宫格模块化分区，使其处于一

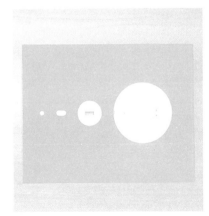

图6-32　锤子手机包装和手机界面

个整体统一的环境之下，也体现出系统设计的组合性。

4. 互换性

产品系统之间应该具有一定的互换性。这种互换性即通过将不同功能的产品进行交换，从而形成另外一种功能的产品来满足人们在日常生活中的不同需求，这种互换性体现出了系统设计与单一产品之间最直接的差异：通过零部件之间的互动从而使产品设计更好地为人们服务。

这是一组木质组合玩具设计，如图6-33，整套玩具采用了木质原色、黑色和橙色三种颜色，使整套玩具看起来简洁且整体；部件之间可以相互更换，这样玩具之间就可以组合成各种不同的形态，从而使整套玩具在使用起来更加多变和有趣。通过

遵循一定的标准，使产品能够具有更好的适应性和拓展性，也是系统设计的特性所在。

6.4.3 系统设计的原则

系统设计不仅仅是一种解决设计问题时的观念和方法，更是一种哲学上的指导，它为我们提供了一种系统地看待设计问题的角度和立足点。在进行系统设计时，应该遵循以下原则：

1. 整体性原则

产品设计中，材料、结构、功能、色彩、形状这几个基本要素是不可或缺的，在产品设计中，必须要恰到好处地对这些元素分析和运用。设计师是通过自己的所学知识和实践经验的积累以自己独特的角度和思考方式

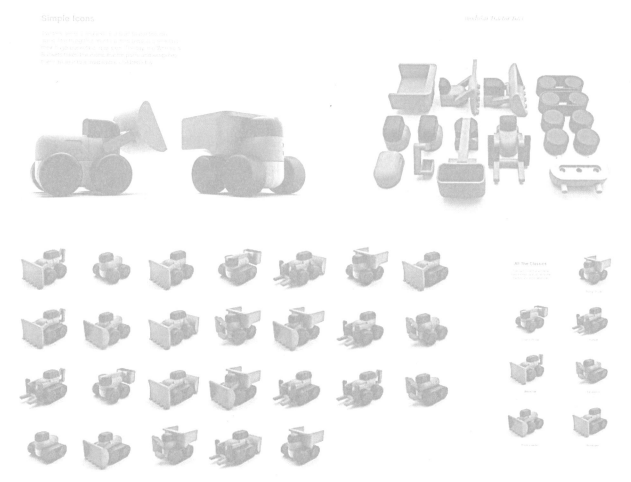

图6-33　木质组合玩具

iPhone1　　iPhone4　　iPhone5　　iPhone5c　　iPhone5s　　iPhone6　　iPhone6plus

图6-34　苹果系列手机

去看待和处理这些基本元素，从而使产品之间相互联系、相互依靠，形成自己的系统。

　　把握整体性的原则主要是应该处理好系统设计中感性与理性的关系，设计应该简洁实用，首先要通过感性的思维观察和构思，然后通过理性的分析和归纳完成设计。好的设计应该是能够归杂为整、把复杂的问题简单化、突出重点又极具有整体性。系统设计是一种理性地开展设计的过程，通过整体、全面的思考从而使设计能够更好地发挥其作用。

　　2. 平衡性原则

　　产品是从一个自然物质通过设计将其变成产品、商品、用品、废品的过程，在这个过程中，当自然物质通过人们的智慧设计成为满足人们需要的产品时，所组成产品的各要素所占比重不断变动、此消彼长，系统设计要顾及到这种特性，保持其平衡性。当一个具有多功能的产品从一个功能使用转变为另一个功能的使用时，其造型、结构等必然会发生新的变化，为实现某一个特定的目的和功能而削弱另外一部分，从而实现其平衡状态。

　　产品各部分间的平衡性也是自然界中自然和谐的关系，这与我国古代倡导的道家的"阴阳互补"的思想是一致的，通过互补实现一种平衡。在进行系统设计时，要有意识地体现出其平衡的特性，从而使其能够构建起一个整体。

　　3. 继承性原则

　　产品如果拥有稳定且统一的形象，就会让人感觉到其独特之处，从而树立起在消费者心中的基本形象。系统设计的"继承性"原则是指在某一个产品中使用了某一元素后，在其系统内的其他产品也要使用与之呼应或者类似的属性。这里应该注意的是，并不是所有的属性都要继承。举个例子，比如前几年在我国流行的山寨手机虽式样繁多、功能丰富，质量层次却不齐，相互之间很难存在一定的延续性；一味地追求新款式、多功能，造成了各种各样外观的产品都有。而苹果系列手机却非常注意产品的继承性，让人一眼看到就知道这是属于哪个品牌的产品。如图6-34为苹果系列手机，苹果手机一直以来受到广大消费者的青睐，近几年来一直在引领着手机行业的潮流，而苹果公司更是以其强大的整合能力和精致的设计能力被外界所认可。苹果手机的外观具有很强的继承性，使人一眼看到就知道是哪个品牌的产品。苹果手机在按键、边角处理、外观等很多要素都保持了一贯的设计风格，大方、简洁，具有很高的辨识度，为其积累了大量的消费用户。

　　4. 创新性原则

　　"创新"是设计的另外一种含义，设计的过程本身就是对现有的东西提出问题，然后发现问题、解决问题的过程，因此，设计的过程也就是创新的过程。

　　系统设计是通过建立起一个创新系统，从而解决当前问题，使设计更好地服务于社会、服务于人。目前，随着社会的不断发展和进步，创新设计已经成为市场中的主要竞争力，我们的世界正在从过去的"质量"导向慢慢向"服务"导向过渡，如何通过创新的手段使产品给人们提供更好的服务，是设计界当前面临的最为紧要的问题。设计师通过自身良好的专业知识和实践储备，不断地学习和吸取知识、提升设计能力、提高创新力、才能在激烈的市场竞争中立于不败之地，才能不断创造出符合当代社会发展、人们需求的美的产品。

在进行系统设计的过程中，要注意运用整体性、平衡性、继承性、创新性的原则，整体性的运用能够保证开发进程的完整性和系统产品本身的完整性，这是一款系列产品能够称之为系列的基础；平衡性贯穿于设计过程中，它可以使各方面力量得到平衡，从而使主要功能和特点突出出来，使产品不会因为面面俱到而变得盲目；继承性则是联系一个系统内产品和产品之间的纽带，使各个具体产品之间的衔接更加融洽；创新性是设计的动力，为设计注入了活力，使其具有与众不同的市场竞争力。

6.4.4　系统设计的应用

为了详细论述系统设计的应用，我们以老年系统设计为例。随着我国人口老龄化进程的不断加快，老年人的在各方面需求也在不断的扩大，进而针对老年的系统性设计需求也在不断的增加。针对老年人需求的设计应该以老年人的心理、生理等实际特点进行。

1. 针对老年人系统性设计的前期阶段

首先应该对老年人群的实际情况进行调研，找到老年人群普遍存在的生理和心理上的问题：比如生理上，老年人由于身体机能下降造成自理能力下降，生理系统衰退使听觉、视觉、嗅觉大不如前，还会引起反应和适应能力的降低；而心理上，则会产生对新鲜事物的恐惧感和抵触心理，对安全感的要求明见增加，同时，老年人更容易敏感和多疑。通过调研发现老年人目前存在的问题，然后通过汇总和分析找到设计需要解决的关键元素。针对这些

问题拟出解决方案：如针对不同情况的老年人群的自理能力下降问题，分别提出解决方案；针对老年人普遍存在的听觉、视觉系统衰退的问题，在设计时尽量统一采用大而醒目的按键，同时增加声音提示功能；针对老年人反应和适应能力下降的问题，在设计时尽量减少繁复的操作步骤，采用直观的一键式操作等，将这些问题的分析进行汇总，从而总结出某种情境下普遍适用于老年人系统设计的大法则。在之后的设计过程时，始终让系统整体围绕着这些关键元素进行，既可以保证每个产品的独立性，又确保其相互之间的关联性（表6-1）。

针对老年人群现状进行的设计分析	表6-1
老年人群现状	问题分析
自理能力下降	考虑不同老年人群的实际情况
生理系统衰退，听觉、视觉下降	按键可尽量大而醒目，同时增加声音提示功能
反应能力下降	减少繁复的操作，尽量采用一键式、直接的方式
适应能力下降	
对新事物有恐惧感	采用老年人容易接受的元素、色彩，给老年人营造安全感
对心理安全需求较高	
自尊心强、在意别人的想法	

在进行针对老年人群的需求进行调研和分析总结后，同时也要对目前市场上存在的一些实际投入应用的案例进行调研和分析总结，以医院区域内老年人自助服务调研为例。

这是天津第一中心医院自助服务系统的设计，如图6-35两张图片展示了医院同一区域内的自助服务产品。可以看出，两种机器在外观上风格迥异，设计并没

图6-35　天津第一中心医院自助服务系统

有体现出作为一个区域系统内的整体性；同样，略显呆板和冰冷的外观、冷色调的配色不易于老年人亲近，更无法产生使用的欲望。同样的，在同一区域内另外一家医院的自助服务设施就要人性化很多，也更能吸引老年人使用的欲望，如图6-36该医院的自助服务设计配色统一采用更易于人们接受的淡绿色和白色，使人们一眼看过去就会产生一种亲近感；而且整体机器的设计采用更为圆润的造型，少了几何形体给人带来的锋利感，也不会给人造成伤害；在输入密码的键盘处设计的手托，不仅仅方便了老年人的使用，也会给老年人带来人性化的感觉。通过对目前市场上流通的老年系统自助服务设计进行调研、对比、分析和总结，从而发现自身在进行设计时应该吸取的经验和摒弃的糟粕，进而挖掘出自身的独特性，提升系统设计的价值。

2. 针对老年人的系统性设计

通过结合设计问题分析和市场调研分析，总结得出在进行老年人系统性设计时要遵循的原则：普适性、界面通用化和情感化设计原则。通过将这些理念贯穿设计始终，从而确保了设计的系统性和整体性。

基于老龄人群的系统性设计主要群体是老人或残障人等其他弱势群体所使用，设计时应结合老龄人群的生活习惯与思维方式。如图6-37是一款专为老年人设计的生命安全监护系统。该系统分为终端产品（手环+领夹式蓝牙设备）以及后台云端服务两部分，可为老年人的位置及心脏健康状况等进

图6-37　Life Link老年人生命安全的监护系统

行实时监控、异常报警。这款产品需要老年人一直随身携带，因而在对该产品系统进行设计时应该结合老年人群系统设计的普适性原则，充分地考虑老年人各方面的需求后进行：老年人普遍具有对于高科技的不适应感，因而采用简洁的界面风格、明确的功能分区和信息提示，并且通过放大功能键按钮帮助老年人更好地操作；一键式的功能按钮避免了重复操作给老年人带来的困扰，使老年人能够通过更加直观的方式使用；老年人普遍喜欢听收音机和读报纸来打发时间、获取知识，因而该产品除了具有生命安全监护的功能外，还提供有收音机和手表的服务；老年人普遍不喜欢过于花哨的物品，因而该设计整体采用了材质感强烈的银色金属为外观，体现出科技感。该产品通过遵循老年人产品设计的基本原则，不仅仅可以帮助老年人的健康得到安全有效的监护，而且使其能够很快地融入老年人群的生活中去，给老年人的生活带来实际的便利，使老年人发自内心地对该产品产生好感。

老年人群是比较敏感的人群，如有效地运用情感化的设计手段可以使老年人更加容易对产品产生亲近感，并且易于掌握。情感化的原则即是从外观、形态、色彩等方面入手，通过采用老年人群易于接受的形式使产品很快融入老年人群的生活中来，而富含着设计师情感的设计也同样让使用的老人能够感受到浓浓的暖意，从而建立情感上的羁绊。如图6-38，设计师Quentin de Coster设计的套娃药瓶是受到俄罗斯套娃的启发，整体采用了嵌套式的外形，每一层的壳都可以作为一个独立水杯来使用，而下一层的瓶底外侧盛放着需要当天吃掉的药丸，这样贴心的设计可以有效提醒老人当天应该

图6-36　某医院自助服务设计

图6-38　套娃药瓶

吃药的量，而且整体采用了圆润的造型，木质和陶瓷结合的材料也减少了老年人对药品的心理负担，有助于他们早日康复。

通过系统设计方法在老年人产品中的运用，可以保证老年人产品设计的完整性，通过贯穿于系统设计整体框架之下的老年人产品设计法则的运用，可以使设计更好地为老年人服务，从而发挥更大的价值。

6.4.5　加强应用系统设计体系

1. 规范设计系统流程

系统设计为视觉传达、产品、环境设计提供了更好的运作方式和思考方式，可以通过加强系统设计的运用，从而使设计更加的完善和成熟。

从一个系统的角度来说，每一个具体设计项目都是老年人系统设计中的一个环节，环节必须要在系统中确定自己的位置，以便了解在这个系统的前因后果，如果其中哪一个环节出了问题，可以更加便捷地找到问题，来完善这个系统。把系统设计的思考方法融入到流程系统中，使其更加合理化，保证了系统执行的流畅性、全局性。然后，通过分解系统流程中的各个环节，实现细化，从而保证设计工作能够合理、按时的进行，同时一旦出现问题，也可以很快地发现具体在那一个环节出现了问题，

从而保证设计过程的流畅性。通过多方面的梳理和分析，确定流程的先后次序，使整个设计过程能够更加流畅的运行。从系统全局的角度去思考和分析，可以使设计不拘泥于某一个具体环节，使系统更加具有完整性。

按照科学而有效的系统流程图设计，如图6-39，在进入设计时可以迅速找到定位，准确而高效地进行设计工作，这样可以发挥最大的作用。同时着眼于整体与部分、整体环境与外部环境之间的关系，可以更加综合准确地进行设计，从而达到系统的整体性、最优性和综合性。

2. 强化设计理念、深化设计认识

设计理念和认识是整个系统工作的前提，是设计创造的动力。所有系统设计工作都是为了保障设计理念的顺利实施，因此，在设计时要不断强化设计理念。同时需要通过不断的学习来丰富设计认识，开阔自己的视野，不断地摄取案例和知识中的营养来让自己的设计更加成熟和完善。过去的设计大多是商业的产物，是为了适应市场需求下企业的要求所做出的设计，而随着经济增长速度的放缓，对设计认识的不断提高，以人为本的设计观念正在逐渐被提上日程。如何使设计能够和环境和谐相处，与人类和谐共存，是今后设计的一大重点方向。因而在设计中应该更多地强化人文关怀，使设计具有真正的人文价值。获得知识最直接和深刻的方式即是参与到设计中去，通过不断地参与设计项目，可以积累到大量的设计经验，使设计能力得到很快的提高，从而

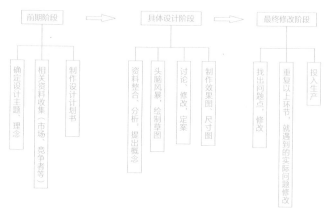

图6-39　系统设计流程

在面对设计时能够以更加全面、理性和整体的眼光来对待设计。需要提醒的是,参与设计的每一个步骤都应该严格按照系统设计流程,从而保证设计的合理性、流畅性和完整性。

6.5 形态创新设计方法

6.5.1 形态创新设计概述

产品是一个具有多种功能的系统,它通常是以某种技术为支撑,以某种外观形态作为外部表现,实现一定的产品功能。其中,形态要素作为最直接体现产品特性的部分,在产品设计中占有非常重要的位置。

产品一般是由实用功能、审美功能和认知功能三部分组成。其中,实用功能是产品的基础,它决定了产品的定位和功能;审美功能则是产品的外在体现,产品要通过某种形态、色彩等让人们产生美的感受,满足人们的审美需求。认知功能则主要是指通过使用产品可以给人们带来一定的认知和体验。通过将产品的三种功能完美的体现起来,才能称得上是一款成熟的、经得起考验的产品。缺少其中任何一个,都会给产品的使用带来不便。

设计的过程其实是一个不断发现问题、解决问题的过程,在这一过程中,创新扮演着重要的角色。设计需要不断创造出新的、符合人们审美和日常需求的产品,从而满足人们的需要。当今社会是一个追求多变的社会,人们已经从满足日常生活的基本需求中解脱出来,更多的开始追求多元化、个性化的东西,如何使设计在当代社会吸引人们的目光,除了从基本的功能层面入手之外,产品的外观形态也扮演着越来越重要的角色。产品的外观形态是消费者在选择一款产品时最直接的、最感性的

方式。形态的创新将会在今后的设计中发挥出巨大的作用,成为提高产品质量和市场竞争力的主要手段。

6.5.2 形态和形态构成的主要要素

一个立体造型主要是由功能要素、形态要素和审美元素共同构成的,其中,功能要素对应产品的具体形态;形态要素是存在于环境中的形、色、肌理、空间等任何有形态的现象;审美要素是指产品的功能要素和形态要素要达到整体的美感。一般情况下,形态要素由形、材料、结构、色彩、技法等构成形态的基本要素,并通过视觉或者知觉引起情感上的共鸣。

1. 立体造型之"点"

立体形态中的"点"是指一些独立的造型元素。一般情况下,一个简单的立体造型只有一个点,而如果同一个立体造型中出现了多个点,那么这些点的排布、组合也应该按照一定的方式,才会产生出一种不同的效果。"点"可以是一个特殊的造型,也可以是一些特殊的装饰或者功能。虽然这些"点"所占的分量很小,但是可以给产品以点缀,使产品发生节奏、韵律上的变化。

2. 立体造型之"线"

"线"是"点"的运动轨迹,将"点"推向某一个方向时,就形成了"线"的最初状态。在此过程中,一旦线的方向被固定下来,就永远不会改变了。但是如果这种移动在方向、宽窄或者长度上产生了变化,那么就会形成各种实际的状态。在立体造型中,线会因为方向、形态的不同而使人产生不同的视觉感受,从而产生不同的韵律和美感。这种体现在汽车的设计中尤其明显,如图6-40左,是法拉利设计的跑车,采用视觉冲击力强的流线型线条,给人们带来一种速度和激情感。而图6-40右是由宝马公司设计的迷你库珀小汽车,采用比较圆润的线条,从而塑造出一种亲切和柔和感。通过对线的选择和运用,可以使产品体现出不同的设计风格。

图6-40　汽车外观设计

3. 立体造型之"面"

将"线"进行推移就形成了"面",面具有一定的面积和质量,而且占据的空间比较大,因而可以说,面的视觉冲击力更为强烈,它是在立体造型过程中重要的、应用广泛的造型元素。面本身具有鲜明的个性和情感特征,它在设计师的意识支配下可以产生最为丰富的变化。面主要可以分为平面和曲面,平面干脆、直接;曲面柔和、温暖,富有人情味。将平面与曲面有机的结合起来会产生强烈的对比效果,产生出一种层次感,使产品看起来更加丰富(图6-41)。

4. 立体造型之"体"

"面"与"面"组合就形成了"体",通过将不同大小、形状的面进行组合就变成了不同的"体","体"是拥有长、宽、高的三维立体形态,

是三维表达和二维表达最直接的区别所在,在立体造型中给人带来最为直观的感受。立体造型中的"体"是由凸形体块和凹形体块组成。凸形体块一般是指表面凸起,具有强烈的张力的物体形态,视觉效果比较饱满,充满生命力;凹形体块则是指那些表面凹陷,给人以内敛、低调感的物体形态。

6.5.3　形态创新设计的方法

形态创新设计是将形态构成的要素进行系统化的设计,从而实现其形态创新的过程,这个过程以形态创新为目的,由创新工具提供方法,由创新思维提出思路,从而打破传统的思维模式的过程。如图6-42,产品形态的创新设计方法包括信息收集、资料整理、确定形态关注点、形态创意、形成草图、实现草图五个方面。通过对这些创新方法的运用,从而打破人们的传统思维模式,给人们提供一种耳目一新的形态,从而使设计更好地发挥其作用。

首先,要进行收集信息和资料整理。设计一款什么样功能的产品、产品的消费对象和消费市场是谁,设计的灵感来自什么地方,通过对信息进行收集和整理,可以使产品有一个明确的设计方向,设计方向包含在产品应该具有的功能里,从功能要素下手,可以确保设计的

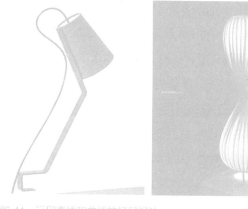

图6-41　运用直线和曲线的灯具设计

信息收集 → 资料整理 → 确定形态注点 → 形态创意 → 形成草图 → 实现草图

图6-42　形态创新过程

开展不会出现大的偏差。同时还要收集与形态直接相关的新材料、技术和工艺信息等。然后，通过对收集到的信息进行整理和分析，从而确定形态关注点。形态关注点是有待改进或进一步开发的形态要素。这些形态要素在设计之初通常不明确。通过功能要素提供的产品雏形确保了大的方向，而形态要素则是通过对复杂的造型、色彩和材质进行探讨，对变化多端的市场需求、对用户的期待和同类产品的优缺点进行深入的分析之后，得出的最有创新价值的关注点。根据产品需要和设计实际要求，选取1~2个形态关注点作为产品形态创新方向，展开进一步的创新思考。

围绕形态关注点进行形态创意是形态创新设计的核心内容。通过对形态关注点的创新思考，结合新的材料或者技术，从而确定形态创新的方向和内容。形态创新要从形态功能属性创新和形态视觉效果创新这两个方面进行。形态功能属性创新包括形态功能性、形态视觉构成和形态哲学理念三个主要元素。它从时代特色、文化背景、风俗习惯、产品外观形态的情感内涵四个方面展开，并且与形态视觉效果创新相结合，从而为形态创意提供思路。

形态创意的完成使产品形态已经能够在设计师的头脑中清晰的呈现出来。接着设计师即要通过设计表达的技法使大脑中的形态展现出来，可以通过电脑、手绘等形式进行表达。在这一步中，使草图效果尽量接近于头脑中的构想是设计表达优秀与否的标准。然后通过将设计草图展示并且对其进行讨论和分析，使其更加完善和成熟。最后将修改的草图制作成实际的产品，并且进一步对其推敲和修改，使其能够以尽可能完善的产品形态展现出来。

6.5.4 形象创新过程分析

1. 形态要素的分类

从形态的维度来分类（图6-43）。

图6-43　形态维度分类

图6-44　东京迪士尼的游览空间设计

以形态的维度划分，囊括了产品的所有形态形式。实体形态与空虚形态是相互依存的，一个普通的三维实体形态放置于空间中，那么那个放置的立体空间就与形态本身发生了关系，共同构成了静态空间。

东京迪士尼的游览空间设计，如图6-44，从"米老鼠一家忙碌的生活"中，每一个可以摸到、感到的实体物都属于三维实体形态。而由这些要素共同构成的一个空间则是三维空虚形态。可见，实体与空虚间就如同硬币的两面，永远共同存在无法分割。

掌握形态的基本分类，将使人们更清晰地认识产品的合理存在方式。我国的设计起步较晚，设计至今仍大多停留在比较浅显的阶段，而且市场上抄袭现象比较严重，通过对设计进行系统而理性的理论学习，从而使设计者对设计拥有清醒的认识，同时通过借助科学的设计方法对产品进行创新设计，才能使设计迈入到正确的轨道上来。随着社会的不断发展，设计已经不仅仅再局限于产品的外观造型，变得更加多元化。但是，形态学是

图6-45　形态用处分类

图6-47　穿山甲独处椅 THE SLATER LOUNGE

产品设计的基础学科，因而对于形态学的学习是十分必要的。

形态可以从用处来分类（图6-45）。

通过系统性设计思考，得出如何将自然形态过渡到设计形态也就是最终的人工形态设计原则，为在设计中如何运用传统文化元素与时代要素对形态进行造型设计打下基础。

2. 由自然形态向人工形态的转变

（1）完成由自然形态向抽象形态的转变。由自然形态向人工形态的转变的过程，由自然形态向抽象形态的转变是在思维方式上的深化。在这个过程中，设计师不但要考虑元素的提炼与抽象，还要融入对自然形态的更深层的理解。包括这一种自然形态的结构具有怎样的特征，从而能够与特定的环境相适应或者具有某些特殊的功能（图6-46）。

（2）由自然形态向人工形态的转变的过程，是自然形态向抽象形态的转变在思维方式上的深化。由自然形态向人工形态的转变的过程中，要学会深入地分析自然形态存在的合理性。

（3）总结完成自然形态向人工形态的转变过程。

①将自然形态通过进化与环境相协调，使其具有合理的结构（其间包括：合理的连接方式；合理的形体过渡等）；②通过学习将自然形态的结构特征简化为人工的结构（包括连接方式、几何形体的过渡方式、材质的应用等内容）；③对这些要素充分的理解、消化；④为人工形态的转化作前期准备；⑤确定明确而深刻的主题，也就是再创造的过程；⑥人工形态的确立（图6-47）。

葡萄牙设计师Marco S. Santos设计的这把木椅源于海洋里的贝壳，从侧面看仿佛一个从沙滩上捡来的海螺。这把椅子把海洋元素、葡萄牙传统工艺以及当代美学巧妙地的结合到一起，不仅看上去赏心悦目，而且坐上去也很舒服（图6-48）。

通过对自然形态过渡到人工形态的分析完成了形

图6-46　自然形态向抽象形态的转变

图6-48　贝壳椅子

图6-49 抽象人工形态设计：飞鱼椅EXOCET CHAIR

态创新第一步。图6-49就是如何对形态创新的过程进行分析，从而使其得以实现。Designarium的创意总监Stephane Leathead设计的第一款椅子。在造型上非常优雅，曲线流畅利落，原木的感觉更有一份自然美。折成不同的角度，就可以在上面或坐或躺或靠或趴，一张椅子，却几乎什么姿势都能满足。

3. 形象创新过程分析

首先是形态创新过程的实现。一个新的形态被设计出来，追根溯源，并不是这个形态凭空出现，而是由基本型通过打散、重构并融合了与之有千丝万缕关系的其他形态，经过变形后得出的。日本招财猫造型憨态可掬、寓意美好，是日本家庭常见的摆设。因招财猫的出产地不同，吉原的招财猫、北海道的招财猫，爱知县的招财猫和越后屋的招财猫等其造型都具有当地的特色和丰富的文化内涵。并且，日本招财猫作为极具日本文化风格的金字招牌旅游产品，以其多变的形态风格和绝佳的工艺一直拥有着巨大的商业价值并传承日本的历史文化。甚至面对中国这样的仿造高手如云的市场，日本招财猫仍然具有强大的品牌优势和不可抄袭性。这期中一个重要因素就是日本人对招财猫形式的多变。利用传统文化、现代时尚元素、地域特点、历史事件等一切要素进行招财猫产品的再设计，将其最大化地传承与发展。这种系统性、规模性且深度的开发

图6-50 日本招财猫形态不断创新

绝对是中国市场上仅仅模仿外形的山寨版商品无法比拟的（图6-50）。

传统形式的招财猫如何演化出如此之多的招财猫新造型，需要分几个步骤设计完成。具体讲：（1）利用系统性设计方法逐层分析所运用到的传统文化符号，对其进行分类、提炼，整理。（2）通过构建叙事性情境的方式完成思路的带入，得出一组与最终产品成型有关的关键性词语。（3）利用本节的造型处理方法完成对新造型的塑造。（4）运用系统性设计思维完成与产品开发相关的系列要素的设计开发，如系列化方案、产品包装、产品宣传册等。

结合设计的相关理论，可以得出对产品形态设计与改良的重要方式方法，这一过程需要设计师结合系统性的思想并不断穿插着局部要服从整体风格需要，整体造型中要有局部的精彩，而这种精彩又要以形态表达的整

体性为前提的这一创新思维主线。不断地从整体
回到局部，再由局部回到整体的思维过程。只有如
此，最终形态才能最大化地表达出产品的深刻文化

理念，触动消费者的情感，实现产品被顺利接纳的过程
（图6-51、图6-52）。

图6-51　"羊"的形态提炼与创新

图6-52　具象形态转化完成形态创新

第7章

创意设计体系

本章着重阐述创意设计体系的类别及各个类别的组成细分，从物质形态、非物质形态的设计体系进行不同的要素分析和解读，随后从内涵角度来阐述如何提升产品设计的价值，最后通过系统性设计体系的归纳总结来梳理出创意设计体系的完整结构。

图7-1　最原始的"设计"

7.1　信息时代设计分类

7.1.1　物质形态的产品设计

产品设计，一个创造性的综合信息处理过程，是将人的某种目的或需要转换为一个具体的物理或工具的过程，是把一种计划、规划设想、问题解决的方法，通过具体的操作，以理想的形式表达出来的过程。认知产品设计，首先要了解设计。我们所谓的"设计"即"design"，包含了"目标""计划"和"绘图"的概念。现代汉语词典将"设计"解释为"在正式做某项工作之前，根据一定的目的要求，预先制定方法、图样等"。关于设计很多人有不同的见解，但综合起来它们共同的核心是：设计是人类一种有目的的创造性活动。而它的目的笼统地说就是"让人们的生活更美好"，设计的本质是实事求是地解决问题，帮助建立更美好的生活。在人类社会文明发展的早期，产品设计并不能称之为设计，确切来说应该叫作"制造"，就是为了满足某种生存需求而对现实物质材料进行的一种主观加工和改造。如图7-1远古时期原始人类将石头通过打、砸、磨等方法改造成为可以使用的工具来切割食物、砍伐木材等，这一制造过程看似简单直接，但它却是最基本、最原始的"设计"过程。随着历史进程的推演，社会文明的发展、科学技术的推陈出新，人类制造的技术得到了长足的发展，但生产

制造产品的动机始终没有发生改变，直至今天，产品设计依旧遵循着功能满足需求这一最基本的设计出发点。

物质形态的产品设计是对传统的产品设计方式的一个概括，它的主体是具有现实意义和功能的产品个体，范围涵盖了我们日常生活的衣食住行所有领域，大到轮船飞机，小到餐具文具。传统产品设计的核心是功能的实现，即形态满足功能。而组成产品物质形态主体的各个要素，即材质、造型、色彩等。这些元素的选择取决于产品的定位和功能的实现。举例来说，电子科技类产品的用色很多，主流的配色多是以黑白灰为主体色，然后搭配其他颜色作为辅助配色。黑白灰的主体色能够体现出电子产品的科技感，符合电子产品的定位。电子产品的配色必须满足产品的功能要求，色彩的设计与产品的形态、结构、功能要求达到和谐统一。在产品设计的过程中，造型的设计必须服从于功能的实现，沙利文曾说过"形式服从功能"，任何设计中我们不能为了造型而造型。在产品造型设计过程中，必须考虑到材料的加工工艺以及强度和其他各方面的性质，还必须满足人的物质和精神方面的需求，要拓宽对功能的认识领域，将实用功能、认知功能、和审美功能通过造型这一外在因素进行传递，还必须考虑到人机环境的协调，考虑人在使用产品过程中的实际感受。

传统产品设计的发展存在这一个临界点，这个临界点就是功能的实现达到了最大化，人们对产品的要求不再局限于功能的实现，上升到高层次的精神需求。这种精神需求其实也是功能的一个延伸，既在精神层面的功

能的实现。概括来说可以称之为情感化产品设计。情感化产品设计并没有脱离传统产品设计的形式，而是在传统产品设计的基础之上对产品进行了情感化功能的延伸，是当今设计发展的一大趋势，是满足现代人们精神需求的迫切需要。情感化产品设计的形态功能、色彩、材质这三大要素是设计表现的主要方面，也是体现产品情感化的主要因素。

1. 形态

形态是产品含义表现的具体形式，只有通过外在造型，产品才能够被人们观察、认识、互动及使用。适当的产品造型能够让消费者在不同的环境下，产生与之相对应的亲切、满足、愉悦的感受。产品形态造型还能够通过外在物质因素来体现该产品的工艺水平、功能作用以及品质档次定位。

2. 色彩

综合产品的外在要素，色彩信息是最先被感官接受的要素。不同的色彩对人视觉的刺激效果不同，比如白色、灰色、高级灰的刺激就远不如纯度高的红、绿、蓝等颜色强烈。不同的色彩要素对人的情绪和感受能够产生不同的影响，红色给人的感受是火热、激情，同时它也会带给人负面的感受比如暴力、冲突等。色彩对于产品寓意的表达有着象征作用，同时对于产品的审美也能够起到最直观的促进作用。它能够赋予产品新的生命力和寓意，还能够通过颜色搭配来传递使用、警告、注意信息。色彩在产品上的应用会受到时代背景、使用环境、文化背景、区域人文风俗等因素的影响。

3. 材质

产品的材料通过不同的肌理特征带给人不一样的触觉、听觉感受以及联想、象征寓意。金属材质能够体现出产品的科技感、散发出强烈的工业气息，木质材料则给人以一种返璞归真、亲近自然的感受（图7-2、图7-3）。合适的材料能够增加产品的附加价值，赋予产品更多的人文情怀，拉近产

图7-2 金属材料在产品设计中的应用

图7-3 木材材料在产品设计中的应用

品与消费者之间的心理距离。作为设计师，必须熟知所用材料的特点特性以及适用领域，把握好产品的材质与造型结构的相互关系，寻找所有因素的平衡点，力求实现产品功能交流与情感交流并行。

7.1.2 非物质形态的产品设计

首先我们要明确非物质的概念："非物质"不是物质，但"非物质"是基于物质又高于物质的层面。与非物质相关的一些概念主要有"可持续发展""环境保护"、"信息时代"等。非物质主义产生于信息社会，是在物质需求极大被满足以及虚拟化设计盛行的背景下应运而生。马斯洛需求理论提出：人的需求伴随着满足的逐层实现而不断提升，信息时代背景下，来自物质层

面的需求逐渐被满足被降级，精神需求上升到前所未有的高度。每个人丰富而个性的主观需求越发强烈，再加上技术的突飞猛进为满足精神需求提供了强有力的支撑和保证，而数字虚拟化则为实现途径铺平了道路。当人们越来越沉迷于自身的体验与感受之中，物质作为信息的载体，逐渐退隐到了次要的地位，非物质性也因而从物质当中被剥离出来，从而为更好地为人类不断膨胀的需求提供服务。

自从非物质主义诞生的第一天开始，它便在各个领域渗透泛化，特别是文化领域对非物质主义的崇尚，这是由于文化本身就是非物质的、抽象的，非物质主义的兴起是在既定成熟的物质基础之上建构的，由信息社会的性质决定的。

在设计领域，非物质主义的引入是对社会性质由物质向信息转变的主动迎合，也是对人精神层面需求不断提升的现实回应。非物质主义运用于设计之中，其概念定义与领域范围随着时代的发展也在不断变化，对于非物质设计的理解也不尽相同。原因在于每个人的认识角度和挖掘深度各不相同。但是有一点是大家能够达成共识的，那就是信息设计是非物质设计的主体，核心则是围绕人的体验而展开的信息化、虚拟化服务。非物质设计是物质设计发展到临界点的转化产物，这种质的改变，为进一步满足多样化的需求提供了可能，为人与环境长久以来的矛盾找到平衡。

我们的社会从工业社会时期进入了后工业社会时期。过去的时代是以技术为核心，物质极度的充裕和泛滥。工业社会主要强调的是流水线生产制造，物质产品数量是社会进步的标志。后工业社会是基于服务和信息化产品的社会，物质只是作为基础，更多强调物质基础之上的抽象服务。在手工业时期，手工技艺是基本的生产方式，产品形态也集中表现为物质形态，后来技术的推进使得手工技艺被机器生产所取代，我们进入了工业时代。工业时代改变的是生产方式和批量，产品形态仍然集中表

现为物质形态。再后来的信息时代，即后工业时代，物质产品与虚拟信息并存，机器生产方式与数字生产方式并存，信息时代的产品形态飞速发展的同时逐渐向非物质形态过渡。物质文明向非物质文明的转换致使设计也从有形向无形的转换、物向非物的转换、产品向服务的转换、具象向抽象的转换。

产品是设计的产物，产品的灵活多变性已逐步从产品本身延伸到设计者与使用者的对话关系中，因而也与艺术品一样，有了感情价值。在以往人们的生活里，人与产品之间关系中，总是追求一种明确的目标和价值，实用性和工具理性是设计的准则。而今天的设计活动已被认为是过去各自单方面发展的科学技术、人文和文化之间一个基本的和必要的链条或第三要素。工业设计是研究物质和精神文化生产的综合性应用科学，它运用自然、社会、人文科学知识，协调技术与艺术等因素，围绕人为目的的产品设计进行思考和研究，并把思考的结果以产品的形式表现出来。设计产品的美观是一个朴素的观点，设计是艺术还是科学的讨论已经没有意义。产品形态不仅是科学技术的物化形式，因为科学永远不能证明某人应该喜欢或需要什么，这种情绪和意念的标准是受着个性结构固有的才能和文化素养所驱使。设计目的是希望科学与艺术的融合，用科学与艺术的辨证关系来设计人类的活动和人类的生存环境。

设计的语言特征包涵着双重元素，即物质元素和非物质元素（图7-4）。物质元素是物化的形态，具有视

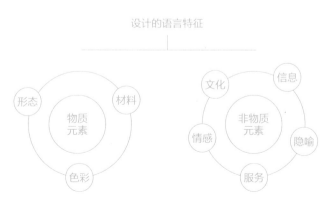

图7-4　设计的语言特征

觉形象，以各种相关的物质材料所构成的形式作为凭借，对于设计的内涵具有组织结构。传达表现或指向作用的形态具有功能性，但是构成设计外观形态的相关物质材料的色、线、形态等，它们自身有一种对设计的内涵既不从属也不服务的非功能形式的审美价值，在一定条件下，可能和人的情感产生某种对应关系，成为唤起人的情感有意味的形式。设计语言的非物质元素是一种无形的元素，它是在特定文化环境中，人类社会发展积淀下来的观念，是文化精神传统，是通过硬件元素表达一种概念，并以隐喻的方式传达某种超出了真实物质材料的东西。从它的每个构件、色彩、隐喻、符号中，寻求一种并非具体的、清晰的含义，体现一种感情概念的显现。这种隐喻的感情概念，我们可以理解为产品设计中的非物质信息，它可以从两方面来理解，①是设计本身就是信息的载体，有目的的设计活动必然关注着信息的收集、整理、变换、传输，这已经作为设计活动的过程和创造性思维的工作模式。设计语言可以说是信息代码，它不仅能传递固定的理性信息，当使用于一定语境之中，信息代码往往除理性信息之外，还传递着某种附加信息，即非物质性的信息，如情感信息、语体信息、时代信息。②是设计领域发生了变化，当初那些一味强调产品外观，认为产品外观乃是所要解决的中心问题的设计理论已显得不重要了。

时代背景的变化决定了设计的中心所在，当前我们处于后工业时代即信息时代，信息时代机械加工和信息加工是融合并存，也是物与非物相辅相成的时代。非物质设计是以服务为主体，以信息为核心的设计，它是社会逐步迈向非物质化的时代产物，以"服务于人"为中心思想来探索人与非物质的现实关系。非物质设计是信息时代背景下的设计新形式，它体现在不同设计领域中的许多方面，将使设计变得更为多元化。数字技术的兴起引发了网络媒体技术、界面技术、图形技术、声音的仿制合成技术等的发展，这些技术的综合发展使得设计的创作形式和表现手法都得到更新，使得追求非物质的享受成为人们的一种时尚。

1. 基于服务的产品设计

非物质设计理念核心是"人本"，这一核心通过抽象化的服务来体现。产品在非物质设计环节中作为物质基础个体，通过信息化连接实现个体间的串联来共享功能。服务体系作为串联纽带最大限度地连接了生产者与使用者以及服务，这一连接改变了以往通过购买占有产品后使用的随意性，从客观角度促使使用者主动优化产品的使用与操作，使产品的功能实现最大化。服务的主要层面是从精神上调节人的身心，使人们能够真切地享受生活，比如说汽车的设计要考虑行驶情况以及使用的具体环境，产品除了购买之外还要考虑的租借服务等。在国外，由于物质充足而人口稀少，因此便有了租赁代替购买的服务，国内也早已出现了家电产品、电子科技产品的租借、回收服务（图7-5）。针对产品的租借代替购买的服务设计，能够最大限度的优化物质资源分配并且提高产品的使用效率。这一转换也使得在生产加工上，改变以往产品更新换代来获取利润的模式，变成了减少能源消耗、延长使用周期、加强回收利用的模式，有效地利用物质资源，保持生态系统的完善。

2. 情感化产品设计

现代社会，物质产品的种类、功能及覆盖面已经渗透到人们日常生活各个细微角落，科技的进步使得人们之间的交流越来越少，因此人与人之间的情感在冰冷的

图7-5　手机租赁、置换

科技时代背景下显得越发珍贵。产品是设计的产物，如今产品设计的灵活多变已经逐步从产品本身延伸到设计师与消费者的对话关系中，因此具有了情感价值。人与产品之间存在着人机交融关系，人是有情感的社会群体，因此产品不能被视为单纯的物质形态。但在传统设计中，人与产品之间的关系总是追求一种明确的目标和价值，因而强调实用性。在科技、人文和文化都共同发展的数字化时代，非物质设计倡导以产品作为情感依托，使得产品更加具有思想性和情感化。这就要求设计师打破人与人之间的生理和心理差别，关注弱势群体的情感需求，让产品更加易于人们的情感交流，让人从心理情感上接受产品，实现情感世界的产品设计。而数字化时代为实现产品设计的情感化提供了强大的技术支持，更进一步促进了人与产品之间的情感沟通，是这种非物质设计在未来社会发展的坚实基础。

3. 产品的人机界面设计

在数字化时代，设计的重心已不再是具象的产品，更多的在向抽象关系的设计所转移，人与产品的对话关系是其中的基础。智能产品的范围从可见的有形物质延伸到了非物的人机对话中，产品的人机界面设计体现的是人与机器之间的信息交流，界面作为人与产品进行交互的媒介途径已经成为信息时代产品设计的重要环节。人机交互不是传统概念上的有形产品设计，它可能已经没有了物质存在形式，而是虚拟化的电子科技交互产品，它提供的是人对于信息的使用、处理方法，看得见却摸不着，这些都已经属于非物质层面的产品。因此，充分重视人机界面设计的非物质因素，是人机界面设计成功的关键。

4. 虚拟产品设计

虚拟设计是通过"三维电脑图像"模拟真实并实现交互设计，将产品从概念设计到投入使用的全过程在计算机上构造的虚拟环境中虚拟地实现。

图7-6　虚拟现实技术

如图7-6借助计算机和感应技术等，虚拟设计逼真地模拟了人在自然环境中的各种活动，使设计对象与人、环境更具现实感和客观性，把握人对产品的真实感受和需要，并不断改进设计模型，通过"虚拟现实"技术实现产品设计的完美性与合理化。因此，虚拟设计是非物质设计在产品设计中的有效表达之一，它为产品的创意、更改以及工艺优化提供虚拟的三维仿真环境。设计人员借助虚拟环境在产品的设计过程中对产品进行虚拟的加工、装配和评价，从而避免设计中的问题和缺陷，并有效地缩短了产品的开发周期，降低了产品的开发成本和制造成本。这些都属于非物质设计的层面。这种非物质设计的表现形式改变了人与计算机之间枯燥、生硬和被动的现状，给用户提供了一个趋于人性化的虚拟信息空间。

7.1.3　物与非物融合状态下的产品设计

非物质设计时代的到来引起了传统设计领域的一些转变，即设计形态从"物"的设计向"非物"设计的转变、从有形的设计向无形的设计转变、从实物产品设计向虚拟产品设计转变、从产品设计向服务设计转变。非物质设计是设计领域的一场革命，因为无论从设计的功能、存在方式、还是产品形式以及设计本质都不同于我们以往所熟悉的实物化形态的设计。它不仅创造了另一种形式的存在方式，而且改变着我们对世界，甚至对自身的认知。我们不仅可以在虚拟化的世界中完成设计的创想与后期运行模式，更可以完全独立于物化形态的设计，制造虚拟化的产品。非物质设计思潮的产生，让我们在设计领域的研究有了一个更加广阔的天地。但是，非物质设计时代的到来并不意味着我们要将传统物质设计完全摒弃，当前时代背景下需要的是物质与非物质相融合的产品设计，物质形态是基础，非物质形态是对物质形态产品功能、情感的扩展与延伸。

人类每一次科学技术的重大革新，必然带来人类社会中各主要行业的跨越式发展，同时也使得人们的生活方式发生翻天覆地的变化。例如：信息时代计算机技术的发展催生了互联网，作为人类技术与文化融汇结晶的工业设计也经受了这场剧烈变革的冲击和挑战，并产生了前所未有的重大变化。随着互联网技术的不断深入发展，以互联网为基础的扩展和延伸形成了新一代的网络技术，即物联网，物联网被认为是继计算机、互联网与移动通信网之后世界信息产业的第三次浪潮。伴随着物联网信息时代的到来，产品设计领域所发生的变化是颠覆性的。这种变化主要体现在三个方面：

1. 设计的对象发生变化

传统产品设计的目的和出发点只有一个，就是满足人的需求，以人为本。设计的目的不会因为时代的更替而发生变化，改变的是设计出的产品所针对的对象。传统的产品设计，产品的服务对象是人，人与产品通过使用操作等多种交互方式来实现功能的满足、信息的传递。而物联网信息时代背景下的产品，它所针对的对象不再局限于人，也可以是其他的产品。各种产品被物联网赋予了更高的信息采集、数据处理、信息交互能力。因此，原本可能需要人与产品进行信息交互才能完成的工作，很可能大量地被产品与产品间的交互代替（图7-7、图7-8）。

手机等移动终端的出现，进一步促成了物联网的发展。举例来说，以往人们对产品的操作都是

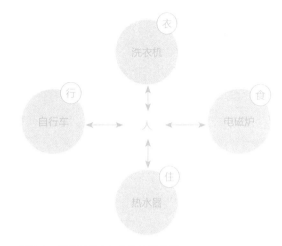

图7-7 信息时代人与物的交互关系

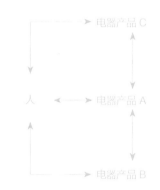

图7-8 信息时代物与物的交互关系

"人——产品"这种"1——1"的操作，伴随着物联网的发展，这种方式已不再局限与"1——1"的交互形式，而升级为"1——1——N"，即人可以通过某个终端产品来实现对多个产品的操作。物联网时代，人可以通过操作手机设备来控制各种电器、设备执行各种命令。终端产品与电器之间可以进行物与物的信息交换。

2. 设计方法的革新

物联网信息时代的到来也使得传统的产品设计领域发生了翻天覆地的变化。以往的设计生产环节在物联网背景下显得不再高效。传统的产品设计过程包括调查与分析、设计构思与评估、结构设计与制造三个主要阶段，调查分析阶段一般需要对产品用户做面对面的交流，获取产品使用过程中出现的问题。而在物联网时代，设计调查可能变得简单，只需要与现有产品通过物

联网进行信息交互，可以方便地知道，产品何时、何地、如何被使用，且信息的可靠性较之对用户的问卷调查更高。在物联网环境下，设计方案的评估参与评估的方式受地域限制更小，而参与评估的人员范围可以更大。模拟结构设计的快速成型设备可以更智能化的与计算机进行交互，自行完成由数字效果图生成结构的过程。

3. 设计工具的革新

新技术出现丰富了工业设计的设计手段。计算机技术在工业设计中的应用非常广泛，计算机辅助设计、辅助工程分析、辅助工程制造都已实现并被用于实践，计算机成为工业设计必不可少的工具之一。物联网的建设与实施，可能推动工业设计工具的进一步变革与发展。可以预见的变化包括：面向物联网的各种信息采集技术和传感设备，可直接被作为产品设计调查的工具；物联网环境下，人与计算机的远程交互变得可能，遥控计算机辅助工业设计也自然成为现实。

7.2　基于物化设计之体系

物化设计产品体系，就是产品设计环节中各个要素相互联系、相互作用的一个总览、概括，它包括产品要素、产品结构、产品功能三大部分。物化设计产品体系的三大组成部分又分别细分为各个分支子类，是一个完整、系统的设计体系（图7-9）。

关于产品设计环节中的各个要素，国内外研究说法不一。传统的说法可以分为三大要素：功能要素、技术要素、造型要素。随着产品设计的发展、理论的不断更新，当前背景下产品设计的要素应该总结为四点：人因要素、技术要素、市场环境要素、审美形态要素。

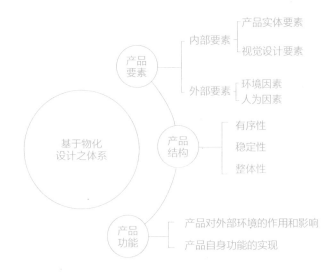

图7-9　物化设计体系

7.2.1　人因要素

人的要素既包括人的心理要素，如人的需求、价值观、生活意识、生活行为等要素，也包括人的形态、生理特征等的生理要素。人的生理要素可以通过人体计测、人机工程学的心理测定、生理学测定等方法取得设计需要的数据，这些数据将作为产品形态、材质、色彩等因素选择的重要依据。人的心理要素是设计初期就要考虑的问题，满足何种需求、适用于哪一类人群决定了产品的定位和方向。

按照美国心理学家马斯洛通过长期研究，提出了需求层次理论（图7-10）。在生活水平低下时，人们

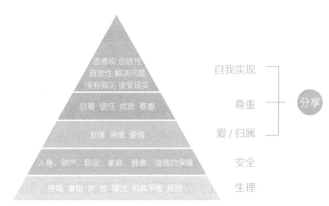

图7-10　马斯洛需求层次

只能满足最起码的生理需要。随着时代的发展，人们生活水平逐渐提高，人们会有社交需要，甚至更高层次的自我实现需要。随着人们需要的变化，人们的价值观也会有很大变化，这也是产品设计计划时非常重要的一个课题。这些非定量的感性的、模糊的需求并不是市场营销学的数据调查那一套方法所能解决的。因此，对于人的生活基础研究已经成为必要。

7.2.2　技术要素

技术要素是指产品设计时要考虑的生产技术、材料与加工工艺、表面处理手段等各种有关的技术问题，是使产品设计的构想变为事实的关键要素。日新月异的现代科学技术为产品设计师提供了设计新产品的客观条件，而产品设计也使许多高新技术转化为具体的产品。虚拟现实技术是当前最为热门的技术，早在20世纪60年代科学家们就提出了早期的虚拟现实理论，因技术发展条件的制约，虚拟现实的发展处于理论研究阶段。终于在20世纪末21世纪初，虚拟现实才通过科技的支持落实为实操的应用技术来到了我们的身边。虚拟现实技术是仿真技术的一个重要方向，是仿真技术与计算机图形学、人机接口技术、多媒体技术、传感技术、网络技术等多种技术的集合，是一门富有挑战性的交叉技术前沿学科和研究领域。虚拟现实技术研究、发展、应用普及的过程体现了技术因素对产品设计的支持，同时也反映了产品设计对前沿技术落地提供的载体支撑（图7-11）。

图7-11　VR技术

7.2.3　市场环境要素

环境一词来自于生物学，指的是包括个体在内的全部外界。在产品设计体系中，狭义的环境指的是设计师在进行设计时所要考虑的产品使用状态下的环境情况。而广义的环境则包括了政治环境、经济环境、社会环境、文化环境、科学技术环境、自然环境、国际环境等等诸多的大环境外部因素。广义的环境对一款产品设计的影响比较模糊，不像狭义的环境对产品设计的影响那么直接。而事实上也的确如此，当我们面对一个产品需求，首先我们会去考虑它的适用人群，这款产品是为怎样的一个群体服务的，在此之后我们会去假想这个人群在使用这款产品的具体环境，比如说针对视觉障碍的人群设计的一款产品，我们会去思考他们的生活习惯，同时会去想象他们的日常生活环境以及他们在这样的日常环境中会遇到什么样的问题。对于环境的假想与思考就是狭义的环境要素。而在这个狭义的环境之外，我们还会去思考这个人群所在的大环境（东西方社会背景、宗教信仰、科学技术环境等等），大环境同时也会影响、制约这样一个产品的设计和实现。

图7-12是日本索尼公司与多所大学机构合作举办了"索尼学生设计工作坊"（Sony Student Design Workshop，简称SSDW）的项目，每年索尼都将在全国范围内寻找大学生合作伙伴，请他们提出产品设计

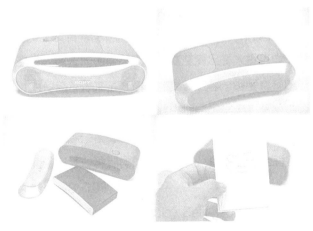

图7-12　索尼学生设计工作坊：盲人相机

创意，然后在索尼中国创造中心工程师的帮助下，将这些创意甚至是梦想逐渐变为现实中的产品。虽然这些产品可能并不会立即被商业化投入市场，但它们都会在很大程度上展现索尼未来的产品发展思路，为社会不同人群提供各种各样的服务。其中有一款设计就是针对视觉障碍人群设计的照相机，这款盲人相机的设计正是考虑了视觉障碍人群的特殊情况和使用环境而产生的。

7.2.4　审美形态要素

大批量生产的机械时代的设计关键词是"形态服从功能"，以包豪斯为代表的"功能主义"所强调的抽象几何形态是排除传统修饰的形态，抽象形态的构成是从功能出发，主要考虑是易于生产。"少就是多"的理论使得建筑和产品的抽象形态变得越来越简洁，也使建筑和产品变得越来越雷同。"一个盒子，又是一个盒子，还是一个盒子"的设计使得不同性质的物体失去了象征本身的"形态"。最初的产品核心是功能，外在审美因素基本被大工业时代的批量生产方式所忽略，组成产品的各个零件都是流水线生产的统一规格，准确、合理是它们的最大特点。这种以功能主义为出发点、合理主义为特征的抽象形态表现了机器的冷漠和无情，缺乏人情味。

人类进入信息社会后，从肉眼能够见到的技术开始向肉眼看不见的技术转变，如电视、计算机、通信。这些新技术的出现，导致了设计不仅考虑产品的技术性能、物质价值，而且更加重视设计的形态意味、艺术的价值、文化的追求、色彩的感觉以及设计的附加价值。信息时代的设计开始从功能走向表现的独立。在重视功能及其合理性以外更追求产品表层的自立和表现，即物质与精神并重的共生设计。日本索尼公司在20世纪80年代后期提出了"功能服从虚构"（Function Follows Fiction）的

设计观点，被世界设计界誉为"20世纪80年代的创新设计思想"。

信息时代的意味设计，并不排斥机械时代的抽象语言，而是把抽象形态的构成出发点加以改变了，用约定俗成的记号和象征手法使抽象形态产生意味。在设计中既重视简洁性和统一性，也同时注重局部的细节处理，既考虑形态语言共同的普遍性，又同时追求抽象形态的个性。在设计上不仅重视现代的表现，同时还努力反映历史文化、地域文化的自律性。抽象的意味设计反对追求"合理主义"的冷漠无情，追求充满人情味的"模糊""游玩""矛盾""不合理"的感情。今天，意味设计已被人所接受，它不仅继承了机械时代的抽象几何形态的构成方法，也继承了新包豪斯学院推出的符号学，并且对其中的西欧中心主义、功能主义、普遍主义加以修正，提倡注重地域文化的开发，人类精神的需要，个性自律性的探讨，将各种好的东西加以共生。

7.3　基于非物质形态设计之体系

物化设计产品体系，就是产品设计环节中各个要素相互联系、相互作用的一个总览、概括，它包括产品要素、产品结构、产品功能三大部分。物化设计产品体系的三大组成部分又分别细分为各个分支子类，是一个完整、系统的设计体系。

以人为本是产品设计的一个重要基本原则，一件产品从设计到生产出来都要紧紧围绕"人的需求"这个主题。有了人类的需求才有了产品设计的灵感与发展空间，但是人的需求往往与我们所赖以生存的环境产生矛盾。那么设计是要屈从于人的需求还是要以人类的生存环境与资源为基本呢？这其实就是产品设计可持续发展观所要考虑的问题。其实人和环境是相互依存的和谐整体，没有了生存环境也就失去了提高生存质量的资本。很多人认为产品设计的可持续发展只是要在材料、外型

和结构上达到环保节约就行了，但是设计的本质就是发现和改进不合理的生活方式，使人与产品、人与环境更和谐，进而创造更合理的、更美好的生活方式。也就是说，设计的结果并不意味着一定是某个固定的产品，即产品可见的一面，它也可以是一种方法、一种程序、一种制度或一种服务，因为设计的最终目标是解决人们生活中的问题，这正是非物质设计观得以产生的重要前提条件，也是产品设计可持续发展的必要因素。

　　非物质设计的定义是相对于物质设计而言的。物质设计通常来说比较容易理解为一种表象的、可见的、可感知的设计。非物质设计则是强调了在设计中物质以外的因素，如经济、环境、心理等，它还注意到非物质因素对物质因素的作用和影响，并将其作为单独的一个因素来研究。非物质设计是社会非物质化的产物，是以信息设计为主的设计，是基于服务的设计。在信息社会中，社会生产、经济、文化的各个层面都发生了重大变化，这些变化反映了一个基于制造和生产物质产品的社会正在转向一个基于服务的经济性社会。这种转变，不仅扩大了设计的范围，使设计的功能和社会作用大大增强，而且导致设计的本质变化。即进入了一个非物质的虚拟设计、数字化设计为主要特征的设计新领域，设计的功能、存在方式和形式乃至设计本质都不同于物质设计（图7-13）。

　　非物质设计的体系，在今天已经不仅仅是基于信息社会的虚拟数字设计那么简单了，它已经扩大到了一切物质设计所难以触及到的设计领域，尤其是对于产品设计而言其重要程度已经不亚于对功能与外形的开发。目前，产品非物质设计主要是以资源环境的可持续发展，以及社会效应等外在因素为前提，并始终围绕着以人为本的原则，来对产品的非物质因素进行建立和组织。比如通过对产品运行模式的设计和对产品售后体系的构建，使产品在功能与外形之外也能做到最大限度的人性化与环保。

7.3.1　物质要素

　　如图7-14所示，虽然非物质设计的物质要素与传统产品设计的物质要素仍旧集中在材料、造型、色彩、工艺、结构等方面，但却有着相当大的差异，这种差异体现在非物质设计将新时代的信息技术运用到产品的各个要素中，同时还在生产加工过程中赋予了产品物质层面之外的精神要素，使产品的材料、形态、色彩等有形、可见的物质实体发生了革命性的变化。差异还体现在对功能的从属，传统的产品设计，功能是建立在物质要素合理组合形成完整个体之上的，功能紧紧依附于产品，而在非物质设计体系中，伴随着高科技信息技术的应用，使功能不再局限于具体的物质形态，它能够超脱于产品个体来实现，这种功能可以是一种抽象的服务，一种宏观的方法或者制度体系。

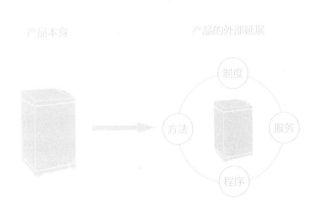

图7-13　产品之外的非物设计

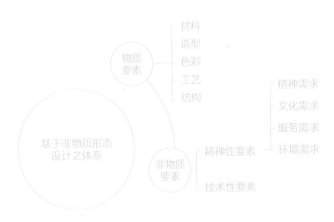

图7-14　非物质形态设计体系

7.3.2 非物质要素

对于非物质设计来讲，非物质性依附于物质性。产品的"艺术性"和"精神性"的表达是以物质性为基础的非物质性意义。从工业社会到信息社会的转变，工业设计的目的也是由提供有形的物质产品，向提供服务和非物质产品方向过渡。工业社会以技术为中心，信息社会则是以知识为中心。在这种情形下，设计对非物质性的表达，是以科学技术的发展和网络技术的普遍应用为前提，来探寻和研究"人、自然、社会"的相互关系及其发展方向。在考虑生态环境和自然资源的同时，满足人类深层次的需要，为人类创造更合理健康的生存环境和生活方式。

7.3.3 精神性要素

非物质要素分为精神性要素和技术性要素。其中精神性要素包括了人的四种需求，分别是精神需求、文化需求、服务需求、环境需求。无论是物质还是非物质设计，始终离不开"以人文本"这一产品设计的根本性原则。任何形式、形态的产品始终是要为满足人的种种需求而服务。人类的精神需求自始至终伴随着产品设计的发展，前文提到马斯洛的需求层次理论，当人们基本的温饱问题解决之后就会产生生理需求之外的精神层面需求。也就是精神需求的存在才促进了衣食住行类产品以外的产品产生。明代前期，社会政治相对稳定，城乡经济繁荣发达，市镇频频崛起，私家园林如雨后春笋般出现，文人、学士、商贾、官僚崇尚室内家具陈设，社会上对家具的需求量剧增（图7-15）。此外，在明代有一大批文化名人，热衷于家具工艺的研究和家具审美的探求。明式家具它承载了深厚的文化底蕴，它所具有的审美、实用、艺术价值，反映了中国传统文人士大夫阶层的特点和内涵，是文人士

图7-15 明代家具

大夫文化物化的一种表现形式。明式家具早期造型、材料、装饰工艺上都体现了文人特有的内涵，自然空灵、高雅婉约、飘逸超脱的韵味折射出浓浓的书卷气。明式家具不仅是使用功能的载体，更是伦理、社交仪式中具有精神地位的象征，也是明代文人雅士生理需求之外的高层次精神追求和思想寄托。

非物质要素的文化需求的产生主要是因为历史文化的抽象形态特殊性和物质载体的局限性。非物质文化遗产是人类历史文明发展的积淀，是人类文明进步与发展的结晶。中国非物质文化遗产种类繁多，基数庞大，类别多集中在像民俗、曲艺、技艺等抽象形态。对于他们的保护与传承不是简单的博物馆、纪念馆这种固态保护所能够实现的。尽管国家出台了一系列方针政策来帮助非物质文化遗产项目的保护，扶持传承人传承技艺，但由于传承人的因素（生老病死）以及大环境的因素（非物质文化遗产正逐步脱节于现代文明发展、非物质文化遗产保护工作推进缓慢等），导致了非物质文化遗产正在逐渐离我们远去（图7-16）。人类文明的发展是一个继承、融合的过程，没有哪一个文明是独立存在于历史之中的，任何文明的发展都是多元文化的融合和继承。我们的社会之所以能够蓬勃发展与中华民族五千年历史文化积淀密不可分，因此对于文化的保护与传承显得尤为重要。

信息时代数字化的生存方式使人类进入一个前所未有的生存状态，技术的迅猛发展让人有失控的感觉。对

图7-16 部分非遗传承人现状

图7-17 代替购买的租用系统

于物质无止境的追求让人们失去了价值的判断能力，人们传统的信仰和价值观念在崩溃。因此，人们渴望能够通过知识和文明重新规范人类社会的秩序、道德和伦理，希望通过对道德和文明的强调来找回在技术时代失落的理想和梦。人们已经意识到，对工业化和现代主义的信仰已经证明技术并不能造就一个更好的社会，文化的延续才是人类社会最有价值的东西。对于精神生活的追求在一个物欲横流的时代成为人类社会寻找心灵安慰的方式。

非物质设计的本质就是强调"以人为本"，满足人的服务需求。它采取以产品为基础，以服务为中心的全新模式，使得单个产品的共享成为可能。以服务为纽带联系生产者与使用者的做法能最大限度地满足有服务需要的人，这改变了过去占有产品后使用的随意性，客观上促使了使用者主动优化产品的使用过程，使产品能够被更有效更充分地使用。服务的主要层面是从精神上调节人的身心，使人们能够切实地享受生活。例如交通工具的设计要考虑环境和地势情况问题；电器产品设计附加考虑租赁服务的方式和可能，如图7-17在国外有针对独居者或暂居者提供的洗衣机、电冰箱等家电的租赁服务。而现在我国也出现了手机租赁系统的设计，最大程度地满足了人们的使用需求并提高了产品的使用效率。此外，生产者以服务价值为中心后，为了获取更多利益将更多地从更新换代逐渐转

向减少消耗，如对废弃产品中有用部件的回收和再利用等，这在一定程度上保护了生态环境，有利于生态系统的完善。

传统物质设计的理念是最大限度地达到功能与外形的完美，其主张的是以产品消费为主流。生产者生产和销售产品，用户购买后占有产品使用产品并得到服务，产品寿命终结将其废弃。非物质设计的环境需求理念倡导的是有效合理地利用资源，其主张的是消费服务而不是单个产品本身。生产者通过某种服务形式和使用方式来实现生产、维护、更新换代和回收产品的全过程。非物质设计的这种思维转换使物质产品的价值发生了变化，产品价值中由原材料价值和体力劳动价值转变为经济价值和社会价值，使产品的价值达到最大限度的利用。生产者的着重点将从更新换代逐渐转为减少消耗，在一定程度上将生产成本与生态成本有效地综合起来。

7.3.4　技术性要素

技术性因素在非物质设计中具有重要的作用，技术的发展进步，促进了设计工具的发展，带来了设计形式的变化。非物质设计不同于传统工业设计之处在于，技术性因素在产品设计、生产中的应用。在产品设计领域，比如汽车行业，非物质设计的高技术性因素、智能化技术频繁地被应用。在一辆现代化的汽车上，电子成本的价格已经远远超过了钢铁，在汽车设计生产中，技

图7-18　奥迪MMI系统

术性含量越来越重，高技术在设计中的应用，大大提高产品的附加价值，这种由高技术的应用所带来的效益，不胜枚举。如图7-18奥迪汽车的一款车型将推出会说话的导航系统，这种导航系统的功能是把你从一个地点引导到你所想去的另一个地方，在途中将会提供有声导游服务，向你介绍沿途的风土人情、餐饮、住宿等情况。如果你的智能汽车被盗，它还可以打电话给你，告诉你它的位置，而且它的声音听起来好像受到惊吓一样。正是由于这种技术性因素的作用，提升了设计的附加值，同时又满足了非物质社会人们对产品非物质性的需求。

7.4　提升设计内涵之"境"

产品的内涵并不能像外在因素那样被直观地感受到，而是需要通过操作、使用、体验之后才能准确地体会到其内涵特征，是设计师在产品研发设计环节注入的人文关怀，是在产品功能实现的过程中对消费者细致入微的洞察和体贴。产品的内涵设计能够将产品的无形功能发挥到极致，将人与产品的交互最大化，带给消费者非凡的使用体验。内涵设计是在产品本身功能设计达到极致之外的无形设计，是功能之外的人文关怀设计，也是设计从被动满足功能到主动创造功能服务的转折点。

当前背景下，产品的外在物质因素已然不能仅仅为满足使用功能而服务，需要为内在的涵养提供物质支撑。产品的内在涵养能够将产品设计进行升华，实现功能之外的精神、情感交互，令使用者得到前所未有的体验。产品设计也在逐步的由物质性设计向非物质性设计转变，由功能性设计向内涵性转变。

7.4.1　提升文化性、艺术性内涵

文化是人类千年文明的积淀，是历史文明、社会发展的见证。每一个文明的发展都伴随着属于它自己独有的文化。一个优秀的产品设计，除了满足基本的使用功能之外，还应该蕴含着设计师对其民族文化的见解，产品带给人的不仅仅是一种好或者不好的使用感受，还要带给人超脱产品形态以外的精神体验。非物质形态的产品设计应当肩负起社会文化功能，提升大众的消费审美，引领大众生活文化和消费文化的进步。

产品设计一直伴随着人类文明的发展，而艺术性同样伴随着产品设计的发展。不管是远古时代还是飞速发展的今天，人们始终保持着对艺术的憧憬与追求。半坡文化距今有六千多年，半坡文明出土的生活用品上绘制的鱼纹、网纹，既是对日常生活的一种记录，也是人类最原始的艺术追求。战国青铜器的铜铸纹理、唐朝三彩的色彩运用、明清家具的造型线条，无一不体现着人们对产品功能之外的艺术追求。设计是创造活动、生产活动，更是艺术活动，设计的过程正是艺术诞生的过程，设计对美的不断追求决定了设计中必然的艺术内涵。

7.4.2　提升技术内涵、价值内涵

设计自始至终都受着生产技术发展的制约，新的设计理念的问世又促进了技术不断革新。如果没有切割机就不会有各式各样的木材石材建筑，如果没有建筑技术的支持，就不会有城市的钢铁林立，如果没有集成芯片的问世，就不会有高度发展的计算机技术，如果没有无

数技术人员的试验与开发，就不会有如此便捷的个人移动终端。不可否认的是，任何产品的完美呈现都代表着背后大量成熟的技术支持，有了科技支撑，好的想法和创意才能具象、实现。技术的运用并不是没有逻辑的堆砌，也不是通过提高实用操作难度来彰显技术的高超，而是让技术服务于产品，让产品服务于消费者，并最大限度的节约资源、减少消费者的使用成本、操作成本，使消费者在使用产品的过程中感叹技术的伟大以及设计师的匠心。这些对产品抽象的好感其实就是消费者对产品的肯定，对自己的购买行为的肯定。设计还是创造产品高附加值的方法，消费者购买行为的实现一部分会受产品的功能影响，此外还会受到外在因素（色形材质）以及社会标记来做出购买决定，而内涵设计所要做的正是将功能之外的产品附加值融入到产品中。内涵设计往往结合了最新的科技成果，运用新材料、新技术、新工艺来开发新产品；它还可以把握市场的文化脉搏与经济信息，针对不同消费层的消费心理和经济状况，开发出适应不同消费者的产品，创造出更多的附加值。

7.4.3 提升生态和谐内涵

一件产品从创意到诞生始终都在围绕着"人本"核心，设计是服务于大众的，只有来自大众对功能的需求需要才会给设计、设计师提供发挥的机会和空间。但是，人们的需求大多都会与环境、生态产生冲突，很多时候我们不得不以牺牲自然生态为代价来满足消费者日益增长的多样性需求。任何环境本是相互共生的共同体，环境生态的恶化会关联到人类社会。许多设计师认为设计仅仅需要在生产加工环节考虑材质的选择、造型工艺的节约绿色就可以了，但他们都忽略了一个问题，就是设计本身是为了改进不合理的生活方式，实现人与环境的平衡生存发展。提升产品的生态和谐内涵并不仅仅

局限于产品，它应该扩展到整个产品的设计过程，还要延伸到产品进入市场以后的整个外延领域。

7.5 系统性设计体系

7.5.1 点性思维与系统性思维

系统性设计体系，从字面意思看来强调的是设计的系统性，之所以将系统性设计体系作为独立的一节来讲述，更多的是希望我们在进行设计行为的时候能够打破以往的思维、设计方法，从全面、有序、系统的角度进行设计。在展开系统性设计体系的分析之前我们需要对传统的设计思维进行一个审视。

传统型的设计思维是基于表面的浅层思考而进行的设计。它的出发点及着手点始终是围绕一个狭义的观点进行切入和进行，从图7-19中我们可以看出它更像是一个圆点，或者是一个闭合的圆，我们可以把传统型思维称之为点性思维。点性思维是一种形而上的思维方法，它来源于对事物表面现象的判断，而往往忽视了对事物本质的判断和了解。大多数时候我们进行设计，从确定目标开始，就固定了一个出发点，比如说我们接到一个设计需要设计一种交通工具，类型不固定。这时候出发点就确定了：我们要设计一个代步工具。但随之问题就来了，什么样代步工具？自行车？汽车？平衡车？围绕第一个问题我们展开了激烈的讨论，我们会去分析

图7-19 点性思维与系统性思维图示

不同类型代步工具的优缺点等因素，最终确定一个设计目标并进入第二个环节：设计。在动手之前我们会去查找很多的现有产品，从中寻找切入点进行深入，并在此过程中一步步地确定我们所要设计的代步工具的每个细节，包括结构、外观、颜色搭配、材质选择、适用人群等等。准备工作做完以后便开始了草图绘制、建模、效果图渲染。最终，我们得到了一个看似完美周全的设计，但回过头来看我们的设计过程，其实并没有跳出"点"的圈子。

在确定目标的那一刻我们就开始给自己画地为牢了，因为我们把自己框在了大家都在做什么设计的"圈"里。进行设计之前去了解相关领域的现状是无可厚非的，但我们如果仅仅只从市面上同类产品的优缺点分析就草草地确定了我们要做什么就不对了。在这一步，我们就要开始打破点性思维，进行系统分析。首先，我们要跳出对与产品造型、材质、功能、色彩等细节化的思考，去寻找更多的关联性。我们可以去思考产品与人的关联，人与社会的关联，社会与自然的关联（图7-20）。社会进程的加快使得自然环境逐步受到威胁，如今的设计行为更多的应该思考如何与自然和谐相处而不是考虑怎样让汽车跑得更快、飞机飞得更高。我们要把设计目标、人、社会、自然作为四个基本点，寻找点与点之间相互依存、妥协的平衡点，并以此作为设计往下推进的基础和原则。此时，我们系统性设计体系的框架就成立了。

接下来开始进入具体的方案设计，包括造型、色彩、功能、材质等具体的产品因素。虽然产品

图7-20　设计前期所要思考的四个元素关系

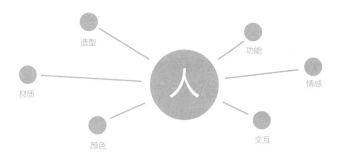

图7-21　方案阶段所要思考的人与物的联系

这些因素看似彼此独立，但实则有着很大的关联。这种关联建立在人与产品的联系之上。产品的最终目的是服务于人，因此，各个要素都要与产品所对应的人群相匹配，也正是到了这一刻，设计的以人为本才真正体现到实处。这个环节，我们需要建立这样一个体系：人作为体系的核心，围绕他的是产品的各个细节要素，要素与人之间、要素与要素之间的互相关联状态（图7-21）。这样一个体系使得我们在分析每一个要素的时候都会去思考它与目标人群的关联点是什么？这种关联是否符合人的行为、审美、个性取向？也只有在这样的一个体系限制下，我们才能够真正做到以人为本。

7.5.2　系统性设计体系构成

前文我们以点性思维作为切入点，从理念和原则角度分析了系统性思维的基础框架和体系，下面我们就设计这一实际行为来阐述系统性设计体系的完整构造，使之成为一个方法论来指导我们科学地进行设计实践。结合上文分析的观点，如今的设计行为应该是一个综合——分析——综合的过程，是一个"总分总"的思维模式。

第一个"总"包含两个概念，一是总体观念，二是综合考量。它要求我们要站在一定高度去审视我们的设计目标，综合目前的社会、自然等大环境中种种有利、不利因素，寻找一个能平衡人、产品、社会和自然的交集点进行深入、展开。不能因为满足人的利益需求而违背了社会、自然规律，也不能因为遵循自然的规律而放

弃产品的社会属性。总而言之就是要多方面考虑寻找平衡点。

第二个"分"具体指的是深入分析以及区分对待。深入分析延续了系统性设计的多方考虑考量的特点，区分对待则告诉我们每一个元素都有其自身特点和属性，我们必须具体问题具体分析。"分"同时还意味着设计进入了实施阶段。在这一阶段，我们会从产品适应人群、产品所处环境、产品自身特点因素等角度分别展开，"我所设计的产品方案对应的是什么人群？年轻人？中年人还是老年人？如果是年轻人的话，那要细分成什么样的年轻人，学生群体？刚迈入社会的青年？"。确定人群之后要思考产品的所处环境或使用环境，"我的产品设计的目的是为了解决什么问题？在什么环境、情况下解决？"之后还要问自己"这样的人群的审美取向是什么？他们对什么颜色搭配、材质选择更敏感？……"每一个产品设计，在方案阶段设计师都应该反复地去问自己诸多问题，目的就是为了更加科学、全面、系统地去进行设计。部分学者在之前已经给了我们许多的理论支持，像SWOT分析法，5W2H分析法，鱼骨图分析法，六顶思考帽法，麦肯锡七步分析法，金字塔原理，思维导图等，它们都能够帮助我们进行有效的细分和深入（图7-22）。

第三个"总"的含义是整合。当第二个"分"阶段工作完毕之后，我们会得到许多个关键点，比

图7-22　SWOT分析法

如"他们更喜欢撞色""造型轻便小巧""科技感强""碎片时间使用""简约是当前背景的主流趋势"等结论，这时候我们就需要将种种"用户对产品的要求"的点进行归纳整合，并通过设计将他们融汇到一个具体的产品中去。也许你面对的是多达十几条甚至是几十条的要求，而这正是考验你创意的时候。首先你需要静下来去看这个关键点，因为你其实可以看到很多关键点、要求都可以通过一个设计细节去实现。比如说我们需要在产品上体现简约、便携以及满足用户碎片时间随取随用的条件，其实生活中这样的产品有很多，像蓝牙耳机、挂扣随身听、智能手表Iwatch等，它们的造型功能结构都满足以上条件。我们在这些已有产品基础之上进行改良与创新，同时再融合其他类似于颜色搭配、丰富功能等要求进去，一个"对症下药"的产品便产生了。以往的产品和设计都缺乏系统性思考，只有当别人提出挑战的时候才想起对应的解决方法。并没有一开始就把问题考虑周全，于是一个小小的需求就踩了无数坑，这就属于传统的点性思维方式。而只有系统、全面地去思考目前甚至将来所面临的要求和问题并有效深入整合才能够切实解决问题，实现系统性设计。

第 **8** 章

物与非物的融合
——信息时代设计
创意与实现

好的设计创意，是会触碰到人的内心深处；好的设计创意，亦是优秀设计实现的重要特性。单从意大利设计就能感知，当提及时总会将其与"美丽"联系起来。意大利伟大的建筑学者斯莱思拓·N·罗杰斯（Ernesto·N·Rogers）说过，在意大利，设计无处不在，小到一个茶匙，大到整个城市。身处意大利的任何角落，都能感受到设计留下的艺术气息，这是一个将设计实现并融入日常生活的国家。信息时代为我们提供了一个全新的发展空间，新事物不断萌生的同时将历史痕迹渐渐变得模糊，然而设计如何才能得以实现，如何找寻属于民族文化的独特性，成为时代赋予我们的历史使命。为了实现设计产品更高的创意需求，当下设计师们应当关注设计中的各个环节，严格把控好影响创意实现的各个因素。

8.1　设计实现

伴随着设计教育的不断完善与发展，以及产品使用者对设计创意的重视度与日俱增，如何有效地实现设计创意始终未能形成明确并行之有效的体系，设计实现将成为一个重要而长远的课题。设计的核心是造物，造物的实现是让使用这一物件的人感到不仅是有用亦是能给人带来美好的内心感受。设计产品并不单单是为了设计出所有人都适用的黄金法则，一个好的设计是需要满足一定的受众群体，当然如果这个设计作品能被大众所认可那是最理想的状态。如法国艺术家雅克·卡洛曼就曾设计过一个茶壶，这是一个完全不可用的茶壶，因其茶壶嘴和茶壶柄在同一边，被称之为一个"专门为受虐狂设计的咖啡壶"。对于这个茶壶而言，卡洛曼是故意这么设计的，但就是这样一个不能使用的茶壶受到了人们的关注，由此引发当下对设计创意

图8-1　咖啡壶

的深思，这是一个相对不错的反思设计。设计创意之所以能够产生不同的灵感迸发，追其溯源是设计者对事物的认知不同，设计实现的对象不同，使用的情境不同。设计实现的真正目的是对新生活方式需求目标的研究，并由此来发掘现有的日常生活及现有设计中的不足，进而探求产生更为合理的创意设计理念，满足人们对美好生活的期许（图8-1）。

只有厘清设计实现的目的所在，才能更好地进行创意设计。设计创意的来源并非单纯的苦思冥想，或凭着所谓的灵感迸发，亦非主观臆造而来。"创意是传统的叛逆；是打破常规的哲学；是大智大勇的同义；是导引递进升华的圣圈；是一种智能拓展；是一种文化底蕴；是一种闪光的震撼；是破旧立新的创造与毁灭的循环；是跳出庐山之外的思路，超越自我，超越常规的导引；是深度情感与理性的思考与实践；是思维碰撞、智慧对接；是创造性的系统工程；是投资未来、创造未来的过程。"简而言之，创意是在知识积累以及实践之后得出的一种新颖性的、创新性的想法。发现问题并解决问题是设计实现的前提准备，举一个简单的例子，我们这个时代从小就能使用到的带橡皮擦的铅笔，将常用的两种功能巧妙地连接起来，成为铅笔市场的热烈追捧，也许对这个小产品并不以为然，但在1858年发明这个产品后，在设计上的小小改动，改善了大多数学生的日常学习习惯，缩短了时间成本，为生活带来了便利，从这点上设计创意的实现是成功的（图8-2）。

从系统设计的角度研究设计实现，任何一项因素的设计改善都能引起设计的成功，同样，任何两项因素之间关系处理不当，都极有可能导致设计的失败。设计实现是一个漫长的过程，好的创意是实现设计的重要

图8-2　带橡皮擦的铅笔

前提，产品设计的实现需要满足功能、原理、构造、材料、工艺、形态、色彩、生产制造者的生理、心理以及生产制造的环境、条件、时间等综合条件。设计实现研究对象包括实体形式的物质产品，如一盏台灯、一把座椅、一辆汽车；也包括非物质化产品，如软件界面、文化创意产品、服务体验产品。针对概念设计的研究，可以摆脱现实生产技术与水平的限制，走在时代的前沿，提出创意概念使之在未来技术成熟后能够实现形态设计。

8.2　实题分析

谈及经典案例，不禁想起迈克尔·格雷夫斯（Michael Graves）设计的水壶9093Kettle（又称阿莱西水壶），是意大利厨卫品牌Alessi历史上最好卖的产品之一，也是后现代艺术设计的代表作如图8-3 1985年推出的9093Kettle。其设计灵感来源于迈克尔·格雷夫斯在乡下的早晨听到火车鸣笛的经历。设计师的创意来源于日常生活，有赖于

图8-3　1985年推出的9093Kettle

对生活的思考与热爱。设计创新点主要是立在壶嘴的小鸟保护了使用者不受沸水的伤害，当壶里的水烧开时，藏在翅膀里的橡胶口哨会发出声音，就像小鸟在唱歌，平添了一份生动有趣。设计的实现源于生活而高于生活，巧妙地将大众喜爱的小鸟形象与会唱歌的小鸟进行联想，与水壶烧开引发使用者烫伤的现状进行碰撞，创造性地解决了日常生活中的难题，这便是设计的亮点。迈克尔·格雷夫斯认为设计是为了多数人而不是某个人，设计实现是设计者从使用者角度出发，系统地考虑了多方因素并进行改善，与使用者产生了一定的情感共鸣，并满足了消费者的心理需求。鸟鸣水壶推出后，售出超过150万个，许多人购买水壶就是为了在早上体会到被鸟鸣或汽笛声叫醒的感觉。从销售数量来看，"会唱歌的水壶"的设计是十分成功的案例，其拥有独特的创意与巧妙的构思，是系统设计的思维引导的典范。

设计创意的超前或多或少的对产品实现并进入市场埋下了伏笔，大众汽车的甲壳虫（图8-4），总能将其与结实、实用、操纵性好联系起来，使之成为汽车外观设计经典中的经典，其根源主要是设计的外观，并非其性能的优劣。之所以典型主要基于设计的时代背景，在20世纪二三十年代，西方国家正从第一次世界大战中恢复过来，特别是美国，工业水平已经超越了欧洲。同时美国亨利福特的T型车纷纷进入家庭，而在大西洋的彼岸德国，意识到开发一款国民车对于国家的重要性，设计一款具有地域特色的汽车产品被赋予更深层的意义。甲壳虫的设计得益于其超前的现代设计感，迎合了风靡一时的流线型风格，即便是在今天来看其设计也是前卫的，汽车的外观设计成为引导消费潮流的主要因素。大众汽车设计的甲壳虫系列构思巧妙，关注了人们对生活品位的追求及个性的体现，采用流线型外观设计，前脸造型曲线优美可爱，打破了传统汽车的机械化的冷漠感，各个部分有机的统一，整体化的车身设计，具有很强的韵律美，引来了消费者的青睐。美国心理学家唐纳德·诺曼曾说："产品具有好的功能是重要的，产品让人易学会用也是重要的；但更重要的是，这个产

图8-4 大众汽车——甲壳虫

品要能使人感到愉悦。"不可否认的是，无论过去还是现在，甲壳虫的设计总能给人舒适的感觉。甲壳虫系列的诞生向人们说明了，汽车不仅仅被用作交通工具，同样可以传达情感、彰显个性、甚至创造不同的生活方式。

北京798作为设计创意集结地，其中不乏有许多年轻设计师对设计实现的一些优秀构想作品及对历史的思考。的确，在任何时刻任何人都无法置身事外于我们生于斯长于斯的传统文明，就像人们每时每刻都能在空气中呼吸却往往忘却了空气的存在。从798的仿古物件设计改造到未来空间创想如图8-5北京798—自行车，无不体现出生动、鲜活的生活气息，在这里有着智慧的创作，在这里可以将设计师的想法付诸实践，从这点来看798的设计是成功的，从设计实现的角度，以匠技传世的名人凤毛麟角，固有"劳心者治人，劳力者治于人"之

图8-5 北京798——自行车

说，玄谈进身易，实干立世难。没有一个展示其创意的实物及孵化基地，再好的设计创意也是无稽之谈。

设计创意实现是由设计者的显性知识积累与隐性知识迸发的结合，从而精心构建设计实现。结合品牌案例，极致盛放品牌设计团队于2015年获得设计周卫星沙龙唯一金奖如图8-6 3D打印灯具系列—云喜，其设计灵感来自于乾隆花园里面石雕底部须弥座上的云纹，取名自刘禹锡的名篇——《观云篇》，以云的表情命名系列灯具，分别为《云笑》《云闹》《云喜》《云怒》《云嗔》，将中国古典园林装饰纹样与现代生活相结合的一个创新尝试，并通过3D打印技术从而呈现出别样的现代美学概念。3D打印技术的兴起，为设计创意实现的不可能创造了可能，更加方便地加速了设计元素运用的延展。看似简单的灯具设计理念，通过3D打印技术的设计实现，给予观者的震撼是深刻的。三维技术的快速发展，并与艺术设计创意的完美结合，使得信息时代的今天有了更广阔的发展空间，为设计实现拓宽了新的方向。

优秀的实题设计并非是超出生活之外的空想，必定是建立在日常生活中的衣、食、住、行等方面需要的基础上进行的创意设计。从德国红点设计大奖作品中不难发现，好的创意设计总是在解决人们日常生活中的某一个方面的问题，譬如接下来的婴儿产品（如图8-7 婴儿座椅），挪威设计师Andreas Murray和Tore Vinje Brustad设计了一款高椅，适合1~6岁的儿童使用的座椅。家中有婴儿的家长在陪伴孩子的过程中，经常会因为婴儿的快速发育成长花费大量资金，为婴儿购买各种各样的座椅，对生活空间、经济压力造成了困扰。而设

图8-6 3D打印灯具系列——云喜

图8-7　婴儿座椅（红点奖）　　　　　　　　　图8-8　戴尔 UltraSharp34 英寸曲面显示屏　　　　图8-9　Pháin 背包
　　　　　　　　　　　　　　　　　　　　　　（红点奖）　　　　　　　　　　　　　　　　　　（红点奖）

计师巧妙地利用了家长的购买需求，设计出能解决婴儿成长过程中的各种问题，满足购买需求，将坐垫能从椅子上分开，允许家长和婴儿随时进行互动。座椅是由优质的木头和皮革精心雕琢而成，保证了其耐用性和美观性。设计关注儿童，为家长与婴儿在不同情境中的不同生活方式提供了便利，一个座椅解决了使用者多方面的使用难题，这种功能上的改进，正是设计的优良之所在。

　　30年前电脑是一个不可能实现的设计，如今电脑由笨重的大块台式演变成超薄立体式，电脑的材质也发生着巨大的变化，分辨率等的提升，设计师更多地关注人们的使用体验，并针对用户体验进行设计创意改造，以此满足用户需求。戴尔公司研发设计的34英寸曲面显示屏具有3440×1440（WQHD）的分辨率，显示器依靠HDMI和DisplayPort连接，配备9瓦的扬声器。用户可以将两个显示器并排放置以延伸弧形视角，戴尔的设计从用户体验角度出发，针对电脑爱好者对传统平面显示器呆板的视觉疲惫，在技术支持下设计出曲面显示器，首先从造型上的改观吸引了人们的视线，其次从功能上来讲，曲面设计可以减缓使用者眼球的运动。设计师对现有电脑显示屏的反思设计，在一定意义上改善了人们的生活质量（图8-8）。

　　低碳生活成为当今社会的生活潮流，低碳设计也越来越受到人们的热捧。在日常生活中，各种废旧物品未能回收利用，造成了严重的资源浪费。设

计师对材料的关注就是对生活的帮助，"节能减排，低碳生活"成为创意设计实现的风向标。设计师Chun-Chieh Wang设计的Pháin 背包外部是用厚牛皮纸制成，内部采用耐用耐撕的胶合PP无纺布制成。关注再生材料并对其进行设计创新，产品实现受到背包用户的喜爱，满足了使用者对个性彰显的心理需求，更显现出其环保意识的倡导。背包设计师从建筑工地萌生创意构思，将常用的起重机重型吊索用于背包的可调节包带，使背包看起来美观大方，形式也极其新颖（图8-9）。

　　从家居产品、浴室产品、通讯产品、信息技术产品等等，总是在生活的各个方面都为更精良的设计实现而努力着。说到家具，市场上有各式各样的椅子，每把椅子都诉说着设计者鲜明的个性。就像出现在北京设计周上的这款座椅，其坐的功能并没有改变，因为现代人对新鲜事物的追求，设计师将人的脊柱经过图形处理形成独特的造型，因三角形最稳定的原理，从美观的角度，坐具采用更薄的材料，从整体上给人轻便、舒适、耐用的感受。简简单单的一个座椅传达给我们一种简约的生活追求，靠背的弧度以及整体高度满足了人机工学的设计，为使用者带来了舒适的感受。这样一组餐桌椅的设计，将传统木制餐桌与现代感座椅完美结合，黄、白、蓝的色彩搭配，舒缓大家的心情并带来心灵上的愉悦感，营造出了一种别样的使用环境，令人疲劳全消，食欲大增（图8-10）。

　　Philippe Starck的"Juicy Salif"柑橘榨汁机，设计灵感来源于鱿鱼的造型，属于仿生设计。使用方法是

图8-10　简约座椅

图8-11 柑橘榨汁机

图8-12 Totem 垃圾箱
（红点奖）

在有罗纹的压榨器顶部旋转半只橙子，果汁沿着侧面流下来，从中间的点上直接滴入玻璃杯子。它的诞生打破了当时形式追随功能的设计思维，设计师曾说"我的榨汁器不应该用来压榨柠檬，它应该用来启动谈话"。榨汁机的设计在不经意间告诉人们生活中的平常物品一样可以变得很有趣，设计可以提高我们的生活方式。从设计者的话语中可以明白，设计师本意并不单是使用，更多的是这一产品带给人们的生活改变，一种美妙的体验过程（图8-11）。

即便是有人对创意设计漠不关心，身处生活环境之中也不可能不与设计"发生关系"。好创意的设计实现有赖于人们与生活的沟通，正因为我们有需求才造就了设计实现的可能。伴随着生活质量的不断提高，同时也带来了垃圾的增多，并且垃圾的种类也变得繁杂起来。现在都提倡垃圾分类，大街上的垃圾箱都开始进行分类回收垃圾了，我们就会思考家里的垃圾该怎样分类呢？Pearsonlloyd设计了一款Totem 垃圾箱是一个自带分区的垃圾箱，它可以根据用户的不同需求定制不同的模块，这样就可以轻松地将生活垃圾分门别类出来啦。功能的模块化设计，满足了用户对高质量生活的需求，同时为生活的高效率提供了保障（图8-12）。

喜欢做饭的人，都向往有一个五彩缤纷的厨房，一个能让烹饪时光变得美好的空间。然而厨房的卫生成为做饭爱好者的一大困扰，在清洗食物时，常常会被食物上的泥土或者菜叶子堵住水槽，导致清洗工作进展不顺，通水槽成为人们经常需要去处理的事情。Propeller Design AB 设计了一款水槽，这并不是一个简单的水槽，它具有一个触控面板，智能到下水管。再加上专门的滤水水槽设计，不仅能提供一个更干净卫生的水槽环境，还能让做饭的人爱上厨房。设计师通过表达设计与实现的深刻内涵，发现生活中的细小问题，并进行创新性处理，最终使这款水槽脱颖而出（图8-13）。

一直以来，年轻的父母面临着一个十分头疼的事情，就是孩子十分害怕去医院，哪怕是去了医院也会嚎啕大哭不愿意配合医生检查治疗。这是一款针对儿童的智能听诊器，将听诊音转化为手机APP上极易识别的图形化语言，简单易懂，好操作，大大提高了用户体验。考虑到儿童在使用医疗产品时的惯性恐惧感，设计师采用鹅卵石作为灵感来源，温润的背部线条结合人机工程学的考虑，可以满足无论是儿童视觉上的感受还是成人使用时的手感，大大缓解了儿童对医疗产品的恐慌。儿童的喜怒哀乐才是设计需求的根本，设计应当更多地关注儿童最真实的内心感受，这些对细节结构的把控变化让儿童拥有一种独特的体验，关注设计对象本身就是寻找问题的活化认识（图8-14）。

图8-13　Intra Eligo
水槽（红点奖）　　图8-14　萝卜医生lobob智能听诊器
　　　　　　　　　　（红点奖）

2015年红星奖作品QS-M2无针注射器同样是对医疗产品的关注，打破了我们的常规思维。设计师利用机械产生瞬间高压推动药剂经过极细喷嘴，高速穿过皮肤直接弥散到皮下组织，对每天都要注射胰岛素的糖尿病患者，无针注射器能够很好地消除患者对针头的内心恐惧感，从而降低刺痛感及皮肤接触感染率，提高了胰岛素的利用率，缩短起效时间，亦可避免因长期局部注射而产生的皮肤硬结。设计师所使用的材料符合医疗卫生标准并且可回收利用，延长了产品的生命周期。这一设计是目前全球唯一单次灌药多次注射的胰岛素无针注射器。从产品造型来看，无针注射器整体圆润，这一造型带给用户以亲切感，摆脱医疗器械冰冷的心理感受。同时产品的设计在吸药、调节注射剂量、保证注射安全等方面都科学、合理、有效，无针注射器的产品结构设计符合人机工程学的设计要求，整体设计上品质较好（图8-15）。

再来看北京天安门城楼两侧的红色观礼台，由已故的中国著名建筑师张开济先生在20世纪50年代设计。观礼台与天安门城楼及广场建筑群浑然一体，是现代设计与传统文化完美结合的典范。其设

图8-16　北京天安门红色观礼台

计思想超越了任何既定的形式和范围，在一个知识边际尚不清晰的年代演绎了极简主义设计理念的代表杰作。这种"大设计"理念是我们青年设计师应该学习的，如何更好地设计出具有民族特色的设计作品，需要设计师不断的思索（图8-16）。

《世界最大空气净化器亮相北京，每天制造720枚雾霾戒指》这是一个专注于巴黎文娱新闻的网站采写的文章。而文章中的主角——7米高的空气净化器"雾霾净化塔"，出自荷兰设计师丹·罗斯加德及其团队。这项设计在北京国际设计周上展览，类似这样的全球最新设计是从人们所处的生活环境恶化的视角出发，硕大的净化器给予我们视觉上的震撼，具有现代感的设计让雾霾净化塔成为一件艺术品屹立在人们的视线中。我相信每一个看到的人都会在心里对未来的蓝天白云有了更多的期待，雾霾净化塔的实现，挖掘和发现了人们对美好空气的向往，产品所创造的价值正是设计成功体现（图8-17）。

这是一款无须土壤的个人种植系统（SproutsIO），产品利用水培与气培混合的方式种出可口的食物。通过手机应用操控，园艺新手也能轻松掌握，系统全年不间断的运行，还可以节省开支，能源利用率高，种植

图8-15　QS-M2无针注射器

过程中所需资源少。与传统种植方法相比，这套系统可以节省 98% 的水，比一只 60 瓦灯泡所需的电量还少50%——并且，这些在家种植的"作物"，生长周期也缩短了一半。这款产品无论是视觉形象，还是从技术易用性来讲，都是很好的设计实现案例。种植系统设有摄像头，能抓取作物图像，拍下它转瞬即逝的成长过程；系统还提供气雾装置，只需接入电源，然后下载 SproutsIO Grow 手机应用。就能让用户在熟练操作后掌控更多的细节了。这样的创意想法依托信息时代新型技术的力量，让室内种植不再是设想，丰富了我们的日常生活，陶冶了生活情操（图8-18）。

生活中的小物件开瓶器，当提起开瓶器想必头脑中已经定性了一种形态，也就是我们常见的形式。好的创意设计特点就是总能让我们在以为东西应该就是这样时，打破传统禁锢，更新人们的思想认知。Belle-V开瓶器就是通过革新的方法向传统观念提出了挑战，摒弃了传统开瓶器的常见形式，削弱了纯功利主义的目的，作出了一个令人印象深刻的重新阐释。Belle-V开瓶器拥有流畅的线条和精致豪华的外观，闪亮的表面，愉悦的触感，与用户建立情感联系。其外形设计符合人体工学，用户可以平衡舒适地握住。此外，该开瓶器结构坚固、耐刮，由耐腐蚀不锈钢制成，经久耐用，可以毫不费力地撬开起褶瓶盖。这一设计创意的突破为设计实现提供了新的思路（图8-19）。

每个设计师都会不自觉地发掘新东西，而对于

图8-18 盆栽

图8-19 Belle-V开瓶器

图8-20 库奇扫地组合

任何制造新东西的需求，都意味着产品有机会被提升。可能人们已经习惯了将扫把和垃圾铲子的样子定义成我们通常所看到的那样，并且习惯性地将扫地的东西藏放到门的后面或是某个看不见的角落里，因为扫把通常并不太美观。但设计师凯霍宁观察到了人们的顾虑，为其找到了一个新的安身之处，并且可以像其他家具一样成为房间中的装饰物存在。设计的目的就是设计出既好用又不需要隐藏起来的日常用品。在库奇扫地组合设计中，为了能够放在墙角而不过多的占据空间位置，垃圾铲子被设计成三角形，同时扫地的扫把形状刚好可以作为垃圾铲子的盖子，将看起来很脏的地方完美地遮盖起来。为了达到预想效果，扫把的柄使用层压木，扫地的毛运用天然毛发，垃圾铲子的柄运用不锈钢材质，而铲的部位使用可回收塑料，全方位细致地进行了创意设计考量。这种可拆分的设计，同时满足了用户的多种心理需求（图8-20）。

优秀学生作品"回"家具系列设计获得2012年全国大学生工业设计大赛一等奖，设计作品名称"回"不仅象征着作品的形态，还代表着一种回归，将竹的传统加工工艺延展并运用至现代材料竹集成材，回归至一种传统的美感；并以"简淡逸远"的设计手法，传递出一种简淡、宁静、自然的意境。设计提倡"回"到"慢"的生活方式。书架由两种尺寸规格组合而成，书架四面内置强磁，作为书架模块之间的连接，并且可根据需要组合摆放出不同的造型。将中国传统原竹加工工艺中特有而优美的弯曲节点，延展至现代的竹集成材，体现了一种对传统工艺的现代化应用与延展，并赋予了作品浓

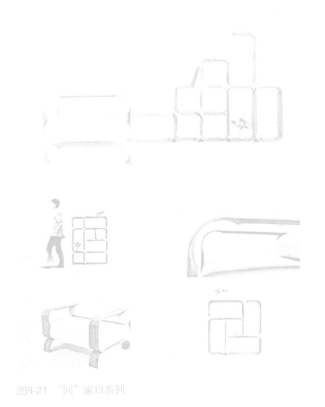

图8-21 "问"家具系列

厚的东方气息。该沙发软垫在扶手之间的空间嵌合，纤薄的扶手与腿部体现竹材的纹理与力量（图8-21）。

8.3 系统分析方法应用

所谓系统分析方法，就是为设计提供解决问题的依据，加深对设计问题的整体认识，启发设计创意构思。产品系统设计的构成要素主要有功能要素、结构要素、形态要素、色彩要素、材质要素、人机要素、社会人文和环境要素等方面。系统分析就是揭示系统要素之间的关系，将诸要素的层次关系理清，发现问题、分析问题并解决问题，从而为产品设计定位整理出最佳的解决方案。

真正意义上的设计，应当是先要想好每一道工序与环节，使每一道环节都串联起来成为一个完整的工序。科学技术的发展为设计实现开辟新的思路，运用系统分析方法，更新创意设计理念，促使产品在整个生产周期中得以实现。产品的生命周期的设计主要包括材料的选择、产品的可拆卸性设计、产品的可回收性设计、产品的成本分析等。从根本上来说，系统分析方法是一种观念上的，一种看问题的立场和态度，是认识和创造事物的方法指导。

产品设计的核心问题是协调人—产品—环境之间的关系问题。研究产品设计应从三个层面进行考察。第一层主要是宏观层面上分析人、产品、环境组成的社会、经济、技术、文化之间的关系，重点考虑的是"要设计什么"的问题，也就是设计的目的是什么。第二层主要是中观层面上分析产品与人、企业、环境分别构成的关系，重点考虑的是人、企业、环境各自的需要，如何能够满足这些需要的问题，也就是设计的途径是什么。第三层是对微观层面上对产品自身的分析，重点考虑的是如何设计的问题，也就是设计的方法是什么。从系统的角度进行分析应当全方位地考虑分析，更多的关注产品、人、企业、环境之间的关系问题（图8-22）。

星巴克咖啡对我们来说并不陌生，这个品牌的发展是十分有趣的案例。星巴克（Starbucks）咖啡公司于1971年成立，诞生在美国西雅图的一个小地方，靠的是咖啡豆起家，公司从来不打广告，但就这样一家公司在近20年的时间迅速发展成为一家巨型连锁咖啡集团。抓住现有品牌，为用户提供高品质休闲咖啡生活，

图8-22 产品系统设计的三个层面

满足社会生活中城市文化与咖啡生活的日常需求。星巴克提出了一种独特的系统营销模式，不同地区的星巴克咖啡杯都会体现出当地独特的地域风情，给当地的人们带来一种亲切感和归属感。当我们走进星巴克时，古朴的意大利风格的室内设计，现代感十足的家具，形式多样的座椅，模块化的功能分区，身处其中被浓浓的咖啡香味所包围，所有的一切都是通过精心设计在一起的。当清晨或者午后走进星巴克，总能让人放下心中的疲惫，愿意坐下来静静地享受咖啡的香味，这样的过程给人一种舒适的生活体验。原本提神解渴的咖啡体验，变成了一种有意义的生活体验，这就是所处在的环境关系中带来生活质量的提升。星巴克为用户提供的整体环境与系统化设计，为顾客创造一种积极的消费体验，使其成为咖啡行业中的典范（图8-23）。

信息化时代下许多优秀的创意设计得以实现，层出不穷的设计思潮不断涌现，对于当下设计师提出了严峻地考验，新形势下如何更好地将创意"落地"，将设计实现被大众所认可，越来越多的设计者发出了声音。一些设计师急于从文化历史中提取一些符号运用到设计之中，抱着试一试的心态投入市场，造成设计行业混乱，在没有完全理解其所设计符号、元素的缘由与发展，单从美学出发，为设计而设计，造成"快餐式"的设计方法。当下设计

图8-23　星巴克

目标和价值发生变化，产品设计不单单是对功能问题的关注，更多的是对"事"的认知，以对"物"的设计为载体，最终实现人的生活过程与体验的新创意构思。

通常情况下普通人是无法发掘未被设计出来的需求，因为绝大多数人都没有意识到自己的真正需求。受过训练的观察者常常能够通过认真观察与反思，发现存在于日常生活中的问题并能提出设计实现的可能性。这也就是实题分析中为什么设计师的创意产品实现后，观者能够很快说出自己日常生活中确实存在这样或那样的困扰。对于设计者而言，只能通过产品本身与使用者进行对话，从而实现设计的整个系统应用。在理想状态下，设计者的构思设计与用户的体验心理能够达到一致，那么这一设计的系统视为优秀的产品。设计的产品能被用户所接受，媒介是产品的书面材料表达，这里称之为系统形象。设计人员只有通过产品的系统形象才能与产品的使用者进行交流。如车内座位调节器的设计通过向前倾斜，最终实现与用户之间的对话，这种认知上的统一，可以让使用者快速接受信息并合理使用产品（图8-24）。

图8-24　设计者与用户

对于创意设计而言，最重要的就是实践的检验，好的创意只有在系统思考后通过实践检验才能确定其是否能够达到预期目标价值。只有对设计对象进行系统考量，才能满足设计实现的目标结果诉求。首先定义用户是儿童，设计时，首先我们应该看到的是在儿童的感受中一个什么样的小世界能被接受。毕竟孩子们的思维方式与成人有所差别，比如桌角下面的小涂鸦，很难进入大人的视线中，但却能成为孩子心目中的秘密花园。日本设计师佐藤非常崇尚轻松与自由，不喜欢被约束，设计出来的产品中总能看到一种跳跃的轻快，纯净的线条富有灵性。一款微笑的小板凳，五彩斑斓的色彩，不只是孩子们看到会不自觉地微笑，大人同样会。板凳的板

图8-25　儿童椅

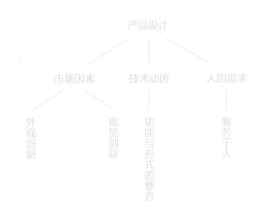

图8-26　产品设计考虑的因素

面上做出了人的笑脸设计，两只可爱的小眼睛和微笑着的小嘴巴下面连接了透明的塑料凳腿，从系统分析的角度，设计师的设计创意能够与用户的内心体验达成一致（图8-25）。

在设计一个产品时，要想使设计得以实现，就必须考虑多方面因素，包括市场因素、技术动因以及人的需求。更为具体的来说，对材料的选择、加工的方式、产品的营销、制作的成本、产品的易用性、使用产品的难易程度，及使用者的生理需求、心理满足感等等。我们重点强调的是好的设计必然有其魅力所在，也许是外观创新，给人的视觉享受，产品的新颖形式，功能与形式的完美结合，这些都需要在设计产品时对其不断地重构，从整体的、系统的角度出发，进而构建产品，服务于人，实现产品设计。例如对一个杯子的设计，首先对目标的实现进行定义，杯子也就是一个供人饮水的装置。在设计时需考量杯子是干什么用的，再到使用杯子喝的方式、喝的过程、喝的体验，以及在什么场景使用，使用的对象又是什么样的，基于这样一种思考方式，才产生了各式各样的杯子。再者如果对水杯的说法不进行定义，那么就产生了更广阔的设计思路，这就有可能改变系统目标，从而设计出新的产品（图8-26）。

设计作为一门实践性极其强烈的交叉性应用学科，只有对各个影响因素之间的交互关系进行相应的判断，从而得出不同的认知结果，并直接影响设计实现的有效落实。纵观德国IF、红点、洛可可等顶级工业设计大奖对产品创新设计要素的认识与评价标准不尽相同。譬如，德国IF"HODOHKUN Guideway"通过为有视觉障碍的人准备的新式盲道、进行防滑的无障碍设计，可以有效防止盲人在下雨天意外摔倒，对特殊人群生活细节的关注，以减少危险状况的发生。同时在一定程度上也保证了其他人群能够顺利地在上面行走，如坐轮椅、婴儿车及穿高跟鞋的使用者。IF坚持精益求精的评审标准，提倡的是设计创新理念，其评审的创新设计要素包括美观性、产品质量、材质的选择、技术革新、功能性等产品属性，同时包括人机工学、安全性、环保性、耐用性等用户体验属性（图8-27）。

德国红点奖注重强调产品的革新度、美观性、实现的可能性、功能性和用途、生产成本、人体工程学与人

图8-27　HODOHKUN Guideway

之间的互动、情感内容以及保护知识产权等要素。2016年获奖作品One-o-One 旅行杯关注人们出行需要，从台北最高摩天大楼的轮廓找到设计灵感。通过纯手工制作，通过其表面的各式几何纹理装饰赢获许多用户的芳心。这一设计使得该旅行杯不仅拥有舒适的表面触感，同时也方便了用户抓握。One-o-One 旅行杯由富含中性的白色电气石矿物质的陶瓷制成，这种矿物质的物理属性对用户身体有益：当杯体受热释放负离子时，矿物晶体携带的电荷能够帮助净化杯内液体或食物。而内外层之间的空腔则可以进一步提升该陶瓷的保温性能。杯子颜色有黑色、白色以及其他多种鲜艳柔和的色彩可供选择。可以说，One-o-One 旅行杯以其清晰永恒的设计备受青睐。从设计竞赛优秀产品的经典案例中不难发现，都对创意设计呈现出一种系统化的考量，从需求性、创新性、功能性、美观性、可行性、经济性等角度进行细致分析研究（图8-28）。

所谓系统化应用设计，就是站在日常生活的视角，从多角度对设计创新思维进行全方位把控，更好地发挥设计的作用。通过系统思维方式，更好地培养设计师的整体设计思维。这里所说的系统思维方式，指的是将认识对象作为一个系统，并从系统和要素、要素与要素、系统和环境的相互关联中全方位地考量认识对象，完成目标设计的一种创意思维方法。在创意思维活动过程中，从系统的角度，联系地看待和思考问题。首先通过大量的相关知识的积累学习，结合前期调研分析研究，锁定产品设计的创新突破口，进行理性的数据分析，创造性地提出解决问题的方法，从构思中提出可行性创意设计，促使产品能够持续创新。

通过系统应用设计方法，结合创意设计理念，设计出的优秀作品总能让人第一眼看去不禁有些欣喜甚至出乎意料，但细想之下却又在情理之中。大家所熟知的苹果手机产品创新设计为其在电子行业赢得了巨大的市场。就苹果品牌中知名的产品有Macbook笔记本电脑、iPad平板电脑、iPod音乐播放器、iPhone手机以及Apple Watch等。苹果的设计理念是流畅式的用户体验，苹果的创始人乔布斯比较崇尚禅意，基于优秀的设计初衷，在使用时总能带给用户一种内心的愉悦感。同时"少即是多"的极简主义设计，坚持系统和外形的独创性为苹果的成功奠定了根基。就苹果手机来看，总体呈现一种持续的、专注的系列化创新设计，使得苹果产品的生命周期大大地延长，对一个产品的创新设计关注激发了人们对产品发展的期望，从而激发了人们的好奇心和购买的欲望，使苹果品牌具有了系统的市场竞争力（图8-29）。

社会的不断发展进步，为工业设计提供了更加广阔的空间，设计正在经历由传统的关注产品本身转向服务与体验的更加全面、更加系统化的现代工业设计。同时将物质形态产品与非物质形态产品以及两种特性兼而有之的"融合化"产品系统设计。这种转变是生活需求引发的设计价值导向的变化，影响到设计实现的成败。在信息时代，消费者对产品的设计认识产生了不同，人们

图8-28　One-o-One 旅行杯

图8-29　苹果手机系列产品

更关注智能的、简洁的、可自由操控的体验设计产品，更加注重自己的使用感受。苹果公司的成功之处就在于，其为用户提供了从生活需求、科技融合到产品体验的最佳设计。iPhone的设计改变了移动手机产业的格局，不仅仅对外观进行了精美的设计，同时为用户创造了一个开放式的平台体验。IDEO的蒂姆·布朗说，"苹果公司最伟大的成就之一，就是将其长久以来的设计重心从'产品设计'转向用户的使用体验。"凭靠好的系统设计与用户体验受益的不只是苹果一家，就像实题分析中受人热捧的甲壳虫汽车，用产品风格的魅力创造了一个美好的用户体验。

LG Bottom Freezer冰箱，在设计中设计师综合考虑用户体验需求，设计的整体外观给用户留下金属质感，满足个性化需要。此外，门柄分为两种类型（N类和T类），拓宽了用户的选择空间。该冰箱以其无处不在的精湛雕刻工艺著称，精心制作的表面增强了视觉体验。应用于门柄的柔光设计进一步美化了冰箱奢华的外观，对细节的处理让产品更加的精致。散发柔光不仅能够营造氛围，同时也能保证冰箱内部装置在晚上的可见度更高。可以说，该冰箱赋予了家电全新的意义，为家庭带去了一份温暖，运用系统性设计思维完成产品设计，传达了一种信息时代的生活体验模式（图8-30）。

信息化时代，人们对生活质量的要求不断提升，品牌意识也逐渐增强。单就国际知名品牌与一般品牌的产品销售数量和价格来看，差距甚远，比如同等的单肩包，蔻驰要比麦包包高出一倍多，这近似夸张的背后，正是品牌这一隐形的力量推动产品在走向市场的同时增加了高昂的附加值。品牌不是简单的Logo，而是一个组成商品或服务形式的一种商品系统，其价值是通过依附在产品或服务上的附加值得以体现的。品牌的发展不是一蹴而就的，是通过长期的探索，寻找品牌文化，定位品牌目标，在实践中摸索前进的系统分析过程。每一个品牌设计都有其独特的魅力存在，通过品牌设计出满足人们生活需求的产品，给予产品与消费者沟通的情感纽带。

以无印良品品牌为例，无印良品（MUJI）创始于日本，其本意为"摒弃过多装饰和累赘功能，寻求简约、返璞归真的优良产品"，产品主要以日常用品为主。无印良品的设计注重纯朴、简洁、环保、以人为本的理念，在包装与产品设计上皆无品牌标识。产品设计小到铅笔、笔记本、食品及厨房的基本用具，大到房屋建筑、咖啡店的设计。虽然无印良品极力淡化品牌意识，其遵循统一设计理念所生产出来的产品无不诠释着"无印良品"的品牌形象。无印良品的最大特点就是极简，所有产品都省去了不必要的设计，崇尚本真低碳的设计。为了环保和消费者健康，无印良品规定许多材料都不得使用，如PVC、甜菊、山梨酸等。在包装上其样式也多采用透明或者是半透明，因其对环保再生材料的重视和将包装简化到最基本状态，无印良品赢得了环境保护主义者的热烈拥护。从系统设计方法应用的角度看，无印良品的设计关注使用对象的健康及生活质量，更注重对绿色生态环境的保护。无印良品从不进行商业广告的宣传，单从设计理念上看无印良品系统的设计定位奠定了在社会市场中的地位。木内正夫讲到，"无印良品在产品设计上吸取了顶尖设计师的想法以及前卫的概念，这就起到了优秀广告的作用。我们生产的产品被不同消费群体所接受，这也同样起到了宣传作用。"无印良品的设计给予了身处在浮躁而复杂的世界中的人们

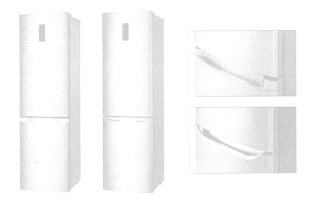

图8-30　LG Bottom Freezer冰箱

一种精神上的慰藉，其所传达给消费者的已经不单单是物质化的产品理念，更多的是传达一种非物质化的生活理念，一种全新的生活方式（图8-31）。

无印良品的获奖设计作品源于生活又高于生活，回顾我们在孩童时期，大多时间都在学校学习，每当上课就会看见老师拿着细长的粉笔在黑板上不断的书写。下课后同学们冲出教室，几人围坐一起拿着小石头在地上涂鸦玩耍，十分的愉快。设计师小高浩平设计的小石头粉笔就是将生活中的快乐场景进行情境分析而设计出来的，将涂鸦时的愉悦感及安心感一直延续下去（图8-32）。

关注人们的日常生活，并对其进行改善，结合无印良品系统设计理念，设计师注意到渔夫们的日常，设计冰岛渔夫们使用的连指手套，其充满了寒冬捕鱼时的智慧。用桨划船时，往往容易弄破或弄湿手套。此时，无须更换新的手套，可以直接翻过来继续使用。材料使用了厚羊毛，湿了也很保暖，遇水收缩后也可以稳固站立。设计师通过形态的创造，将自己对产品功能、操作、情感、品牌甚至企业形象的认识融入设计之中，从而体现出系统设计方法的重要性（图8-33）。

无印良品所传达的不仅仅是一个产品，更多的是给使用产品的人提供一个系统的概念，并通过产品本身的留白、简洁给用户想象的空间。重新定义自己身边的日常事物，从我们所熟知的日常生活中寻求现代设计的真谛。好的创意应当将设计定义在一个系统整体之中，将生活中熟知的日常生活进行再设计。如建筑师坂茂设计的四角形卷筒卫生纸，卫生纸中间的芯是四角形的，这个设计创意就是对我们日常生活常用物品进行逆向思考再设计，使之更优。当用纸时拉扯这种四角形卷筒纸，纸会因阻力使动作变得不便。通过对系统动作的分析设计，使用户无形中减少了用纸量，这样一来轻轻松松起到了节约资源的作用。同时可以发现，四角形卷纸的设计在排列卫生纸时相比传统圆形纸缩小了彼此之间的空隙，节约了空间（图8-34）。

对产品的生态环境考虑，成为设计创新的一个新的发展方向，越来越多的设计师崇尚将绿色设计和环境要求融入产品生命周期的设计之中。伊莱克斯股份有限公司是世界知名的电器设备制造公司，其对吸尘器的设计发展与革新，通过改进产品系统设计，以追求产品对环境影响的最小化。设计的全自动的三叶虫吸尘器就是从源头开始控制，同时设计制造了各式各样的吸尘器以满足不同用户的不同需求。不论是追求创新、时尚或是高性能的、绿色节能环保的，都可以找到所需要的适合产品。伊莱克斯公司通过采用系统分析设计取得了良好的效果，不但减少了环境污染，更降低了产品成本，实现了可持续发展的需要（图8-35）。

通过系统化分析方法，结合优秀的产品经典案例及竞赛作品解析，对设计创意进行系统应用分析，不难发现用户需求分析在整体设计中的重要性。不同的实题例

图8-31　无印良品

图8-32　小石子粉笔

图8-33　冰岛连指手套 　　　　　　　图8-34　四角形卷筒卫生纸 　　　　　　　图8-35　三叶虫吸尘器

证都说明了用户需求的系统化分析方法在产品设计过程中的应用，期许在设计中能够更加全面地对产品本身及各方面因素都能细致地进行设计分析。在产品设计过程中，发现消费群体中的潜在或者显在的需求，并用以指导产品创意设计分析，体现实效性创新设计。

8.4　设计创意推演

　　生活在亲近大自然的环境空间，创意能够为生活中的人们带来幸福感，设计实现从日常生活的每一个细节出发，寻找更适宜居住生活的现代社会。从前面大量的实题分析不难发现设计创意构思，有赖于对衣、食、住、行等生活的仔细观察，小到每天使用的餐具、室内的家具产品，大到随处可见的场所、城市，设计创意的来源无处不在。在每一个设计之初，每一个设计的阶段进行中，无论是行业顶层设计、企业设计战略、项目设计定位，亦或是产品创新设计，设计师都应当本能地去思考应该怎么样才能更好，这才是一种负责任的设计态度和设计精神。

　　不论对物的设计还是非物的设计，其创意源点都是为了更好的生活方式。只有明白为什么要进行创意构思才能设计出更好的创意，对已知的存在和未知的假象进行思辨和探索，找寻其背后引起的内部根源所在，从而找到更好的、更合理的创意设计。比如因为长时间的站立导致双腿疼痛，这时我们就会寻找一些可以改变现在所处状态的东西，从而让双腿能够得到释放，这时椅子就被设计出来。当椅子能够满足坐的需求时，就会有人在想怎么样能够更加的舒适，椅子的基本造型就通过不同需求的人设计成了不同的样子。对事物源点性的思考，进而推演、重构的过程，这才是设计实现所首要关注的问题。在产品系统设计体系下，基于用户需求的分析，通过对事物、事理的再学习、再研究，寻求设计创意的源点，发现生活中的问题，是实现设计真正价值的第一站。首先从生活中的细节出发，图8-36对一个可乐瓶的思考，通过联想产生一系列可能性，突破固有观念的束缚，最大限度地释放创造力思维。

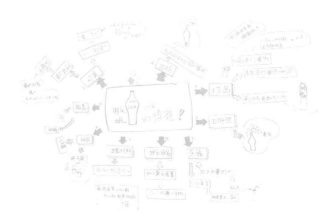

图8-36　对可乐瓶的思考

设计创意的源点探寻应当运用系统设计思维方法，比如运用头脑风暴法、思维导图法、举例法、设问法、类比法、组合法、逆向思维法、情景故事法等。著名设计公司IDEO致力于产品设计开发，认为无论何种产品总是由了解终端用户开始，专注聆听用户的个人体验和故事并认真观察用户行为，从而揭示隐藏的需求和渴望，并以此为灵感踏上设计之旅。这样一种方法可以应用到产品及产品之外的服务、界面、体验、空间等创新，在设计思维引导下，始终将用户放在首位，深入理解用户感受，探求其潜在的需求是创新的关键所在。在日常设计活动中，通过对设计思维的合理训练，可以充分自由地发挥设计师敏锐的、丰富的设计想象力。IDEO设计公司独创的与用户"互动式"合作模式，将设计从启发、构思、实施三方面的交互式思维流程开始，到产品如何融入、辅助人们的生活，从而可以协助降低风险，达到设计实现（图8-37）。

IDEO设计公司一直秉承着对设计过程的关注，就设计过程列出五个步骤，我们从中不难发现其对创意过程的足够重视。步骤分别为：

（1）设计产品首先理解市场、客户、技术和有关问题的已知局限；

（2）对现实生活中的人们进行观察，弄清楚他们心里怎么想的；

（3）设想顾客使用产品的情景，站在顾客角度进行体验；

（4）创意设计进行评估和提炼模型；

（5）最后将模型调整为适宜商业化生产的最终产品设计。

IDEO对优秀的设计重新进行定义，称优秀的设计创造的是美妙的体验，而不仅仅是产品。比如设计师Quick Cam设计的笔记本电脑摄像头和为多用途房间设计的灵活可变桌子，其人性化设计为使用者带去了不一样的美妙体验。在设计开发过程中，IDEO要求客户公司亲身一起参与设计，共同对消费者要求的研究、分析，总结解决方案进行设计决策。通过在设计用户体验的过程中进行像现场表演、头脑风暴、绘制草图、模型设计、深入分析挖掘、广泛接触、尾随跟踪及与顾客换位思考等一系列启发性的独特技巧，使客户明确设计方案推演的整个过程以及如何完成设计改造，这种基于设计管理的产品创新设计过程加速了设计实现的可能（图8-38）。

明确设计创意源点后对设计对象的元素进行提炼、整理分析，结合用户需求对元素进行提取再设计。Biomega自行车品牌设计初衷是关注到在城市中生活的人们因汽车带来的身份地位及自我价值，从而选择购买的需求，期许设计出像汽车一样的自行车，成为一种高端商品，足以彰显使用者的身份地位。引领一种"骑行生活"，设计师的设计灵感来源于在巴塞罗那旅行时，当地的人们很喜欢骑行，并在骑行中可以以自己的速度欣赏巴塞罗那独具风格的建筑艺术，Biomega自行车品牌将艺术设计融入个人生活之中，既环保又清洁，同时通过自行车这一元素的提炼改造引领一种健康的生活方式。图8-39中的设计着重摒弃了传统自行车链条的转动方式，运用齿轮转动的方式除了使能量传递效率更高之外，最重要的是免去了"掉链子"的烦恼。

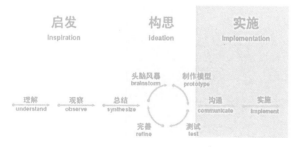

图8-37　IDEO模式

图8-38　摄像头与桌子

图8-39　Biomega自行车品牌

图8-40　55度杯

Biomega的每个自行车都是与众不同的，因每个人所处的生活状况不同，自行车作为一种大众化的代步工具，就应当满足不同人的不同需求，从细节处进行元素处理，彰显用户的个性化需要。

在制作一辆自行车时，首先要将其看成是一个整体，对整体形态的合理把控。但当一辆自行车摆在用户面前时，更多的是对细节的关注，比如像车把手、车轱辘、车架、刹车等。一辆汽车摆在眼前，则会直觉地从整体上来鉴赏车的外观。将自行车与汽车对比，自行车的设计应从品牌价值与产品紧密结合在一起，将炫酷的感觉融入到品牌文化之中，将一切零碎的部件尽力隐藏，使自行车成为一个整体。自行车通过与汽车进行对比分析，对自行车的创意设计使产品上升到了一种生活观念改善的高度。

许多优秀的设计创意绝不仅仅是某一种设计元素的再现而是独树一帜的系统设计风格，换言之，设计创意的过程就是一个创造故事的过程，常常是从日常生活中的不同领域汲取灵感，选择适当的、舒适的材料，透过设计挖掘运用于新形式的各种可能。比如说，北京的鸟巢设计，这是一个为迎接2008年北京奥运会而设计的主体育场。鸟巢的形态看上去就像它的名字一样，看上去像一个摇篮，如同孕育生命的"巢"，寄托着人类对未来的希望。

寻找设计元素，总被认为是很头疼的一件事情。往往在日常生活中越亲近的事物越容易被忽视，如果注意到隐藏在生活中的文化底蕴，并对其进行适当地调整，就能找到有趣的发现。比如说洛可可设计的55度杯，以生活中的常识规律总结出在55度时水温适宜饮用，同时可以稀释蜂蜜，冲调奶粉。由"北京五十五度科技有限公司"自行研发、设计、生产的可以"快速变温水杯"，因其奇妙的创意设计研发，受到消费者的热捧。其瞬间可以将所有高于55度的液体冷却，也能把低于55度的冷水加热，从而达到最适宜人体饮用的温度，用健康喝水的理念，迅速占领市场（图8-40）。

前面分别从设计创意从何而来，也就是寻找设计源点；到怎样挖掘提取设计元素，对设计元素进行整理分析；再到创意设计构思，创意设计构思过程依赖于设计师长期对产品知识背景、设计美学、市场认知定位、对事物的观察以及系统性设计思维的广度和深度之间的影响；接下来提出可行的方案，对方案进行设计实现；最后投放市场对产品进行评估，继而设计实现、制造及销售。设计创意的过程是一个反复的尝试新想法、实验的过程，通过与用户及环境等方面的沟通分析，直至找到一个满足各方面需求的解决方案，换句话说，就是基于大量背景知识调研分析，及不断地找寻合理的解决方案直到创意地解决问题。就一简单的"握"，如何更好的施力，形状可以是千奇百怪的，将平常认为不可能的想法运用草图表现出来后发现，也许存在一定的特点，一旦有了方向通过反复测验最终敲定可行方案设计（图8-41）。

信息化时代伴随着技术动态的发展，对相关产品设计创意提供新思路。例如，Sony Rolly是一款初级音乐机器人，可以通过下载或使用Sony提供的专门编辑软件来丰富音乐机器人的舞姿，并可以通过蓝牙播放电

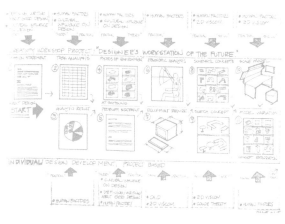

图8-41　创意设计思维过程

图8-42　Sony Rolly音乐机器人

考虑结构、材料、制作等因素。关键是有想法要迅速地记录下来，然后将已经存在的元素重新进行组合，就像无印良品中的小石头粉笔就是将石头的造型与粉笔进行结合。进而可以适当运用技术的力量，进行结合叠加，寻找符合概念定位合理的创意。亦或是对功能进行组合，可在原有产品上附着新的功能，以及形态、结构、材料、使用、储藏方式等各要素进行打乱重组，都有可能会对原有设计带去不一样的效果。

脑中的音乐。通过交互技术完成创意设计，满足新时代的带入式体验应用。再如，当下流行的无线充电器，也就是不需要连线也不需要插头，只需要将所需要充电的手机，放置特定的位置，满足不同的产品可同时充电。其原理主要是由于产生了感应电流，只需通过一个充电装置就可以快速完成充电。整体来说相比有线装置方便许多。从技术角度出发，努力协调产品与人、环境之间的关系，通过技术的手段解决产品使用中的不足之处，或通过技术的革新来带动产品的创新，激发实现创意设计（图8-42）。

设计创意的思维包括理性思维设计和感性思维设计。设计创意的推演是从细致周密的市场调研分析到具有灵性的创意设计，是通过系统的、逻辑推理的过程逐步演变而来的。在开始设计之初，应当不受限制地进行天马行空的创意想象，不必过多地

8.5　设计实现定位分析

不同的时代对产品设计的关注点不同，设计实现的定位也就不同。在20世纪60~70年代，产品市场供给远远小于社会的需求，生产出大量的产品是工作的最终目的。那时以生产为导向是设计实现的战略目标，也就是说产品的设计可以无视消费者的需求偏好，制造出的产品一定会有消费者进行购买。在20世纪70~90年代，产品市场能够供应社会需求，产品的设计开始设计出有差异的、易用的产品。以市场为导向的时代，生产力提高，消费者有能力购买自认为不错的商品。当今信息化迅速发展，商品供应远远大于社会需求，消费者的需求开始提升，产品的设计应当更多地关注用户的需求。那么消费者到底需要什么，马斯洛将人的需求分为生理需求、安全需求、社会交往需求、尊重需求、自我

实现需求。人们对产品设计的需求已经不单单是追求产品本身，而是通过对产品的消费所得到的美好的内心感受。

将设计融入日常生活是设计实现发展的必然趋势。好的创意设计应该是以人为中心的设计，将关注点放在发现使用产品的人的需求上，设计实现就变得明朗了许多。然而多数设计师存在一个通病，认为自己就是用户，因此通常会以自己的认知作为设计的出发点，导致设计的产品未能被大众认可。之所以产生这样原因，正因为设计师知道太多，同时又知道太少，这二者并不矛盾，所谓知道太多是指知道的技术太多，知道太少强调的是对其他人的日常生活知道太少。只有通过对与设计毫不相干的人对产品进行观察，才能发现普遍存在的问题，将产品设计实现。

另一种设计实现定位的问题，柳冠中曾指出"抄袭是中国设计师的通病"。中国每年都会有大量的设计师蜂拥去观看米兰设计展，回国后进行仿制，或者是改头换面，然后成为了中国的创意。意大利的生活方式和经济背景与国内设计标准存在一定差异，单纯的模仿，流于表面，缺少了对自己民族设计实现的定位思考，这样的创意设计是没有意义的。清华大学工艺美术学院教授柳冠中表示，"设计不是一个摆设或一个装饰品，设计是解决人类社会发展的方法论，具体说是组织方法、选择方法、创造方法和评价方法。"设计实现是为了能让我们有一个更加美好的生存环境，在学习设计创意时，应当更多的是了解设计背后的故事，理清设计语境是什么，为什么用这个材料而不是其他，形态如何而来等。

从实题分析中能够发现，每一个优秀的设计师在设计之初都对使用人群的生理、心理需求进行了不同层次分析，可见需求分析在设计实现中的重要性。其中产品创意设计的需求分析，主要侧重的是用户需求与产品结合点，解决设计师最

终做出怎样的产品。设计是一个过程，是一个从作品、产品、商品、用品、废品的生命周期的过程。设计师和使用者也是一个过程，一个从设计到被设计、从使用体会到意见反馈的交互过程。所以设计实现有赖于设计师对每个环节的设计分析，设计师都应当拥有为了把事情做好而把事情做好的决心，在思考中探索发现。

在设计实现过程中一个重要的环节就是材料的处理，一个恰当的材料能够赋予人的情感，并将之充分运用到实现设计创意的过程中来，成为促进创意实现的一种有效助推力；材料能够将创意构思变成艺术作品；材料艺术表现力在创意构思和具体的艺术作品中起到连接作用，充当二者之间的媒介。离开了材料的艺术表现力，纵使设计中有再好的创意点子，也只存在于设计师的想象之中，无法将其展现给人们并实现设计作品；任何的设计创意活动都是设计师与外界事物的以此沟通，材料承担着信息传递的作用。通过适当的材料，可以使设计师能够对材料的理解和改造融入到自己的设计理念之中，从而更好地完成独特的设计创意产品，为设计实现打下坚实的基础。

设计实现定位应当更加关注设计本身，应当从人们的日常生活入手去研究设计。设计师的职责是引导人们健康的生活，服务于人。例如实题中的水槽，做饭人的目的是做出一桌子可口的饭菜，而不能是像一个清洁工一样，每天花费大量的时间用在通水槽上面。对产品进行优化创新设计是为了人们更好的使用与生活，把产品当成一个生活"小秘书"对待，营造一种愉悦的使用环境，体现设计能够带来更加美好的生活体验。在产品创意设计中，为了更清晰地判断设计方向，就需要设计者采取相对比较全面的设计分析。从多角度、多方面、多层次对设计方案进行严格的定性、定量或综合方式的比较分析，从而得到更加可靠的数据和反馈信息，帮助设计方案的有效筛选和优化，最终达到设计实现。

在新现象、新行为、新思潮的信息化时代下，对设

计更注重考虑其长远性，可持续发展设计成为时代发展的方向。可持续设计也更加强调设计应充分关注产品、人、环境之间的关系问题。可持续性产品不单单要满足当代人的需求同时应不危及下一代人并满足他们的需求。这就需要运用产品系统设计思维方式进行设计，体现人与物质化产品、非物质化产品之间的深层关系，产品实现的真正意义在于通过在复杂的外部文化环境中寻求功能的多样化，从而创造更合理的、符合时代发展的生活方式。

第 9 章
生活引导性概念设计

9.1　定位：基于前瞻性时间轴

信息时代已将用户的生活与高新技术越来越紧密联系起来，不同于工业时代及设计崛起的更早时期，信息技术已对从幼儿到老年人等各个年龄段、各个领域的人群都强行渗透其中。人们的生活方式已被物与信息技术支撑的非物构成的网紧密包围，不可逃离、难以挣脱，且这种技术的影响程度仍以加速度拓展。中国市场服务由最初的网络购物，逐渐发展为包括网络购物、网络订餐、预交各类生活费用、网络医疗服务、网络出行服务等囊括衣食住行游医娱在内的几乎所有生活层面需求。这段惊人的变化从出现到大众熟知、被普及的速度是人们由手工艺时代步入工业时代的百倍以上，并且这种变化仍在持续和加速。

信息时代的到来有效推动了社会生产力的发展，进而给人的发展提供了丰富的物质基础，满足了人们对生活资料的需求。现如今人们不仅仅满足于物质需求，更多地在追求精神需求，信息时代提供了更经济有效的途径。网络文化发展出多样的文化形式，人们根据喜好可以有不同的选择，此外还有多样的娱乐方式，视频传播、网络游戏、音乐媒体等以各个方面来满足人们的娱乐需要，这些都对精神需求的满足有所作用。信息技术还拓展了人们的自身能力，云计算、云储存、模拟机器人等技术的完善提高了人们的计算、记忆、思维等方面的能力，此外还增进了人们的创造性思维，提高了创新能力，各种各样的智能技术被开发运用于人们生活中，给人们生活带来改变。比如一些医生通过互联网远程操作机器人来进行手术，居家治病也不再是幻想。如图9-1美国iRobot和InTouch Health两家公司联合研发出一种远程医疗机器人RP-VITA，医生通过它可以远程为患者看病。

信息时代为人们的自由发展提供了无限可能，

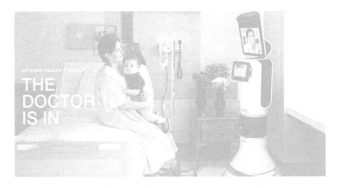

图9-1　远程医疗机器人RP-VITA

是一个个性化的空间。随着全球化发展，人们社会交往的范围随着网络延伸到世界各国，其中虚拟交往减轻了现实生活中面对面的交往方式给某些人带来的压力，人们愿意通过网络敞开心扉、展示个性，这也进一步发展了人们的社会关系。人们身为信息的使用者，是自主的，对于信息理解也就更个性化，信息带来的知识、娱乐、文化等信息，不仅满足人们需求，还给人们更多个性化的需求。

在信息时代，不同的文化通过各种形式碰撞着，多元文化的交流使文化得以繁荣发展，信息技术为文化的传递也提供了新的契机。但其中网络技术发展的不平衡加剧了文化发展的失衡，经济发达国家在文化交流中占优势。根据美国科技咨询网站公布的数据来看，英语一直处在互联网语言使用的主要地位，以英语为内容语言的网站占全球1000万个网站中的54.4%，所以部分西方国家则会出现文化霸权主义，将自身价值观强加给他国，阻碍了信息时代下文化交流的良性发展。此外，传统文化民族性逐渐削弱的现象也不容忽视。信息时代的自由性、包容性，使传统文化的民族身份弱化，人们受日益增多的外来文化的影响，逐渐忽视了本民族文化。但信息时代也为传统文化提供了新的平台，网络媒体可以积极宣传弘扬传统文化，民间艺术可以通过宣传在网上传递，有效增加了传统文化的影响力。

信息时代不同于以往的各个时代，人们的生活方式、文化习俗、价值观念等方面都产生了巨变，人们审美趣味的变化使得整个社会的艺术设计观也在改变，由此产生出了多样的设计方法促进着社会的发展。

9.2 信息时代生活特征

信息时代，从深入到全面，浩浩荡荡、不可阻挡、翻天覆地、大刀阔斧、爆炸性、革命性地改变了这个社会。大数据是信息社会的一大趋势，它将各种新的技术、新的产品和我们的生活联系在了一起，我们的生活方式和行为模式被大数据全面和深刻地改变了，同时信息社会影响着产品设计的发展趋势。如果说在几百年前的封建社会还是一个农业社会，依靠农业创造社会的大多数财富，那么无可否认现在人类社会已经进入到了一个信息的时代。21世纪的所有人都无可避免地在享受这一时代带来的便捷、馈赠、改变。我们所熟知的财富最聚集的几大行业如金融、咨询、IT互联网，都是通过信息来创造或储备资源。我们手中拿着手机、桌子上摆放着电脑、书架上摆放着书本、大街上卖着报纸、广告牌上张贴着广告、这些都是信息。

文化是人类所创建的精神文明和物质文明的总和。每个时代会有每个时代的文化特征，而在我们所处的信息时代，我们所创建的精神文明和物质文明又有自己的独特特征。

首先，信息时代人们更加崇尚简洁时尚、方便实用的物质。

在封建社会甚至更久远的原始社会时期，生产力低下的人类如果能在脱离手工劳动之余在河岸边找几个漂亮的贝壳，再用骨针穿线戴在自己的脖子上，那么他肯定是部落的明星，但是信息时代相对于多彩炫目却不实用的物质，人们可能更加喜欢简洁时尚、方便实用的东西。

其次，信息时代人们对物质产品的粘合度降低，更迭速度加速增长。

信息时代每个人获取信息的方式都很多，所获取的信息也呈几何倍增长，并且信息更新的速率越来越快，因此人们在一些事物方面有着更多的选择，这也就促使着消费者对于商品的不忠诚的程度增加，人们的观念会转变得很迅速。

第三，信息时代科学技术与人的生活更加密切。

科学技术代表着核心竞争力，如果一个产品拥有先进的科技毫无疑问在行业中就具有无可替代性，那么就不易被竞争者模仿出来，同样的道理，日新月异的科技发展方便了人们的生活，提高了生产力，这就是人们为何对高科技产品崇拜的原因。

iphone手机刚面市的时间是2007年，当时市面上的手机大多数还是按键操作，而iphone手机在外观设计上有超越时代的科技感和现代感，外边是金属机圈，整部手机只有一个Home键，通体白色或是黑色，电池与手机不可分开。整部手机给人一种极致简洁、纯净、神秘的感觉。信息社会的智能化特征，在这款具有时代意义的手机身上得到精准体现。当乔布斯的苹果4S进入了人们的视线，将智能生活逐渐带入人们的生活，手机逐步被赋予远超于通话功能的更多样、复杂的智能需求，成为重要的信息源。人们的行为习惯、兴趣爱好等通过各种应用程序被广泛地采集和汇总，形成一个又一个潜在的"金矿"。在这场信息大战中，与诺基亚的传统手段获取的信息相比，通过信息技术手段采集的数据更为真实和准确，因为这些数据的采集都是在人们不经意的行为过程中完成的，但是诺基亚没有跟上时代的脚步，也没有提前适应信息社会的潮流。同时，智能手机用户从最初看到什么应用都赞叹有加变成现在的非常挑剔，从注重画面变成注重功能和效率。在有限的屏幕空间里实现功能的最简化（操作简单）、最全化（功能全面），才是一个应用最基本的追求。用户需求的变化最终导致对信息时代生活特征把握不准确的诺基亚品牌手机黯然退场。

科学技术是第一生产力，这句话无时无刻不在手机这个产品上有所体现。回顾iphone手机新发布的时候，除了与其他同类产品迥然不同的标志性形态特征，其高性能更是让人们为之疯狂。当时手机市场上为霸主地位的品牌是诺基亚，摩托罗拉之类，主要的操作系统也是塞班之类，但是苹果以其独特的IOS操作系统、人性化的手机设计，迅速成为人们心中手机的代名词。

信息时代文化特征还表现在依托智能技术，定制化服务、个性化设计步入大众日常生活。每个女生都会对一些牌子有比较深的关注，像比较常见的PRADA品牌，它的每一件服装都有RFID码，跟踪这件衣服在全球哪个城市的店中、什么时候被消费者拿进试衣间、待了多久的时间等信息，并且及时地传达到PRADA设计总部，使设计师对消费者的审美倾向等都会有更加准确地把握，同时销售管理人员也会根据全球市场的变化及时做出反应，而这些数据的采集都是在消费者毫不知情的情况下悄然完成，PRADA品牌工作人员利用这些数据进行整理来调查该服装在市场上受欢迎的程度，同时对设计师的设计方向也具有重要的参考和引领作用。这也是信息社会的一个文化特征：智能化，深入并且全面。信息社会的时代，信息也变得更加清晰，我们对产品设计的定位会更加的准确，设计师能够更好地了解消费者的真实想法，并且了解到使用习惯和使用心理，为设计更好的产品提供了方向。同时，信息时代也给我们创造了更多的机会，只有顺应时代发展，融入创新，探索消费者和使用者喜欢的点，整合各种资源，设计才会迎来更为广阔的发展空间。

这个时代改变了之前人类成百上千年来形成的生活习惯以及思维习惯，使人们通过行为习惯以及思维习惯的转变碰撞出了新的火花，产生了新时代的文化特征，并不断产生新的产物来满足人们的生活需求。

9.3　信息时代文化特征

信息时代高新技术对人生活方式的影响，必然影响人类文化发展的方向与进程。人类社会的文化发展始于传统文化积累与新生活影响下的传统文化创新和基于全新生活方式产生的新时代文化三个层次。

信息时代为人们带来了许多方便，为我们的生活带来更多快捷的选择，使我们的生活节奏比之前的时代"快"了很多。这种"快"同样影响着我们的文化，使其成为信息时代文化特征的一个标志性代名词，渗入到当前人们生活的各方各面。比如学习，在信息时代我们每天都被迫接受大量讯息，获得学习咨询的途径更广阔、迅速、精确。为了寻找知识而耗费的精力几乎被压缩到非信息时代的几十分之一。日常学习可以很轻松地打破专业壁垒，跨学科、多领域的信息检索使"专业学习"比之过去，更可能在多领域知识的融合、碰撞下产生几何倍数的创新。3D打印技术在初次问世后，便以惊人速度从原始技术层跨越到实践应用层并飞速递进到多领域甚至军事领域内的"精确实践应用"。信息时代的"学习"，因信息及数据输入与输出的方式不同以往，不辱使命地担负着创造人类未来的目标。

信息时代的"快"同样影响着我们传统的工作模式。以设计工作为例，信息时代的到来，使人类进入了计算机时代。计算机作为信息时代的载体之一，发展出了各种各样的工作软件，我们的工作方式同样发生了巨大改变。设计师从最初的手绘，到现在的计算机制图、运算，虚拟现实模拟等基于网络技术的应用，减少了设计师对某些基本技能的要求，使设计工作更加容易上手，同时增加了设计的表达方式。当然，新时代的信息爆炸亦使设计行业面临创新意识更迭速度快、市场转换灵活、技术升级周期短等一系列不同以往的新压力与挑战。从最初的二维空间转变为现在的三维乃至四维空间，从最初的以假乱真的画作到今天的虚拟现实VR技术应用……甚至当人们刚刚习惯3D技术呈现三维空间的时候，4D技术已大刀阔斧地出现在生活中。技术的快速更新，也是信息时代的"快"文化特征的一种诠释，处于全新的时代下，我们在经历一次又一次越来越快的技术更迭与被迫适应后，不得不停下来思考信息时代的文化、生活应如何去适应。

人们为了追求新时代的对各方面快的要求，从而忽略了传统文化中很多重要的东西，并且在很多方面降低了从前的要求。如大工业生产下，生产行业为了加快一些文化礼品、工艺品的生产速度，扩大产量，而舍弃传统手工技艺，对材料工艺流程等的衡量标准都单纯建立在批量化、高效率、低成本的工业产品生产要求上。在对"快"的追求中，如果仅对速度进行提高，而不关注手工艺品的文化内涵，无差别舍弃一些本我的、淳朴的具有强烈文化积淀的手工艺步骤，则对其文化传承的伤害无疑是巨大的。这种不假思索的"快"也必然无法使文化载体作为商品而创造更多经济价值。孙子说，"工欲善其事，必先利其器。"，这种杀鸡取卵式的速度追求，是盲目且可怕的。在"器"的优化前，单纯的速度提高是毫无意义的。甚至说，这种单纯的追求速度是一种倒退，之前的"十年磨一剑"在新时代的"快餐"文化催化下，演变为"十天磨一剑"，但其承载的文化内核已失真、人们在充斥着此类快消品的物的环境中，其浮躁、忙碌的心情必将被再次催化，形成更为强烈的消极快消文化。

我们在信息时代的文化特征中如何摆正自己的位置，利用信息时代的优势，避免信息时代坏的影响，成为了我们需要思考的问题。快速前行很重要，而千锤百炼的过程同样非常重要。信息时代下，人造的图形和产品外形不断丰富，视觉文化也已成为这个时代的重要组成部分。视觉表现与愉快的生活是大众文化生活中不可或缺的部分。文化与艺术是不可分割的有机体，艺术也是文化的重要组成部分。现在，随着外来文化的影响，以及科学技术的不断发展，信息时代对社会和文化具有非常深刻的影响和改变。就具体的工业设计而言，设计主要的目的是创新，将信息时代的科学技术与中国的宝贵艺术文化相结合，是设计创新的途径之一。

如图9-2所示，百度与洛可可合作设计了一款针对现在社会上存在的食品问题和现在备受关

注的人类健康问题的作品"筷搜"。担任着甄别食品的任务，为大众提供关于健康饮食方面的帮助，此款概念型产品设计主要有六个功能：

图9-2　"百度筷搜"

①检测菜的主要制作材料；②检测炒菜的油温；③检测菜品的盐成分以及含量，记录盐分的摄入，主要是钠离子的摄入；④检测菜品是否含有地沟油；⑤检测果汁的碳水化合物含量、热量以及果蔬的产地；⑥检测水质pH值以及水的硬度。每一个功能的实现都有一定的难度。首先体现在技术层面，第一个部分主要是一个测量器基于传感器；第二部分是分析器基于红外线光谱。在文化层面，有三千余年历史的筷子是中国传统文化的重要一部分，具有由汉代发展延续至今的器物特征，既包括中国饮食文化中的"礼"，也包括家族聚餐、邻里帮衬、长幼有序的"情"，更有着中国家族观念中对文化传承的"意"，是汉族饮食文化的重要组成部分。快餐时代，"吃饭"的目的更多变为果腹和味蕾刺激，家中宴请、家族聚餐因对生活效率的直接追求或间接影响而骤减，儿时邻居阿姨时刻为自己准备一双筷子、一个小瓷碗的亲切邻里关系也被水泥高楼阻隔于外。筷子因快而变，外卖、快餐、酒店内的年夜饭，甚至空巢老人、留守儿童，所有生活因素都使往昔承载"礼""情""意"的筷子逐渐丧失传统文化内核，仅剩长久积习下的基本使用功能，服务于当前人"快节奏"生活方式，不再有考究的木料、雕工、漆艺等标准。

此设计首先是将筷子这一文化器物载体的特质核心准确拿捏，后将其与当今百姓生活的"痛点"即食品安全与身体健康的问题相结合，利用现代的高新技术和信息时代的独特优势，创造一个具有创新性的产品。当传统器物在信息时代的"快"文化冲击下，渐渐丧失原有符号意义时，如何取舍传统，是大刀阔斧发展创新？是绞尽脑汁沿袭旧制？摆在设计者面前的不是社会舆论中

传承保护传统文化的口号，而是"不破不立"的决心与如何"破"又如何"立"的方法途径的思考。

信息时代带来的人类生活方式的演进与发展是不可逆的，犹如马车时代终结于蒸汽机的轰鸣中。而受信息时代中的全球化冲击，又使我们意识到"民族文化认同"、"民族文化品牌确立"有多重要。大众选择设计产品，宏观层面受市场经济竞争影响，微观层面则始于人们自身对产品物质与精神层面的迫切需求。传统文化其精髓源自"旧时生活方式、文化圈层"，这对于今人无疑与以上两个层面上的产品选择标准相悖。

图9-3为迈针针灸理疗仪也是在信息时代非常具有文化特征的创新产品设计，是基于中国传统针灸原理的可穿戴式智能设备，是将中华古典中医文化与现代的高科技技术完美结合的产物。在技术方面，利用的是电子脉冲波来实现针灸的模拟效果，运用蓝牙将设备与手机进行连接，进行数据的同步更新和数据统计。这款产品就是将现代科技与传统文化结合的典型。

在信息时代，以网络和科技为主导的环境影响下，必然会对人民的审美观、艺术感、生活体验等方面有着深刻的影响和改变。不仅要具备相关艺术知识，还要具有敏锐的思想，与现代的科技进行有机的融合，找到人类共同和谐发展的文化特征。思想与科技的结合、文化与技术的融合，是这个时代发展的必然趋势，也是社会发展的必经之路。

信息时代的文化发展同样也带着强烈的时代符号。文创类的产品越来越受到大众的喜爱。党的十六届三中全会指出："做好文化建设，将文化建设作为发展的窗口与平台，体现中国作为一个文化资源大国的软实力。"文创作为一种可塑性极强的发展型产业，在全球化的背景下，逐渐被更多的人所熟知。文创产业由一开始的毫无章法，到现在的颇有所成，也经过了一段时间的沉淀，才达到现在符合大众追求、大众审美的成熟阶段。然而这个阶段并不是顶峰，文创产业还可以再向上走，还有很大的上升空间。通过观察身边的文创类产品，不难发现其中大多都充满浓厚的传统味道。然而这种传统味道往往雅俗共赏，是大众所喜闻乐见的，是更"接地气"，更容易被注意到、被接受的。

文创产业在我国的定义，便是特定背景或特定场所的文化衍生品。它并不是一个假大空的定义名词，而是切实存在于我们每个人生活中的实体，同时也作为近几年文化市场的一个显著特征而存在。发展较快的一些城市，都有着自己的文化创意园、众创空间；或者有着每年一度的设计周展示，其中展出大量的文创产品，使得这个观念更加深入人心，让人们谈论起文创并不会陌生，反而侃侃而谈。

文化创意作为近几年大热的产业，更多的被人们熟知还是起源于故宫博物院文化创意的兴起。故宫作为一个有深度的历史场所建筑，有着其特有的文化积淀。然而文创——它将严肃的历史进行创意设计，使故宫的代表性物件变得更加生动有趣，也更加易于被大众所接受。如图9-4故宫文创——朝珠耳机，它将古代大臣们佩戴的朝珠改成了挂脖式耳机，不仅使朝珠变得生机勃勃，更将沉淀几千年的文化变成了一种富有现代气息的饰品，一种中国复古式的潮文化应运而生，可以说这款朝珠耳机才是真正将文创带到大众眼前的成功案例。

文创产品重在创意，它并不是一种新的设计，相反是对现有物的一种再创作，这种创作符合大众审美，成本较低，大众消费的起且不会排斥。利用商品的形式来传播文创产业，不仅

图9-3 迈针针灸理疗仪

图9-4 故宫文创——朝珠耳机

速度快，影响面大，更重要的是文创性产业是切实可以应用到生活中的，并不是华而不实的设计。这也是为什么文创会越来越受欢迎的原因之一。高速发展的信息时代让新鲜信息的变更速度越来越快，相反的，传统意义的文化特征通过特定的形式——文创，越来越多地展现到人们眼前，深入到了人们的生活当中。

9.4　生活方式的设计语言推演方法

对用户的生活方式进行归纳和描述，推演得出相关数据的方法，是管理学、经济学、社会学等多学科实践应用研究的重要观测点。生活方式的设计语言推演方法，采用"模块化观察分析调研方法"，将被测试者在使用指定产品中产生行为与认知的具体信息进行分层分级处理。最终获得可被应用于具体方案中的设计语言。

以数字时代最具代表性的网络产品为例，介绍通过对被测试者对网络产品"行为与认知"模块化观察分析调研方法及其应用。

通过三个模块的工作递进，逐步完成"不同被测试者对于网络产品的不同行为与认知区别"的信息汇总，在此基础上找到针对不同观测目标的网络App开发策略与思路（表9-1、9-2）、（图9-5）。

模块1

表9-1

被观测者基础信息汇总	以被观测者的个人感受主观描述性信息为主，信息采集重点：强调被观测者的主观感受、非专业、感性语言的表达。为其他模块工作构成"源信息"。
预计信息	1. 姓名 2. 性别 3. 年龄 4. 自我性格概括 5. 爱好 6. 网络行为描述 7. 网络爱好概括 8. 品牌喜好 9. 品牌喜好原因 10. 其他

模块2

表9-2

被观测者基础信息汇总	网络行为轨迹记录
预计信息	1. 自我行为跟踪记录（主观性语言描述，非设计者视角） 2. 文字性信息汇总（设计者视角，注意专业语言表达和无效信息的初步剔除） 3. 绘制趋向性图表（对个人网络行为从设计者有一个专业评述，包括初步网络使用习惯、网络爱好归纳、认知过程中的各个细节）

模块3

图9-5

从被测试者的网络产品"行为与认知模块化观察分析"获得结论：

（1）行为描述

（2）行为细节提炼

（3）行为分析

（4）由三个子模块A、B、C获得三个结论，并寻找其三者间的潜在关系（图9-6）。

（5）由App与特定被观测者的行为分析，获得其使用全过程的认知体验分析。

（6）获得结论

图9-6

研究案例1：

模块1　行为描述

1. 姓名：张某

2. 性别：女

3. 年龄：23

4. 自我性格概括：感性与理性的矛盾综合体，社交外向型，表达内向型。生活习惯比较随意，较为适应新鲜事物。在选择偏好上偏向宏观概念而非微观细节。

5. 爱好：音乐、跑步、健身、美食。

6. 网络行为描述：在网络行为中偏离于"90后"群体，对新潮的网络产品没有明显的追逐欲望与体验需求，比较习惯使用熟知的网络软件与应用。重视网络安全，不会贸然去尝试未经使用者使用过的网络产品，对网络产品有明显的个人爱好倾向，按照自己的需求来选择网络的使用时间与产品。认为网络是服务于我们目的的产品而非主导我们生活的方式。

7. 网络爱好概括：按使用手机进行活动的比重来说，较为经常使用的是微信，淘宝，支付宝，高德地图，音乐软件，微博。

8. 品牌喜好：

服饰：没有特定品牌喜好，重视服装的舒适性、材质与款式（偏好红袖）

鞋：奥康、红蜻蜓、蜘蛛王

包：较于知名品牌更喜欢小众或原创品牌（Kipling、南风小铺）

护肤化妆品：除少数用品有特定品牌选择（如资生堂、薇姿等），其余主要看其安全性及效果。

生活用品：没有特定品牌喜好，注重用品的材质、款式与质量（无印良品、宜家）

9. 品牌喜好原因：

服饰：根据自身情况选择，偏向欧美款式。注意衣服的材质，认为衣服首要的是舒适性而非其样式与款式。在材质选择上偏好棉麻。

鞋：注重鞋子的舒适度而非款式，奥康、红蜻蜓、蜘蛛王以及木林森等都注重鞋子的舒适性，一般采用牛皮、羊皮等舒适度较高的材质，并且鞋子在设计时一般都考虑人脚部的接受能力，鞋子的造型、高度都比较舒适。人在行走时身体的全部重量与重心都放在脚上，鞋子是最需要考虑其舒适度的用品。

包：Kipling专注做帆布包，耐用且舒适，而且比较有质感。整个品牌的包没有富丽奢华之感，给人一种亲近感。网络上很多自营与原创品牌，样式富有新鲜感，且材质也有一定的选择充分满足了用户的个性心理。

护肤化妆品：拒绝使用化学成分高、金属含量高、激素含量高，或对人有刺激性的用品，偏好使用药妆品牌或者自然护肤品牌。

生活用品：如水杯选择玻璃材质、家具选择木质或金属材质、对材质的重视远远超过对品牌的重视。无印良品以及宜家很多系列都是非化学合成物材质，且造型简单不繁琐。

模块2　网络行为轨迹记录

自我行为跟踪记录

（1）起床首先看时间、天气。未读消息（短信、微信、QQ几乎不怎么用）

（2）听歌、看微博、看订阅号

（3）淘宝购物

（4）定外卖、团购（美食、电影等）

（5）阅读软件打发闲暇时间

（6）爱奇艺看视频（电影或综艺节目、电视剧较少看）

（7）出门会使用高德地图查路线，查公交、使用打车软件

（8）学习的时候会使用有道词典，或者百度云、微盘

（9）自拍的时候会使用美图软件还有贴图软件

（10）夜跑的时候必须要听歌

（11）睡前会听歌、看微博

总体说来，一天当中持续使用的应该是微信、微博。微信是当下与同学朋友联系的主要途径。微博与微信订阅号、朋友圈是我获得网络信息的主要来源。听歌软件是我一天中必不可少的软件，很多时候都会戴着耳机。外卖、地图、淘宝等生活软件已经是生活中必不可少的一部分。

模块3　信息提炼总结

继计算机、互联网后，移动互联网已成为IT业的第三次浪潮向人们袭来。随着移动3G网络的成熟与推广，以及移动设备硬件技术的发展，各种移动终端用户群体有了显著增加。移动设备作为一种新的媒介，在人类生活中开始扮演着重要的角色。App作为移动设备功能的扩展，开始受到越来越多用户的关注，甚至有将移动互联网App化的趋势。

根据目前对国内外已有App以及结合我们日常使用的App而言，可以将App分为六大类别：通信沟通、媒体传播、生活辅助、休闲娱乐、工具支持、行业应用。

（1）通信沟通类App是指能够支持用户之间相互通信交流的移动应用软件。主要包含可以使用户同步沟通的手机软件，用户可以通过应用相互传送图文、声音、视频，以及保证用户之间异步沟通的移动软件。目前常见的App包括微信、QQ、易信等。

（2）媒体传播类App是指能够支持媒体信息在社会范围内广泛传播的移动应用软件。媒体传播类App主要包括向用户推送信息的新闻类App、为用户提供相互交流的社区类App以及用于用户个人发布信息的微博等。如网易新闻、人人网、微博等。

（3）生活辅助类的App作为智能"生活助理"的角色，为人们的日常生活提供便利。其中又分为生活信息处理和生活智能助理两部分，生活信息处理为用户提供生活中衣食住行等方面的信息，使用户的生活更加便利，而生活智能助理为用户提供时间管理、移动定位、移动支付以及一些事物的助理服务。这方面的App目前有美团团购、去哪儿、支付宝等。

（4）休闲娱乐类App是指能够为用户提供休闲和精神娱乐享受的移动应用产品。休闲娱乐类App中主要为游戏类App，几近占据该类App中一半的市场份额。除游戏之外，还有图文娱乐、移动音频以及移动视频等，如电子书、网络电台、网络视频等。

（5）工具支持类App是为用户提供对移动设备的硬件以及软件功能的增强、管理、检测等服务。这类App可以对移动设备的硬件性能进行优化，根据用户需求打造适合用户的自身的移动设备硬件性能。同时能够对所安装的App进行管理，对木马病毒类App进行查杀，但是由于这需要获得OS的相关权限，所以软件较少，主要运行于Android平台，如网秦安全。

（6）行业应用类App是指能够支持用户进行指定行业工作的企业级移动应用软件。分为一般应用和专业应用两个部分，一般应用主要是负责制定工作计划，进行项目管理的Office类App，专业应用根据企业用户所处的行业各不相同，在各个产业都有应用。因为其用户都是专业性很强的企事业单位，并且其设计开发具有一定的保密性，所以数量很少，如中国移动推出的蓝海领航、中国联通推出的警务新时空。

综合以上App应用类型分析，我们可以结合用户的行为得出App的优化趋势，即社交化、本地化、移动化。

（1）社交化

社交性是目前互联网产业中最频繁出现的名词之一。微博、Twitter等社交性互联网产品的推出，使得人与人之间感情冷漠的现代社会通过互联网再一次产生了交流，并且突破了地域、时间的限制。社交类产品的出现不仅为用户搭建了分享生活的平台，同时也为开发者聚集了大量用户，为其发展提供了保证。移动互联网势必会顺应社交性的这一发展趋势。

（2）本地化

本地化是移动设备所独有的特点，也是移动互联网特有的优势。确保手机App可以不受地域限制提供服务，这是手机终端App较于PC终端的一大优势。对于质疑互联网中虚幻与不真实的用户而言，App的本地性是打消他们顾虑的一项有效技术，通过无线网络定位技术，本地性技术不但可以确定用户所在的位置，让用户清楚的了解自己身处的环境，使用户在一个陌生的环境中不会具有迷失感，而且，可以为用户提供关于用户所在位置的周边信息，使用户获得便利的服务。本地化服务（定位服务）的出现不仅为生活辅助类App提供了新的平台，使电子商务、生活助理类产品有了新的方向，同时还消除了部分用户的使用顾虑，为App赢得了更多的用户群体。

（3）移动化

App由于搭载于移动设备中，其具有的移动性是毋庸置疑的。这里说的移动性是指App可以将许多原本必须在特定地点执行的事件，转化为可以跟随用户在任意地点执行，给用户带来便利。移动性带给用户最大的体验就是取消了限制，为用户提供了自由的生活方式。人类是喜好自由的动物，给原本就生活在快节奏中的人类，施加众多本不必要的限制时，对人类心理和生理上造成的创伤可见一斑。为了提高生活质量，解放用户的身心，众多App厂商已经设计研发出一些产品，用来满足用户的购物、支付、点餐等活动。手机App将用户从特定的工作环境中解放出来，为用户创造一个自由的生活（图9-7、9-8）

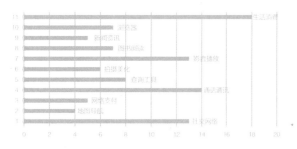

图9-7　应用数量对比

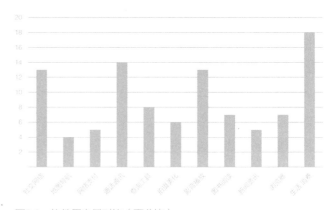

图9-8　软件用电量对比（百分比）

研究案例2：

模块1　行为描述

（1）姓名：李某某

（2）性别：女

（3）年龄：23已过24未满

（4）自我性格概括：热情开朗、活泼外向、善于交谈

（5）爱好：爱吃也爱做

（6）网络行为描述：睁眼第一件事是拿手机看时间，然后上微信刷朋友圈，之后是刷微博，其次淘宝，看看物流，一般十点以后会上腾讯视频追剧，QQ已弃用就传个文件而已，每天要上百度看新闻。

（7）网络爱好概括：基本都是手机完成，排名依次是微信、微博、腾讯视频、淘宝、百度、支付宝、QQ

（8）品牌喜好：衣服：只有裤子有固定的H&M，其他只要好看

（9）品牌喜好原因：①因为H&M裤子够长，料子偏软比较舒适，其他品牌都短。H&M，一个将时尚、品质和低价完美糅合的时尚品牌；一个每年都会选一个炙手可热的顶级大师与之合作的大众品牌；一个在中国众多服装企业中，已经被看成是教科书一般的榜样品牌。②与生活联系的紧密

模块2　网络行为轨迹记录

（1）自我行为跟踪记录：

8:30起床，拿手机开始刷朋友圈，9:00左右刷微博，10:00会上淘宝看物流，之后会上腾讯视频看视频追剧，中午的时间在追剧中度过的，偶尔会听歌，13:00左右还是会刷微信，晚上睡前还是要微信、微博刷一圈再睡。一天之中大多数的时间还是跟手机跟网络离不开的，除了上课或者有事基本都是用手机打发时间。

（2）文字性信息汇总

目前社会已经步入网络信息的时代，网络已经成为生活中息息相关的一部分，丰富了人民群众的物质文化生活，推动了我国信息化进程，深刻影响了社会生产、生活方式，21世纪是科技网络信息化时代，这是不争的事实，是时代发展的必然结果和客观规律，谁也阻止不了。尤其是现在的年轻人，手机、电脑早晚不离手，完全痴迷。现代办公完全依赖电脑的程度也远远超乎人们的想象，比如无纸化办公就是鲜明特征。还有全球卫星定位系统，被广泛应用于科技、军事和救援领域，曾几何时，我们写信、发电报，等待来信望眼欲穿，倍受煎熬，那种滋味不好受，现在一份电子邮件、一个微信，不受任何时间、空间和距离限制，确确实实给我们的生活带来极大便利和前所未有的改变，坐在家里，你就能纵观世界，目睹世界发生的一切，迅速掌握资讯为决策咨询提供正确预判，运筹帷幄决胜千里也决不是夸口。这样的例子举不胜举，但如果没有网络信息，犹如生活瞬间停电一样，我们会黯然失色、分外沮丧，一片混乱，因此说网络信息的优势是显而易见也必不可少的，它与我们紧密相连，与其说我们离不开它，不如说它左右了我们的一切。

事物充满两面性，不可否认网络信息也带来了一些问题，如今我们都真实感觉到没有了隐私，没有了私人空间，一举一动、一言一行稍不注意就被暴露，受信息爆炸化的影响，我们无法藏躲，我们不得不带上面具生活，小心翼翼。又为社会冷漠和

人情冷暖打上了问号，是进步还是倒退，是欢喜还是忧愁；这些都不能归责于网络信息，网络监督无处不在，对每个人都是考验。

模块3　信息提炼总结

（1）调查目的

通过调查大学生对微信的使用情况，分析微信这一网络聊天工具的功能和在促进人际关系交流方面的作用，并对微信中个别功能的使用频率进行分析。

（2）调查意义

对于大学生来说，微信成功集成了现有通讯方式的众多优点，突破了单一通信工具的局限性，很快为大学生所接受。与此同时，"微信"的娱乐性等功能又具双刃剑性质，可能会给大学生的学习生活和人际交往带来一些负面影响。因而，调查了解大学生对"微信"的使用状况，了解"微信"对大学生学习生活和社交生活的影响，可以为大学生正确对待这一新生事物提供借鉴，并为相关方面的管理和引导提供基础。

微信的使用对大学生的影响

（1）日常生活方面

关于微信在生活学习方面对大学生的影响，要以大学生使用微信的时长和目的为基础，如图9-9我们已经知道，将近一半的微信使用者每天在线时间高达4小时，将近一半的人是希望通过将微信当作一种新潮的社交娱乐工具。数据不会说谎，大学生使用微信这一新潮的通讯娱乐工具，在满足自身娱乐、通信等需求的同时，由于对微信没有较好的自控力，加之微信本身的一些特点，也对大学生的学习和生活造成了不少的困扰，而且造成困扰的程度比较严重，是值得我们反思和调整的。

（2）交友方面

我们认为大学生身边的朋友会对其生活方式、交流方式产生深刻影响。因为通信的双边特性，他们在选择自己的交流方式时常会考虑到自己身边人是否在用，自己是否能利用所选工具交往到更多的人。此外，微信会影响大学生与朋友的交流方式。由于使用微信语

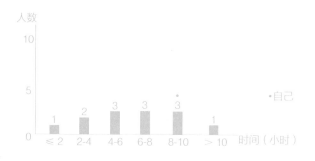

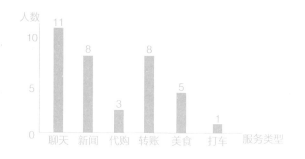

对自己使用微信的情况分析

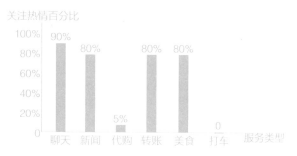

图9-9　对部分在校大学生微信使用情况调查分析

音通信功能的人为数最多。视频通信也占据了不少的比重。而这两种都是微信相对于其他通信软件来讲比较新颖的功能。这些新功能的出现给了大学生更多可选择的交流方式。因而大学生可能会由传统的文字交流逐渐向语音交流，视频交流倾斜。

微信作为一种新潮的通讯娱乐工具，能够满足大学生对高科技技术产品的积极尝试与追求，其本身的功能也能够满足大学生的社交娱乐和通讯等需求，受到大学生的青睐无可厚非；但是，面对微信，我们应该有一定的自控能力，应该控制使用微信所占的时间，更不能沉迷于微信的社交娱乐功能

而影响到自己的学习与生活。我们建议，大学生应该对微信等这一类的事物树立一个客观、理性的认识，我们应该利用它通讯、交友、娱乐等功能让我们的生活更加方便和精彩，而并非让微信主导我们的生活，在微信的使用中，严格控制使用微信的时间是必需时时自我提醒和约束的。

每个通信媒介都有其利弊，微信虽然是基于现实的QQ好友、手机通信录建立起的人际关系网络实现即时通讯，但其本身具有强烈娱乐性，这难免会吸引使用者过度投入和沉浸而不觉，对其现实生活产生或大或小的不利影响。大学生作为当代中国相对较为活跃的社会消费群体，普遍有着强烈的好奇心，能够较快速地接受新兴事物，对"微信"这一携带着娱乐因子的新生事物，有可能因为众多原因而不能恰当对待，对其学习生活和社会交往带来负面影响。此外，对于陌生人好友所传递的信息，如不能提高警惕，加以甄别而轻易取信，即便是极少数的个体，其造成的危害也可能是极其严重的。

9.5　设计引导

9.5.1　用户行为认知与引导性设计——以用户为核心的设计

随着信息时代的快速发展，形成了工业化、信息化的现代社会，产品功能更加的完善，技术更加先进，而人与产品频繁的交互行为以及复杂的需求给创新设计提出越来越多的挑战。创新的产品设计要我们更加关注人对产品的使用感受和使用行为，而人在公共环境中的使用行为是与空间物体进行交互而产生的，在面对具有复杂的使用场景和广泛的使用对象的公共环境中，产生不同的交互形式。"引导"从字面理解就是通过事物可传递的方式，带领对象朝着某个方向发展，其相关词有带

领、领路之意：引导到某个方向就是导向，或者疏导。引导性设计主要是对行为和观念产生作用的过程，是由行为心理学和认知心理学的部分内容所组成，"引导"就是在事物原本的认知模式下通过作用使事物产生新的认知，而暗示、目的制约都是引导性作用。由于不同目的的要求，引导性设计会根据不同的领域形成不同的引导方法。引导性设计的目的在于通过对用户行为的分析，探索引导性设计的要素，从而更好地帮助用户完成使用目标且给用户带来良好的使用体验。

当产品和用户之间的连接点变成了摩擦点，那么设计师的设计就是失败的。相反，如果产品能让人们感觉更安全，更舒适，更乐于购买，更加高效，甚至只是让人们单纯地更加快乐，那么此处的设计师是成功的。[①]

现在的互联网+产业中，竞争的激烈程度，导致用户体验被提升到一个不置可否的高度，这种人与屏幕之间的交流也逐渐变成了一种不可或缺的设计——以用户为中心的产品设计。

下面开始正式的分析：选取一款主流外卖App：美团外卖

随着互联网的兴起，外卖软件App也相继步入人们的视线，在诸多的外卖App中，如何脱颖而出？

在产品针对人群和产品功能相对一致的情况下，用户体验成了如何牢牢套紧用户的强有力的一点。

真正优秀的交互设计，并不能只注重产品体验的方便、快捷，而是在设计用户行为、帮助用户完成他们的目标时，还应该给用户带来更好的体验，一切从用户角度出发。

一个好的App之所以被人们所使用，是因为需求。

了解美团外卖：品质、下单率、优质体验、食欲。

图9-10　美团外卖App首页　　图9-11　美团外卖App搜索页面

（1）首页

在首页界面第一眼的位置使用了Banner广告。广告下方，采用导航栏，对外卖类型进行了各种分类，易于用户根据客户需求进行搜索与筛选。使用菜品图片展示餐厅吸引客户，直观地用美食勾起用户的食欲，让用户去购买产品（图9-10）。

（2）搜索页面

如图9-11所示，搜索页面从视觉上看，采用简洁的灰白色调，给用户带来清爽的感觉。从功能上看，搜索功能为用户提供了商家搜索及商品名搜索，基本能满足用户点餐这一需求。并且有热门搜索推荐这一栏位，具有一定的推动型，指向性，可以为用户带来较便捷的体验。

改进之处：该界面只采用纯文字展示，如果加以图文，会给用户带来不一样的视觉体验。

（3）菜单

餐厅菜品的分类，采用了简洁的左侧导航条，主打热销与折扣产品，完美地抓住了用户的从众心理以及人性的弱点——贪婪，将之两个排序放在首位，无疑能带

图9-12　美团外卖App菜单　　图9-13　美团外卖App购物车

来更好的营销效果（图9-12）。

（4）购物车

如图9-13所示，购物车方面，采用了悬层界面，用户可在悬层进行操作，方便快捷。

建议：可以适当加大悬层的面积，将顾客所点的美食更详细的展现出来。

（5）产品页

如图9-14所示，美团外卖的产品页面，很好地从用户的角度出发，结合大众用户购物的习惯，直观地抓住用户的购物心理，展示出了合适的信息。我们简单举例一下用户的选购流程。

1）第一眼印象，这件产品（风格、样式等）是否喜欢？关注点：整体展示（摆拍、模特展示）

2）细看，这件产品的质量好不好？（功能全不全？）关注点：细节展示、功能展示、品牌展示

3）这件产品是否适合我？关注点：功能

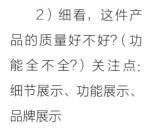

图9-14　美团外卖App产品页

展示、尺码规格

4）产品的实际情况是否与卖家介绍得相符？（是否正品？有无色差？尺码是否偏差？）关注点：产品品牌、产品销量、买家评论

5）想买产品了（产品价格有没优惠？）关注点：活动促销信息（打折、满减、组合价、会员价）、优惠信息（有无优惠券等）

6）订餐流程

美团外卖经过点餐-订单确认-支付订单三个环节完成点餐流程。结合用户使用该App的场景，注重吃饭时间，想着越快越好地完成一个点餐流程，而该流程在保证能顺利点餐的情况下，合理的简化了点餐流程，减少了点餐步骤，符合用户体验三大原则之一"别让我等"，做到了极致的用户体验。

建议：在备注栏位，根据用户懒惰的心理，可对一些常见需求进行了分类以供用户选择，减少用户手动输入的时间。

7）美团外卖的优势

①美团网为美团外卖开拓外卖市场积累了较多的用户基础和用户数据，提供了巨大的流量入口。

②美团外卖强大和经验丰富的地推团队，保证了美团外卖高速扩张。

③美团外卖依托美团在运营上的技术积累，打通线上线下，拥有良好的商家资源。

在如今高速发展的互联网时代，谁占据了市场，谁能得到用户的芳心，谁就能分得市场的一杯羹。随着科技的不断进步，许多新型材料和新的设计表现手法应用在公共空间的设计中，所以引导性设计的表现越来越多。选择在特定的环境下设计出合适的引导性设计也成为当下设计师们越来越注意的环节了。新的产品设计要提倡以人为本的设计，更多是以人为出发，注重人的行为特点。设计师需要从社会大众的利益出发，为大众而设计；设计师需要看到的不仅是用户表面的功能需求，重要是发掘他们更深层次的心理需要。然而要占得市场先机，得到用户认可，并不止是靠强大的地推团队，靠

着一波又一波的明星代言广告就能做到的，归根到底，还是要站在用户的角度，以人为本，从用户的角度出发，去做出更好的产品，从各方面细节入手，去完善用户体验。

9.5.2　动态性学习体验

目前大量物质态、非物质态以及两种状态兼而有之的产品，都以"通用、易用"功能实现为主。用尽量简单、易懂的操作方式，安全可靠的形态设计使不同用户群体尽快适应新产品。其实现模式为节点式，而非过程式，即产品仅能满足用户"较顺利、舒服的实现"基本使用功能，并不会对用户的认知行为及生活习惯产生连续性影响。简单易懂的交互是产品设计的根基，而"动态性学习体验"与对"习惯与认知能力的过程性培养"是在此基础上的更细化、深入研究。

如图9-15日本设计师原研哉作品"方筒厕纸卷"，将约定俗成的圆筒型厕纸卷内侧改为方筒型，使其"旋转更困难，每拉长一张纸就会听到咔啦一声响并伴随一次轻微阻碍性动作体验"。这个设计尊重用户原有使用习惯，仍然在"一拉一拽"两个动作间实现目的需求。产品的通用性、易用性优势体现于用户对自己生活方式的熟悉。在此基础上设计完成触觉、听觉层面"轻微不协调"体验，控制其不协调性为"不存在接受障碍的轻微程度"，在这个明确量化标准的保证下，避免用户产生消极抵触情绪，进而实现用户逐渐减少那张"处于可用可不用的临界状态"下的纸被撕掉的概率。

通过不断重复与强调的方式，使用户建立新行为习惯模式并逐渐关注和意识到"随手一个小动作具有的节能环保大意义"。产品设计不仅实现了用户的"动态性学习体验"，更完成了"习惯与认知能力的过程性培养"。

9.5.3　习惯与认知能力的过程性培养

日本某医院的所有标识指示牌，都用可拆洗的白色棉布替代传统的塑料或金属材质如图9-16。其柔软、细腻的质感，轻松达成来院病患对医院内极致的洁净印象。同时因为白色棉布材质非常不耐脏，在大众认知经验中，材质本身就带有极致的洁净，甚至洁癖感的语意指向。病患及家属对于这种违和感极强的设计表达，印象深刻。"它们会很快变脏吧？在医院这种到处都是病毒的地方。那样会更加恶心。"再次还原来就诊病患或陪同家属的心理描述，会发现大众对医院的印象是多么矛盾。一方面，肯定医院治疗疾病病灶的谨慎态度，则其一定是一个"消毒十分完全的地方"。但另一方面，因为医院内各类病患聚集，每位进入医院的人，又大多认为"医院是一个聚集各类病毒的非常脏的地方"。

白色棉布材质，洁净、细腻柔软，稍有污痕就会非常明显。放置于医院，这种洁净则很容易与"消毒、清洁"关联。病患及家属初次看到该产品，很容易受到"这家医院被消毒得很干净"的暗示。而这种"被消毒

彻底的洁净"与用户自身对医院固有看法"医院是个病毒库，很多边角藏着肮脏的细菌"存在较大出入。用户被震撼之余，必然会产生质疑。试图通过"怀疑"推翻产品设计带来的差异明显的心理感受，重新回到"熟悉的自我认知经验"中。由经验与习惯积累获得的对医院一般性理解和认识，具有普遍性。"白色棉布材质的标识引导"在形态和带给用户的情绪影响上的冲击无疑是非常巨大的。

极其深刻的印象，极其矛盾的存在方式，使病患与家属本能地开始关注这个设计。这种感染力极强的"持续性关注"给了这个设计可以提供"动态性学习体验"与对"习惯与认知能力的过程性培养"的机会。"它们会很快变脏吧？在医院这种到处都是病毒的地方。那样会更加恶心。"是初始心理建设，用户一方面期望"白色棉布材质的标识引导"可以长期存在，因为它带给大众"被彻底清洁干净"的深度情感引导。另一方面又有强烈的怀疑与不信任。已有经验几乎为这款设计未来走势判了死刑。"看它能干净几天？"的必然性逻辑疑问顺势而出。用户的情绪被顺利与"白色棉布材质的标识引导什么时候变脏"这个"持续性关注点"挂钩。而持之以恒的洁净，始终洁白如新的"白色棉布材质的标识引导"在良好回应用户关注后，将最终引导用户建立"这间医院是不藏病菌的非常洁净的地方"的良好认知体验。并且这种认知是持续性作用的结果，用户对"医院的洁净"已形成深厚的信任，牢固性、粘连性甚至用户的忠诚度都是极高。

以上两个案例都是对"动态性学习体验"及"习惯与认知能力的过程性培养"的较好诠释。可见，实现过程式而非节点式的用户体验，对使用者的"习惯与一些固有认知"产生的影响要更持久、深远。

9.6　信息导向与用户行为认知

9.6.1　用户行为受引导性设计产生的影响

现代社会处于一个科学技术急剧发展的时期，各种新型产品充斥于我们的生活应接不暇，为生活提供了更多的便利，同时人们对产品的使用感受和要求也越来越高，如今的设计随着技术的进步，产品设计更需要关注人的使用感受和有价值的使用行为，设计者和科技工作者在提高自己眼界以及设计能力的同时需要加强创新理念，在以人为本为设计出发点的基础上，通过视觉，触觉以及其他感官去引导人们更为快捷便利的生活。

（1）引导性设计在不同领域的发展

引导性设计在某方面通过设计心理学，以积极的调查分析某一特定的人群的行为特征、日常生活细节和需求来总结共性，从而更好地去改进和创新设计，往往研发产品的重点是如何更好地适应使用者的使用特性以及共性，而不再是单一地注重研发过程而忽略了使用者最终的使用感受，一件符合人们行为特征的产品往往可以给人正面的引导，比如心情产生好的变化以及形成了更好的生活方式。

另一方面引导性设计也可能将人们的生活引导至另外一种方向，那就是限制性引导，这样的设计很可能会固化使用者的思维。在视觉传达设计领域，好的引导式设计往往可以让人们关注到更有意义的事务中去，将人们的价值观、世界观引向更好的方向发展并且引发人们深层次的思考。海报H5等商业性的设计可以引导客户的消费方向从而让商家获利。

例如图9-17海报招贴设计，城市的剪影和森林

图9-17　绿色生活海报

图9-18　保护大象公益海报

的剪影图形成了一种反差，同时森林装在一个医药吊瓶内，意义在于引导人们去关注绿色健康生活。如图9-18公益海报中呈现的是一头哀嚎的大象，并且将沙子和大象后半部分的身体进行了替换，意义在于提醒人们大象的处境很危险，引导出人们对动物的保护心理。

在交互设计中好的引导式设计能够给客户准确的信息，减少客户在页面寻找图标花费的时间，网页设计往往属于一种自助式服务，用户不需要进行培训也不需要查看相关的设计说明书就能进行操作，使用者查找需要的信息只能通过以往积累的经验以及固化的思维模式，用户在使用交互界面的时候常常会出现找不到相关的指示引导图标的问题，

这样的交互界面往往没有充分调研和了解客户的需要，从而这样的网页常常是华而不实的，同时标识的难以辨识性等问题也是需要设计者解决的问题，如果使用者在较短的时间里能迅速地通过界面操作找到自己的目标信息，那么这个网页的使用率将会大大提高，也会使商家获得更多的利益，从而方便客户的使用并且提升客户对产品的满意程度（图9-19）

在手机界面交互中，鲜明的引导性设计能让人们对当前的界面状态做出最快速的反应，从而减少人们思考的时间提高了时间的利用率，也使操作形象标志化（图9-20）。

现代的手机功能不再拘泥于过去的打电话发短信那么简单，而是出现了各种各样的App客户端来方便人们日常的生活。

如图9-21中的App页面设计，设计者通过图案加文字的方法去引导客户去选择自己需要的功能，简单、明了，降低了客户时间的利用率，并且鲜明的配色也能让受众心情愉快在享受到服务的同时提升视觉感受。简单的配色模块式设计将客户群体在某种程度上直接指引到确定的指定方向（图9-22）。

设计师通过不同的标识与环境相结合，以及不同的用料来进行功能分区，从而引导人们去到不一样的目的地，这样节省了客户的时间同时也更好地提高了使用

图9-19　网页客户端引导界面

图9-21　App模块设计　　　图9-22　App页面
　　　　　　　　　　　　　　　　　设计

图9-24　室外景观引导设计

图9-25　下沉式垃圾桶1　　　图9-26　下沉式垃圾桶2

率，可以用地面灯光以及地面标识进行不同的引导
从而达到不同的效果。

　　如图9-23是一个地面引导性标识，在这个标
识中将薯条和斑马线的形象很好地结合在一起，增
加了马路的趣味性让人们在过斑马线的同时注意到
麦当劳餐厅，这是一种创意画的广告手段，能提醒
和引导人们前方就是麦当劳，这种引导效果作用很
强大，能够给商家带来更多的利益。

　　引导性设计相比视觉传达设计更直观并且往往
是容易触碰到的，不同的材质以及不同的指示方向
能带给人们不一样的感受，并且往往能增加周围环
境的趣味性，使周围的环境生活产生新的变化。

　　如图9-24所示，在室外或者景观设计中，设
计师常常采用铺石块或者木地板的方式产生导向作
用，让人们知道该往哪里走以及道路的具体走向，

图9-23　地面引导标识

石板和木头材质的摆放就形成了很好的引导型设计。

　　如图9-25、9-26中的下沉式垃圾桶，在人机工程
学的基础上对垃圾桶进行了改造，让人们更便捷地使用
垃圾桶而不需要像往常一样用器皿装好垃圾再倒入垃圾
桶内。

　　（2）用户的使用

　　用户就是产品的使用者，使用者往往会在怎样使
用，以及使用目的方面感兴趣，因此设计者应该对受众
群体有一定的了解之后再对产品进行研发，分析出产品
的核心竞争力，根据不同的受众问题来确定产品的研发
方向。以用户需求为设计的方向和目标帮助我们在设计
中找到合适的位置，客户最终的要求都通过作品设计中
的引导设计去完成。

　　以微信的使用为例，大部分中老年客户都在使用微
信中实现生活中的语音电话、视频聊天功能，但是往往
在细节部分会出现不便，比如中老年客户不太知道如何

转发朋友圈，如何发视频类的朋友圈，由于手机存储量有限他们往往不知道要如何清理手机的内存以及微信的内存来使手机有更大的运行空间以保证使用，这个时候大部分的用户往往都会向年轻一些的客户询问以找到答案。

如图9-27中一个孩子为了教爸爸妈妈使用手机而创作的手绘微信使用引导图就充分地说明了中老年客户对微信的使用需要依赖年轻群体的指导，同时由于视力听力的退化在手机的使用上没有年轻人娴熟。

在ATM的使用中，由于大部分老年人因为视力和听觉的退化，对自助电子产品的使用没有那么得心应手，大部分老年人习惯去柜台人工办理业务，甚至对电子产品有着某种抵触心理，因为在使用过程中对引导性符号没有形成概念识别，或者引导的语言不够有鲜明的特征没有让老年人觉得有很人性化的自助服务。

（3）用户行为受引导性设计产生的影响

在现代信息社会，设计师们往往将产品的各种要素分解成为简单明了的视觉符号，并且赋予新的外形构造和表面肌理，形成个性的信息构成，经过受众群体的直观感受转化成为符号意义的信息表达，产品的结构和信息随着产品整体形象的传播作为系统符号映入人们的脑海中，当客户面对一件没

有接触过的产品时，会先对产品的外观和构造在脑海中汇总以往的经验认知加以综合得出一个初步的体验感受，在这些认知过程中，经验认知历史占了很大的一部分，这些经验往往跟人的生活经历、背景以及过往的一些引导有关。

设计作品的形态特征与用户经验的匹配程度也很重要，用户行为受引导性设计产生的影响，在视觉传达设计中，用户根据引导性设计内容规范自己的行为认知，并且在环境艺术设计中，受众根据引导型设计进行学习、生活，设计师在设计的时候根据既定的目的引导客户，从而丰富了自己的设计元素，在产品引导性设计中，往往可以对受众进行全面的具体的行为以及人机工程学分析，根据客户的学识背景，生活经验习惯，以及多方面的因素去设计一件产品，比如说智能家居行业，好的引导型设计可以使生活更为便利以及丰富，人们充分享受着引导性设计带来的种种便利，在生活中人们可以远程操控自己家里的热水器，窗帘，可以定时煮饭。

生活中的引导性设计，对人产生了很多影响，首先出于固有的经验，比如说开门一定会拉门把手，拉抽屉会拉抽屉的凹槽部分，这都是一种简单的引导性设计。用户的行为受引导性设计的影响很大，设计师需要在日常生活中设计出更多符合人们需要的引导性设计从而将人们的生活引向更好的发展方向。

9.6.2 引导性设计理论在实际设计中的应用

随着信息时代的迅速发展，现代社会逐渐趋向工业化与信息化，产品的功能更加完善，技术也越发先进，而人与产品频繁的交互行为以及错综复杂的需求给设计带来越来越多的挑战。现在设计随着科技进步的同时，产品的设计也逐渐关注人的使用感受和使用行为的价值性。随着在公共生活中出现的越来越多的产品类型，设计以人为本的形式也逐渐被重视。通常人们在工作和生活中都会出现以下困惑：例如在某个建筑中找不到方向

而需要指引，在学习中遇到困难需要暗示，这些就需要引导性设计来帮我们解决问题了。

引导性设计主要是对行为和观念产生作用的过程，是由行为心理学和认知心理学的部分内容所组成，"引导"就是在事物原本的认知模式下通过作用对事物产生新的认知，而暗示、目的制约都是引导性作用。由于不同目的的要求，引导性设计会根据不同的领域形成不同的引导方法。在教育方面有引导教育法，帮助学生在受教育的过程中受到良好的教育，在语言方面有引导语言沟通法，帮助人们进行正确有效的语言沟通，在生活方面有引导生活法，帮助人们解决在生活中所遇到的困难。所谓引导性设计就是研究怎样通过设计的手段来引导人们达到某种目的。那么设计师就要养成以能够使促进用户与产品之间更好的互动为目的的引导设计，从而使用户以不同因素为导向目的都能获取引导的相对方式，帮助用户在使用中能够快速地实现目标，以及在目标完成的过程中能够得到较好的使用体验。

而用户最终希望得到的结果可以归纳为用户目标，其关键在于将用户的最终要求在设计上进行引导。在现在行为心理学中，人类的行为有两种：目标导向行为和目标行为。目标导向行为是在人机的相互作用中建立的，作用于用户在完成目标的过程中，得到其目的性的引导从而得到满意的用户需求，达到良好的用户体验。而目标行为是指不用通过引导其本身可以直接达到目标的行为。所以引导性设计是需要用户体验作支撑的，需要本着"以人为本"的设计理念。

在目前的时代背景下，通过引导性设计的实践，一方面提高用户的使用效率，更加快速、简单、直接地完成用户的目的。另一方面，也避免用户在无意识的状态下产生不利的风险，从而起到约束行为且培养有益意识的习惯。所以引导性设计的目的在于通过对用户行为的分析，探索引导性设计

的要素，从而更好地帮助用户完成使用目标且给用户带来良好的使用体验。

如图9-28、图9-29所示的是地铁标识系统，标识是人类社会在长期的生活和实践中，逐渐形成的一种非语言传达信息的工具，它是一种二维平面的图形、图像以及文字，设立在公共场所中给人们带来便捷，在导向设计中将想要传达的视觉信息内容准确地传达给人们，起到示意、识别、指示、警告，甚至命令的作用。标识比语言更具有视觉冲击力，基本解决寻路的问题，使人们能够在错综复杂的空间环境中能够准确的、快捷的到达目的地，让人们不管身在何处，都能够知道自己所在空间的位置，不至于使人们如闯迷宫。

地铁标识系统主要是由图形、文字、色彩以及空间环境构成，其中色彩是地铁标识系统的重要组成部分，鲜艳的色彩能够增强车站站台的识别性，方便快速识别。而因为地铁线路较多带来的识别混乱问题，通常的解决办法是采用色彩识别的方法，即用不同的色彩代表不同的线路来加以区别，即每一条地铁线乘客都能一眼

图9-28　地铁出口指示

图9-29　地铁标识

图9-30 ATM自助取款机

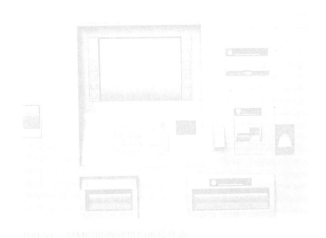

图9-31 ATM自助取款机的功能界面

识别出来并且清楚地知道自己身在那条线上。在地下空间布局中采用鲜艳的色彩既满足视觉导向和信息传达的要求，又调节了室内的氛围。

如图9-30、9-31ATM自助取款机，其在公共环境中的特点是具有自助性、环境性、装饰性、服务性。其中最基本的功能特征就是自助性，通过自己独立的操作就可以完成使用目标。其装饰性是大多数的公共产品都包含的特点，风格基本统一，带有强烈的城市家具的风格，烘托城市氛围。自助取款机最主要的还是服务性，通过设计的手段使机器能够取代人工提供相应的服务，从而节省不必要的人力成本。

使用自助取款机的用户包括不同年龄层次、不同对象以及不同的使用经验和习惯。比如老年用户

在使用自助取款机所面临的困难和年轻用户是不同的，关注点也不同，即使这样，老年用户最终也能顺利地使用并获得相应的服务。而对于机器及环境的不熟悉，很多时候对于自助取款机的学习都可以直接来源于系统的自助提示或者对于他人的操作模仿。在复杂的公共环境中，不可能只为某一类用户进行设计，因为公共自助产品本身就是要面对不同的受众群体，所以在大力发展公共服务的产品研究中，智能化的发展趋势已逐渐深入人心并广泛地运用到每个产品中，因此引导性设计给智能产品创造出更好的创新思路。

如图9-32，是淘宝上某空调品牌的主页，进入这家店，那么用户想要买的自然就是"空调"了，所以在页面上所有关于空调的都被做了重点标识，仿佛在提醒用户它高调地在这，让人重视它！点击它！快看它！而用户为什么选择这一家呢，在于其页面色彩很显眼，有很强的视觉冲击感，看到小图的时候就想点进去看一看。这是一种高调的引导性设计，通过一种一瞬间的爆发力从而吸引人们的注意力。不仅满足了用户想要买的"空调"，还满足了商家想要推广的"空调"。

在视觉系统中，借助符号学的理论知识，将要传达的目的分解成简单直接的符号，产品使用行为语义可以通过产品的符号系统，产品的外型形态及衍变，以及在传达过程中的行为信息。当用户面对某件产品时，他们会首先通过以眼睛为主的感觉感知（看）它的存在，并从中获取到其相关的视觉信息，然后将感知到的信息进

图9-32 淘宝空调品牌主页

行存储通过记忆或经验的方法，从而得到认识的过程，总结成新的要素。所以在用户观察产品的时候，由产品所呈现出的视觉信息会产生一定的信息内容引导，而在用户组成新要素的过程中，信息则会受到用户自身经验判断的影响，这些经验来源于在公共环境中的人群指引或其他公共环境中的要素。由此可见，用户的行为认知要素的影响因素是产品所传达的形态符号，而能够很好地作用于用户行为认知的则是产品的形态语义。

第 10 章

可持续化创新设计

"可持续化设计"即DFS（Design For Sustainability）。这一热门概念源自于"可持续发展"的理念。1987年，在联合国世界环境与发展委员会制定的名为《我们共同的未来》报告中，"可持续发展"的概念——即"满足当代人的需要，又不对后代人满足需求的能力构成危害的发展战略"——首次被提出。作为从环境和资源角度提出的关于全体人类长期发展的可行性模式，"可持续发展"成为各国制定本国经济、社会、文化、环境等各个方面发展战略重要导向和准则。为响应这一发展战略，"可持续化设计"的概念随即被提出，成为针对人类社会发展和生态环境日益恶化之间难以调和的矛盾寻求解决方案的重要实践。

"可持续设计"与一般以生产物质产品为目标的设计形成对照。其不同之处在于，前者既是一种通过整合产品和服务构建"可持续的解决方案"（Sustainable Solution）来满足消费者特定需求的设计活动，也是一种以成果和效益取代物质产品的消耗，以减少资源虚耗和环境污染、从总体上改善人们的生活境况为最终目标的设计策略。可持续化设计的提出与被重视，也在较大的范围内促使整个设计领域重新思考设计的意义，深刻反思设计师的社会责任。历史上，设计长期被视为企业谋取利益、刺激消费、服务商业经济的"工具"，其目标在于通过持续不断的产品形式和功能创新，调动消费者潜在的购买欲望；其客观结果必然是助长消费主义。然而随着人们对设计理应承担的社会责任的再认识和深入理解，那些脱离了可持续化理念的、消费性的创新性设计在今天日益被视为加剧资源消耗与生态恶化、过度依赖物质的畸形生活观消费观的"帮凶"。我们反思设计在当今社会中的意义时，也需要不断地从单纯的"设计服务消费"的关系中脱离，看到它与政治、文化、生态等内容的联系。设计这一"复合性造物"行为的重要性，在今天来看，在于其是否能够引导人们树立健康的消费观念乃至于一种可持续的生活方式；在于其是否可以调整人们的价值取向，促进经济、文化的持续发展，积极改善生态环境，进而辅助人类社会可持续发展。

因此，在传承宝贵的历史文化、创造更美好的生活的急迫诉求下，可持续化创新设计的变革在当下便显得尤为重要。在Carlo Vezzoli和Ezio Manzini合著的《环境可持续设计》一书中的译者序里提到了这样一种假设："既然借助设计手段可以成功地推进物质依赖型的消费模式，那么设计同样有能力促进向新型的'非物质化'、服务性的经济发展模式转变"[1][2]。通过可持续化的创新设计，能够为我们的工作和生活体验、心理诉求甚至是价值取向注入崭新的能量，来积极应对社会、环境和文化方面迫在眉睫的改变与挑战。这项改革需要由设计师和工程师、建筑师和企业家、教育者共同推动。同时，政府也应鼓励在各行各业采用可持续设计创新的实践，在为更多人造福的同时减少对资源的索取。

可持续化设计理念从被提出到深入实践的过程中，涉及到了诸多领域并取得了显著的成就，如建筑、景观、工业设计、设计教学等。许多可持续设计下的延伸概念相应被提出，像是"产品生命周期设计""生态设计""环境友好设计"以及"碳足迹"等。然而随着时代的发展，传统可持续化设计所涉及的内容和方法在处理当代设计领域的新问题时逐渐力不从心，无法从根本上解决经济发展与环境冲突的问题。特别是当我们面临一个不断孕育科技变革的时代，前沿科技的更迭速度与日俱增，市场化、信息多元化快速的发展，制造业的智能化水平不断的提升，以及在强大的网络实体技术支持的背景下，人们对于产品的体验方式、可互动性和智能化、情感化，以及产品是否可以传递出来功能价值以外

[1] Carlo Vezzoli，米兰理工大学教授；可持续设计与系统创新研究所（DIS）主任；（RAPI.labo）工业产品环境问题实验室的科学顾问；国际知名的可持续设计研究与教学领域的专家。
[2] Ezio Manzini，米兰理工大学教授；工业设计博士课程主任；"可持续设计"的理念先驱和著名学者，重点关注"情景构建"与"解决方案"的概念开发。

的更深层次的附加价值的需求也逐渐提高。传统意义上的可持续化设计概念和方法不仅亟需更新，更应该被赋予更高的要求和责任。在当下面临这样的境况，我们对于可持续化创新设计的理解不应该仅仅满足于技术上的创新和指标的完善，而是应当努力寻求可持续化设计创新的突破口，重新梳理可持续化设计与经济－社会－环境－观念的重要关系，尤为重要的是努力探索其在发扬地域文化的历史意义和文化价值中的作用和方法论。

本章的内容主要从低碳概念下的可持续化，服务设计的可持续化，引导性设计的可持续化以及非物质领域的可持续化几个层次来深入探讨可持续化创新的可行性，以及拟解决的方法和优秀案例分析。上述四个分类同时也对应着可持续设计理念贯彻过程中几个非常重要的方面：①低碳概念下的可持续化设计对应的是可持续化设计中实际的、物质层面、技术环节操作的方法论。②服务设计的可持续化概念是从设计低碳的器具转变到设计可持续化的"解决方案"即超越对"物化产品"的关注，进入可持续化"系统设计"的领域，从而对产品和服务层面进行干预。③引导性设计概念引入可持续设计中则是强调通过设计的手段、观念的引领，从源头倡导可持续生活的意识。引导性可持续设计并不是通过产品改良直接减少对环境的不良影响，而是通过产品的语意功能从行为习惯引导、情感传递一种可持续性的生活态度。④非遗文化的可持续发展从地域文化传承和发扬方式的革新、提升用户需求层次多样性的角度出发探索创新的新策略，是"可持续设计"在内容上的进一步拓展和完善，涉及到本土文化的可持续发展；对文化以及物种多样性的尊重；对弱势群体的关注以及提倡可持续的消费模式等等。在此，"可持续设计"的观念被进一步的深化和完善，并向关注全球化浪潮冲击下的社会和谐以及大众的精神层面和情感世界拓展。

10.1　低碳概念下的可持续化设计

当今生态环境问题日益严重，部分国家和地区的人们在自然资源日剧消耗的过程中面临严峻的生存考验。面对环境与资源可持续性遭到全球性的空前挑战这一境况，可持续化设计在世界范围内、在不同的设计专业领域内受到越来越多的关注。因此，对可持续设计创新策略进行研究具有十足的现实意义。自21世纪初，由于能源危机，大量排放的温室气体对自然环境及人类生存条件造成的破坏，世界各国开始致力于推动以低能耗、低污染、低排放为基础的新经济模式，即所谓的"低碳经济"。在这个语境下，产品低碳设计（PLCD，Product Low-Carbon Design）就是在产品符合功能实现、性能满足和经济指标的前提下，降低产品全生命周期各阶段的碳排放量为主要目标的一种新的设计方法。[①]作为可持续设计与制造领域的重要问题之一，"低碳"这种包含自然、社会、经济自然和谐发展模式的理念以及注重未来生活品质，着眼全球环境可持续发展的新概念迅速席卷社会的各个领域。同样，在设计领域，将低碳设计的理念和可持续发展观念植入设计思想中，促使可持续化设计在实践领域或者可持续理念的传达、成熟和进一步的创新上显示出独特的潜力和乐观的前景。

我国目前已有的低碳设计研究更多与现代的低碳应用设计原理、理念、方法、手段相结合，来降低产品生产、加工、储运、销售、消费以及回收等各个环节所产生的温室气体排放量。包括产品的再设计、循环设计，或者集成化设计、模块化设计，以及基于产品生命周期的设计方法等等。而这些具体的设计方法基本上还停留在对于低碳产品的基本要求技术内容和检验方法的内容层面上，将物与系统为研究重点，而缺少对低碳设计创

① 洪欢欢．面向产品低碳设计的多因巧冲突协巧方法[D]．杭州：浙江工业大学，2014：12

意的深度理解。也有批评指出：可持续设计更多的
还只是学院中的理论观念，尚不足以成为商业实
践中联结设计、产业与文化的纽带[1]。在过去的几
十年，可持续设计很难真正影响社会，其中的一
个重要原因在于早年的绿色生态设计多以理想化
的"物"的系统为中心，强调通过设计减少物质能
源的消耗与排放，却忽视了作为用户与消费者的人
的意愿。即便有考虑到人，也并不是以用户行为与
心理为基础，而更倾向于从一种可持续的理想结果
出发为人们规划生活方式。[2]这也是为什么在过去
几十年低碳设计对于实现可持续发展社会的推动力
欠缺的原因。本小节通过案例研究，从用户需求的
角度、产品情感化的角度以及低碳产品精良化设计
等新的视角解读低碳设计思维和低碳设计创意的根
本，探讨如何扩大低碳设计的影响力，将低碳设计
理论与实践密切结合，切实推动低碳社会的发展。

10.1.1　低碳与精良设计

在《为真实的世界设计》这本书中，维克
多·帕帕奈克说到，"由于新工艺和新材料不断涌
现，现在的艺术家、工匠和设计师完全掌握了对于
工艺和材料的选择权，这给了他们自由，同时也害
了他们。当任何事情都将成为可能时，当所有的限
制被拿走时，设计和艺术很容易就会变成一种对于
新奇的永无止境的追逐，最终，为了求新而求新就
会变成唯一的标准"[3]。在大力宣扬科技创新和理
念创新的设计领域的当下，纵观国内市面上的各类
产品，功能和造型新颖非常具有创意的产品不在少
数，然而，真正能够经得起时间检验，为低碳经济
能够起到较有成效的推动作用的产品凤毛麟角。相
反，更多的创意产品一味的追求创新而存在过度设
计的痕迹，甚至催生了许多被称作"无用的设计"
的产品。就不用提那些存在设计缺陷或使用劣质
材料制造的产品，只有较短的使用周期，致使频

繁的产品更换，同时这也意味着大量的重复制造和材料
的消耗。因此，基于低碳设计原理的思考下，精良设计
才是一种能够节约材料，减低能源消耗的可持续化设计
思路。

精良设计不仅仅指的是产品结构的精简与品质的
高性能化，它更体现了一种本身承载的思想的"完整
性"，是功能、审美、人文、生态高度统一和谐的完整
性。精良设计立足于人、环境、资源等因素的基础之
上，同时体现对消费个体对象的关怀、尊重、理解及保
护，以及倡导合理的美学观念、引导合理消费、控制产
品过剩，并能从长期意义上改善人类生存空间和环境、
节约能源、保护资源，从可持续发展的角度维护全球行
生态平衡和品质。

如 图10-1，KARMI由 日 本 的Gatomikio公司 出
品，Satoshi Yasushima和Tomoko Honda共同设计
的一系列茶叶罐。该系列的茶叶罐的制作工艺来自于日
本石川县的传统工艺—Yamanaka漆器制作，并且结
合了先进的车削技术。为了保护茶叶最本源的味道，确
保新茶不易受到外界环境温度或湿度的影响，需要在制

图10-1　KARMI茶叶罐

① 陈雨，武向军.可持续设计的回顾与批评[J].株洲包装学报，
2010，2（3）：17-20.

② 贺潞，欧阳波.低碳语境下基于用户研究的家居用品设计[J].重
庆：包装工程，2016年02期，65-68.

③（美）维克多·帕帕纳.为真实的世界设计[M].周博译.北京：
中信出版社，2012.

作中保证茶叶罐的盖子和罐体在尺寸上的精确，既能使其贴合的严丝合缝，又能够保证在打开和盖下盖子时具有顺滑的手感。因此，工匠要将制作茶叶罐的木材放置数月，等待木材中的水分含量挥发到合适的水平，这往往需要凭具有数十年制作经验工匠的直觉来判断。在这一系列茶叶罐中，设计师总共设计了八个不同的造型，三种颜色，从视觉上对不同的茶叶罐分装不同品种的茶叶做了区分。茶叶罐的盖子也可以用作测量茶叶的量具。像这样设计精良，做工考究的产品在工艺、造型以及功能上体现了非常高的品质和完整性。从而能确保产品拥有较长的使用寿命，符合可持续化的设计理念。

如图10-2中的温莎椅出自Miyazaki木椅工厂，由设计师Makoto Koizumi设计。设计师有意识地运用较少的科技含量打造椅子的主体结构和舒适的功能。用尽可能少的木材支撑结构，在使椅子的重量变得更轻的同时也最大限度地节约了原材料。在制作过程中，设计师要求木材的切割组装运用最传统的器械配合大量的手工工艺。尽管椅子的造型相同，但是每一把椅子经历了匠人们的手的触摸从而保留了独特的材料语言。甚至设计师在选材时考虑到了木材自然的纹路如何适合不同的造型。完成这样一张经久耐用的椅子，需要花大量的时间和经验丰富的工匠的精力投入。

椅子的皮质坐垫，采用了特殊的染色工艺、取自当地Tokushima地区纯天然的青黛（靛蓝）对

图10-3 Miyazaki温莎椅

皮革进行染色。木材的拼接是决定椅子结构是否牢固的一项非常重要的技术，同时也意味着合理使用木材而不会产生不必要的浪费。虽然拼接部位往往不容易被消费者注意到，但是也是最需要设计师和工匠极为精确的测量和制作的部分。设计师希望透过产品的微小的细节，使设计扎根于当地，让使用者能够体验本土特色和传统工艺与文化（图10-3）。

由此可见，精良设计在处理人与自然的生存和发展层次上，始终承担自然与人类的平等关系。简约而不豪华奢侈、舒适又追求高雅的品位，坚持产品的品质与耐久性，以及对于形式和装饰的克制，对于传统的尊重和在形式与功能上的统一。将可持续发展的理念与"减碳"的宗旨相结合，体现了低碳、可持续的生活理念。

10.1.2 低碳与从用户需求出发

低碳设计强调生活方式的总体设计，即通过设计向消费者传递低碳生活的理念，从而培养消费者的健康生活方式。但是，一般设计师在思考低碳设计时，往往只是将目光聚焦于满足特定要求和标准，单一地去考虑如何节约能源，如何可持续发展，因而忽略了用户在产品使用情景中的真实需求。除此之外，一件产品除了具有具体的使用功能，还包含其自身的产品语意，即符号功能。在今天符号消费大行其道的社会生活中，产品的符号象征意义已占据了非常关键的位置。低碳设计应当重视产品生态、品质与文化信息的有效传递，而设计正是将生态、品质、文化这一系列关键词联系在一起的重要手段。这就要求我们关于低碳设计要进行更深刻的思

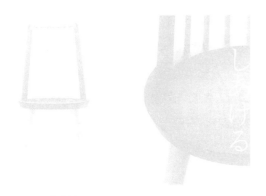

图10-2 Miyazaki温莎椅

考，在设计中表现人文思想，向满足人的情感和心理需求方向发展，满足人的精神需求。

　　图10-4、图10-5中的"AGNI"是由Isao Suiz Water Mark 设计实验室针对日本居民开发的，旨在提供一种替代性的室内能源获取方式的最新款火炉。这款火炉的主体部分运用了稳重的黑色及方正端庄的外观造型，而在边角的部分又很恰当的运用了倒角的造型方式，并且把手部分设计成球形的天然木材，使得火炉整体视觉上稳重又不失趣味。在内部结构上，"AGNI"具有一套非常有效的催化分解过滤系统，可以保证木材最充分的燃烧，从而有效地节约了资源。设计师通过调研日本地区的自然资源以及地理位置后指出，日本是一个发生地震和台风以及其他自然灾害非常频繁的国家，日常生活中人们使用的天然气灶和煤气灶虽然方便，但是在灾害来临时反而会急剧增加用户面临的风险系数。通过运用传统火炉这一传统的获取热能的方式可以有效地避免危机情况下对人们造成的

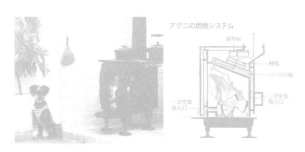

图10-4　AGNI火炉

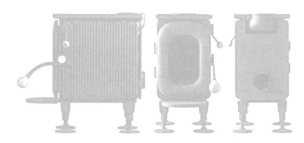

图10-5　AGNI火炉

潜在的再次伤害。同时，研究表明，日本的森林植被总覆盖率自二战以来到现在达到了70%，松树的覆盖率更是达到了36%。木材在日本当地被当作是具有可持续性和可再生性的自然资源。"AGNI"火炉是设计师在充分调研并尊重地域特殊性并密切结合了用户实际需求的情况下，有针对性的、可持续化的设计。

　　"QUINTA MONROY"是由著名建筑师Alejandro Aravena[①]以及他的团队于2001年进行设计并于2004年完成的政府经济保障房住宅项目。项目地点位于智利伊基克，该项目的政府支持资金仅有7500美金，并且在5000平方米的面积上需要给93户人家建造房子，而常规保障性住房至少需要三倍的资金和用地面积。在项目经费非常有限以及用地紧张的情况下，建筑师并不想在房屋质量上做出让步。考虑到使用保障性住房家庭财务状况的差异性，以及住户可以根据自己的需求以及财力对住宅进行个性化扩建和改造的需求，在这个Quinta Monroy 项目中，Alejandro Aravena创建了灵活的"半成品房子"（half-homes）：只修一半，空出另一半空间。作为楼房，它们可以非常有效地利用土地；而作为住宅，它们又允许进一步扩展。Alejandro Aravena为这些家庭提供了他们难以独立建造的"半成品房子"，同时又给他们留出空间，让他们根据各自经济条件，对住房加以后续完善（图10-6）。

　　该项目皆反映出设计师的社会责任感。他关注城市化进程，关注建筑平民化，关注如何解决全球迅速城镇化带来的一系列诸如住房，环境，灾难等问题。Alejandro Aravena团队参与了为弱势群体提供住房这一复杂过程中的每一个阶段：与政治家、律师、科研人员、居民、当地政府和建筑商接洽，力求在充分了解用户需求的情况下为用户争取最大的利益。他认识到居民愿望及其积极参与和投资于项目的重要性，再辅以自己的良好设计，有助于为家境贫困的社会成员创造新的机

① Alejandro Aravena是2016年普利策建筑奖获得者及同年威尼斯建筑双年展策展人。

图10-6　QUINTA MONROY 半成品房子

会。这种创造方法扩展了传统建筑学的范畴，力争为建筑环境寻求真正意义上的可持续解决方案。

低碳语境下基于用户研究的设计方法虽然不能完美解决可持续发展目标中的种种问题，但用户研究的引入可以突破设计师的常规经验，让设计有的放矢，在可持续设计原则的基础上设计出人们希望拥有的产品，延长产品的使用周期，传递环保价值观，从而实现低碳语境下设计、产业与生态文化的联结，推动低碳社会的发展。

低碳设计的机遇还来自于科学技术的变革。材料与工艺的发展使符合低碳目标的产品可以超越传统可持续设计的"低品质"感，走进人们的生活。信息技术的发展带来了更加灵活的商业与体验模式，有更大的空间让低碳可持续设计影响人们的生活。总之，低碳语境下的设计不再只追求物的低消耗，而是以人为中心，把用户的消费需求与可持续发展社会的生态需求有机地结合到一起，鼓励人们追求的高品质生活方式，并融合低碳设计的理念，

真正将设计、产业与生态文化联结起来。用户目的的研究是为更好地理解用户、定义产品，以此设计出符合用户需求、提高用户体验，并且能有效引导用户使用新产品。从产品本身来看，对用户行为方式的研究可以使家居产品真正符合人们的使用习惯与需求，不会因不合意而被过早废弃。以合理的设计让人们更喜欢产品，从而延长产品的使用期限，减少过早废弃造成的浪费。在低碳可持续发展的愿景下，设计师背负的社会责任感在不断增强。可持续设计理想的实现不能简单地迎合消费者，但仍要以人为本，把握时代的变化，寻找实现设计的合理方式。

10.1.3　情感化设计

随着人们物质文化需求的增高，消费者开始更多地关注设计作品带给人的情感感受和体验，这要求设计师应当把设计作品看作是人与人之间交流的媒介，去传达情感，甚至把设计对象当作"人"来看待，本身拥有情感，而不能够单纯地把设计看作一种机械化产物。这才是设计师对待设计的正确态度，才能设计出好的，真正满足消费者需要的设计作品。我们生活在一个张扬个性的时代，越来越多的人崇尚自我的生活方式，从而导致整个社会对情感化设计需求的增加。因而，设计师应该考虑到不同消费者的多样化需求，要从消费者的心理角度出发和考虑，让设计出来的产品在心理上符合人们的预期，在情感上满足人们的需求，使产品与使用者之间产生共鸣，带给人们享受和放松的生活方式，强调情感化和个性化的设计。

Time Killer，或称"自杀钟"，是来自柏林的Yuue Design工作室的一款情感化的时钟设计。设计师称之为尝试自杀的"悲壮的"时钟。该产品灵感来源于英文中Killing time——即打发时间——这一说法，通过文字游戏双关地表达了时间的运动以及流逝的残酷。钟表上方的锯条随着指针的转动不断往复移动，当它通过底部的感应装置感应到有人经过或者停下看时间

时，锯条停止移动，佯装成一只行为"正常"的钟表。人们可以预见在某一天，钟表的表盘部分将会被锯断而掉落，形成一幕荒诞的场景。设计师通过产品模拟"慢性自杀"这一荒诞行为，将时间这一抽象的、无形的概念变为生动的，具有画面感的形象。"自杀钟"的设计师翁昕煜认为，先进的信息技术正在重新定义我们的行为以及和时间的关系，而传统的、机械的时钟和手表也正在被各种数字设备替代。越来越多的人通过手机和其他可穿戴数码设备读取时间，时间通过分散的数码显示出来，而时间随着机械的发条和指针的拨动而流动的质感消失了，对时间的感知也越来越模糊，越来越触摸不到。任何产品都有使用寿命，就像人或者任何一种生物，这个期限或长或短。但使用寿命往往是容易被忽略的一个因素，如果一个产品有意识地增强这个因素，可以清楚的看到这个寿命期限何时到来会是怎么样的一个景象，我们会不会产生不舒适的感觉等。在面对自杀钟这样的一件产品，人们因担心它寿终正寝的那一天的到来而会提前感到惋惜，然而人们往往忽略那些自己拥有的身边之物，其实也拥有看不见的倒计时而提前让产品淘汰，无法物尽其用（图10-7、图10-8）。

"Angry Lamp"是一款拟人的，具有"性格"的落地灯。它时刻"关注"人们的节能用电行为。"Angry Lamp"的主体部分跟普通的落地灯没有什么区别，只是多了一条握着开关线的"手臂"。"Angry Lamp"是一个非常"坚持原则"和有"自律性"的一款灯具。

当它感应到环境光过于明亮的时候，它会自动将自己关掉，又或者是当它感应到长时间周围没有人时，也会将自己关掉。设计师认为的低碳理念

图10-7   Time Killer "自杀钟"

图10-8   Time Killer自杀钟

图10-9   Angry Lamp 生气的灯

图10-10   Angry Lamp 生气的灯

下的技术和措施的效果是令人沮丧的，现实生活中能源和资源的浪费远远超过我们的控制，我们无法改变世界，至少要改变自己。为了追求一个可持续的生存环境，我们必须改变自身的行为习惯。"Angry Lamp"是一盏能够跟使用者一起生活，并且帮助使用者养成节约能源习惯以及意识到自己的行为将会对环境带来怎样影响的落地灯，作为一款产品，它显然并不"好用"，它不会让你长时间点亮它，甚至在某些特定的环境下你都无法打开它（图10-9、图10-10）。

现代产品设计已不是一种单纯的物质形态或者物质的表象，而是洞察内心而成的造物活动，是人与物交流

的媒介。设计师能否把设计对象当作人来看待，能否从使用者的内心出发和考虑，能否达到人、物、环境的有机结合，是决定情感设计成功与否的先决条件。在此基础上，对本能、行为、反思三个层面的理解，能够提醒和引导产品设计师把控好产品的情感要素，情境故事设计。情境故事设计指产品是基于一种主题意念而表现出来的让每个产品背后都有 一个故事，将审美抒情性融于产品创意表现之中，营造一种情境，用户看到产品形态时，使其产生一种身临其境并与之心灵对话的感觉，进而唤起用户潜意识的感动和需求。 注重人文关怀并不仅局限于产品赐予人们在使用中的满足，而且要求设计师在产品设计时重视设计文化，通过自己的设计来体现对人的尊重和关爱，从而达到满足人的精神需求，完成设计使命，甚至引导人们的生活方式，最终推动社会、人与自然的和谐发展。

10.2　服务设计的可持续化

10.2.1　"服务设计"与"可持续化设计"的结合

服务设计（Service Design）是自20世纪90年代起伴随着世界经济的转型，逐步被当代设计领域所觉察到的新方向。1991年，Michael Erlhoff博士首先在设计学科提出了服务设计的概念。经过二十多年的发展，服务设计已在全球范围内受到越来越多的关注。自该概念诞生之初，似乎并不存在一个标准的定义或模式来界定什么是"服务设计"，来自不同领域的学者对其概念或有不同的理解。2008年，设计学领域中的"服务设计"概念逐渐变得清晰。国际设计研究协会（Board of International Research in Design）主持出版的

《设计词典》（Design Dictionary）为其作了如下定义："'服务设计'从客户的角度来设置服务的功能和形式。它的目标是确保服务界面是顾客觉得有用的、可用的、想要的；同时服务提供者觉得是有效的、高效的和有识别度的。"

服务设计着重通过无形和有形的媒介，从体验的角度创造优秀的概念。从系统和过程入手，为用户提供整体的服务。概括而言就是从"物"的设计发展到"事"的设计；从简单地对单个的系统"要素"的设计，发展到对系统"关系"的总体设计；进而发展到对系统"内部因素"的设计转向对"外部因素"的整合设计。服务设计和系统设计有着相同的设计理念，即二者都将关注点落在服务系统的设计和研究上。一方面，服务设计将系统设计的方法和思维纳入到产品服务的规划之中，从而提高服务的品质，满足消费者多样化的需求并增加消费者的愉悦感；另一方面，服务设计的基本目标在于使消费者能够在设计的活动和结果中受用，并获得耐人寻味的体验从而对特定问题进行反思。

20世纪末到21世纪初，设计界率先提出了需要改变传统的消费观念并对社会加以引导。如今我们处在一个亟须转变传统消费观念以保护自然环境与有限资源能源的时代，传达这一社会和时代的现实并予以解决，便是"可持续发展"这一概念的重要内涵。构建可持续性社会的目标在当下面临的最大挑战即在于严重的环境压力，而这一局势是由于传统的产品制造和消费模式所导致的。为了实现消费品设计、生产和使用的可持续化，走向低环境影响的商业增长方式，"服务主导型"经济增长模式应当为人们所注意。在服务经济时代，社会是循环导向型社会，设计的对象是寻求问题的解决方案，即寻求服务的共同创造，设计活动的目标是建立与服务相关的各种能动性资源之间的相互"关系"，而用户的需求则变成了用户在使用诸如材料和产品等对象性资源的过程中所获得的快乐体验。这两类不同的特征为人们勾勒出了社会形态从"产品为中心"向"服务为中心"的过渡转型。

服务设计在不同的视野维度下的目标和职责应当有所区分。从最宏观的视角来看,服务设计的目标在于实现人与自然和谐共处、人与自然共同发展等目的。在这一维度中,"4R",即减少(Reduce)、再利用(Reuse)、循环(Recycle)与恢复(Restore)就成为其主要目标。而从相对具体的领域维度来看,服务设计的目标则是满足人的合理需求、发展期待,实现个人对自身的深入认识,以及诗意的生活。从满足马斯洛所论及的生存、安全、社交、尊重、自我实现等五种人类基本需求的角度讲,服务设计不啻为具体解决方案之一。

当今社会里,我们面临一个很大的挑战、一场新的农业革命——如何在人口爆炸的时代用一种可持续的、经济节约的、环境又好的方式来满足未来人们的食物供给。2012年,InFarm的创始人Erez, Guy Galonska, 和Osnat Michaeli发现,垂直农场也许是一种能够满足城市人口自给自足的可行性解决方案。这种垂直农场可以让人们在有限的空间和极少量灌溉的条件下进行蔬菜和其他草本植物的无土栽培。经研究,他们得出如果在地球上所有的城市里完成10%的垂直农场的种植,将会有340000平方英里的土地可以退耕还林。在公寓里开展了他们的第一个垂直耕种实验后,项目的这些创始人召集了一批植物科学家和工业设计师,探索和开发垂直种植的潜力。前不久,InFarm在德国的Metro连锁超市——世界第四大零售商——的柏林分公司安装了一个种植蔬菜和香草的垂直农场,用以出售他们的产品。InFarm通过与IDEO合作,进一步拓展了B2B(企业对企业的电子商务)业务,包括某种可堆叠放置、模块化并且气候可控的模块单元的工业设计的理念;一种用来监视和控制这些单元的配套软件的交互设计,以及其商业模式。"都市种植者"们可报名注册参加"种植服务",这一服务包含上述种植模块单元、每月的

种子订单、养料盒以及一个酸碱值检测器。因为它们具有可堆叠放置的特性,这些模块可以适用于任何规模和尺度的需求,不论是小到适用于家庭种植者、餐厅的厨师还是大到超市的经营者。设计师Erez认为,在一年的时间内,每一平方米的种植托盘每天可以培育4~6株成熟的植物,是最先进的水培温室产出能力的两倍。另外,配合软件的使用,通过远程管理单个模块的气候条件,可以为种植者提供新蔬菜和香草类的信息,销售互补作物的种子并辅以建议配方和烹饪指导。致力于推广生物多样性,公司同样会销售一些稀有品种的、祖传的种子。该项目的启动是由欧盟的"先驱基金"赞助的,目前正在寻求可靠的投资以促进软件的研发和硬件生产能力。总的来说,该项目的经营范围在持续增长(图10-11、图10-12)。

"服务设计"与"可持续化设计"的结合作为现今问题的潜在解决方案之一,并不能依靠某一个案来实现,如前面开头所提到的,服务设计处理种种关系和矛盾,但并不仅仅致力于解决问题,而是要在观念层面促

图10-11　垂直农场

图10-12　垂直农场

进整体思路的转变。因此，任何一个设计项目案例或产品，除了要看到它自身系统内对于解决问题所作出的尝试和努力之外，还要看到它作为一个话题，作为一种观念的传递所能够和应当起到的作用。

10.2.2 产品与服务设计

产品可持续设计涉及到"生产体系"与"消费体系"两个方面。生产的目的是为了满足用户的合理消费，过渡消费必然导致过多的浪费和污染。比如"占有"而不"使用"，就是一种社会资源的浪费。主张"使用"产品或其提供的服务，而不强调"占有"产品，可以提高产品的利用效率。这是一种更加合理的消费模式。因此，设计从仅仅关注"生产系统"，过渡到同时关注"消费系统"，便有了产品与服务设计。

20世纪80年代初，瑞士的工业分析家就设想出一种服务经济：消费者通过租赁或借用商品得到服务，不用购买商品；制造商不再出售产品，而是长期提供"升级换代"服务。例如，瑞典的电器生产商伊莱克斯设计了社区公共清洁服务站，提供自助式清洁服务和人工服务模式，还设立了儿童休息区、咖啡室、服饰信息交流中心等休闲空间，让社区居民在此空间沟通、娱乐、交流情感，无聊的等待时间变成了愉快的社交时光。社区成员之间良好的沟通和信任，也有利于形成良好的社区文化。

Hunter Gatherer是一家餐厅–零售店，它依托可靠的农产品供应链，采用全新的商业战略，为消费者提供从农场到餐桌的健康可信赖餐饮服务。近年来，中国食品行业已经受到安全问题的困扰，长期以来媒体对食品安全问题的曝光导致消费者对食品安全失去了信赖。因此，Hunter Gatherer通过建立透明的食物供应链，并通过树立榜样，围绕有意识的农业实践发起一场运动。该企业的目的很简单：为人们提供真正的食物。他们与IDEO服务设计公司合作，以此为基础构建一个可扩展的业务。与IDEO设计师一起，他们对贮藏、包装、运输及烹饪方式做了系列测试，并开发了不同的午餐和晚餐理念，针对不同食物的口味，色彩及价格设计不同的产品，并邀请食客品尝评价。根据上述研究结果，IDEO设计师与创始团队一起确定了该品牌的定位和营销策略。在这个餐厅–零售店中，顾客既可以购买新鲜的蔬菜或罐装食品，也可以在温馨的餐厅坐享佳肴。除此之外，顾客还可以通过线上订购购买可靠来源的食品。该案例证明，与产品本身相关的系列服务的质量，是考量一个产品及其企业的重要指标。同时，科学、周到的服务设计更有利于可持续的生产、经营和发展（图10-13、图10-14）。

"服务设计"是"产品设计"的延伸和拓展，它以物质产品为基础，以用户价值为核心，其目的是为用户提供合理的服务。消费者购买产品的最终目的并非得到实体的产品本身，而是为了获得产品提供的服务。例如，购买汽车是为了获得"移动服务"，购买手机是为了获得"通信服务"，购买吸尘器是为了获得"清洁服

图10-13　Hunter Gatherer餐厅-零售店

图10-14　Hunter Gatherer餐厅-零售店

务"。因此,从某种意义上来说,设计产品其实是在设计产品提供的"服务"。人类利用自然资源制作各种产品来满足自身的需求,这是社会发展的需要,但由于人们将生活消费的重心放在有形物品的追求上,而忽视了真正需要的是产品的功能和服务,导致了各种过度占有和非可持续消费现象的出现。在我们身边有无数闲置的物品和许多使用寿命未到而被更新换代的物品,这就说明自然界所提供的服务量远大于人们的需求,剩余的服务量意味着更多的资源输入和废弃物输出,加重了环境负担。所以我们一方面要竭力减少单位服务量的生态成本,一方面要优化服务量的配给渠道,将服务量以最有效的方式重新分配,以尽可能少的资源去满足尽可能多的需求。只有这样,才能恰如其分地利用资源。

在美国,数以百万计的人们从他们的青少年时代拥有人生中第一辆小轿车到成家立业为人父母第一次驾驶旅行车郊游,福特公司便一直伴随他们。自从1903年第一辆福特汽车原型出现到现在,汽车已经大大地改变了我们的通勤方式、旅行方式,甚至重新塑造了我们的居住环境、城市以及整个世界的基础设施建设。如今,整个汽车产业面临到了一个全新的转折点。因为世界数百万的人口涌入城市而使其面临交通堵塞、污染严重的情况,在这种环境下,人们对拥有一辆崭新汽车的诱惑力也在不断下降。在有些地方年轻人越来越少地驾驶汽车和较晚甚至不考取驾照。居民出行越来越多地依赖共享交通服务系统和其他的一些替代选择来代替汽车的个人拥有。

如图10-15、图10-16,"Beyond Cars: Designing Smarter Mobility"——是IDEO服务设计公司是福特公司设计的智能移动系统。福特智能移动系统是福特公司研发使其成为在联通性、移动性、无人驾驶交通工具、用户体验以及数据和分析等领域的行业领先者的计划方案。同时还致力于分析非洲西

图10-15　Beyond Cars智能移动系统

图10-16　Beyond Cars智能移动系统

部国家内大型的、交通拥堵城市的通勤状况来帮助当地居民提供更加高效的医疗保健服务的实验,以及指挥完成在积雪覆盖环境下的首次无人驾驶交通的测试。福特公司计划将全面无人驾驶交通工具在世界范围内普及,这也将是该公司从一个汽车制造商逐渐发展成为机动性服务的提供商。

科技的发展是支撑交通工具所有权向使用权转变的重要手段。智能手机、传感器、开放数据的普及使得人们的出行方式变得更加多样,如汽车出租共享公司"神州租车",网约车公司"优步"等,以及可以提供信息,帮助出行者轻松地在公交车、自行车共享站之间无缝转乘的"Citymapper"App等。从福特公司由传统汽车制造向提供交通服务系统策略的转型可以清楚的看到,服务设计理念介入交通工具领域提供给人们更加多样化的低碳、绿色的出行方式无疑是可持续化设计领域里具有实验性和创新性的发展趋势。

厨房是家庭居所里所有能量、活动、休闲和创造力的中心,是居所的"心脏"。在未来的十年内,我们所处的环境和我们的行为方式会发生非常大的变化,我们的厨房也将会得到彻底的改变。当越来越多的人涌入城市,居住空间会越发拥挤;当自然资源日趋耗竭,食物

将会变得更加昂贵。同时，浪费也会成为一个更加亟需被关注的问题。根据这些担忧，IKEA设计了一款概念厨房，它包含了食物收纳柜、桌子、水槽和垃圾处理装置，不仅在每个单品中反映了社会的、科技的以及人口统计学各个层面对于在未来厨房里人们的行为方式的考量，同时还保留了传统厨房带给人们在触觉层面上的愉悦感（图10-17、图10-18）。

如图10-19，IKEA概念厨房里的现代食物收纳柜将不同类别的食物分别储存在透明的容器里并且放置于开放性的货物架上，而不是隐藏在冰箱门的后面，因为有些人只有在食材变质之后，才会想起来冰箱里还有这些东西。宜家给出的解决方案是

图10-17　IKEA概念厨房

图10-18　IKEA概念厨房

图10-19　IKEA概念厨房

直接把食材放到可以自动控温、还带自动提醒功能的透明整理盒里，放在开放式的食品架上。这种设计可以轻松地吸引用户更加关注冰箱里已有的原材料，而不是需要外出购买更多，同时做到节省能源。嵌入货架的感应冷却技术可通过食品包装上的RFID贴纸，将容器保持在恰到好处的温度。

"THE TABLE FOR LIVING"旨在激发人们用食物创造更多创意，并减少丢弃。不知道如何处理剩余的食材，只要将它放在桌子上，相机就能识别它，并将配方、烹饪说明和计时器直接投射到桌子的表面。使用者随后只需将计时器设置为您准备膳食需要花费的时间，并在预设的菜谱中做出选择即可。对于一个小型城市住宅来说，这张桌子是一个漂亮的解决方案，因为它是多功能的操作台：隐藏式感应线圈在不使用时立即对表面进行冷却，因此既可以用于烹饪或进食，还可以调整为普通的工作台。

服务设计是设计学科的一个方向，其最重要的特征在于，服务设计的焦点在整体的服务。由对物的设计过渡到对非物的设计已是当前我们设计的主要任务。以工业设计和产品设计为例，服务设计作为一个复杂的交叉设计领域，颠覆了以往设计只关注用户与产品之间的关系，而是把设计的中心转向解决方案的设计，并且以消费者的需求为设计的出发点，满足消费者最深层次的期望，并同时考虑技术上的切入点和经济价值。

服务设计是一个综合而宽泛的领域，它包含的是一系列的活动和过程。基于此，对于服务设计的理解应当从多种方面和角度对其轮廓进行勾勒。它在公共部门、教育、医疗和电子商务等领域如火如荼地展开，并逐步深入人们生活的各方各面，通过关注消费者的使用行为模式和交互模式，服务设计在给消费者带去了更好的用户体验的同时，也创造了相应的价值。欧洲的一些设计强国，比如英国和丹麦等，不仅在其经济领域大力推行服务设计，更将其触角延伸到更为广阔的医疗、健康、教育、基础设施建设等相关公共领域。

10.3　引导型设计的可持续化

10.3.1　引导含义

引导，就其宏观的意义上来说，是指通过特定的手段或方法来实现个体或群体向某个方向的转变，也是通过外界手段将个体或群体与特定的目标方向建立某种程度的联系，并带领个体或群体更平稳和有效地达到目标的实践过程。引导方式不应是一种硬性的、强迫的方式，而应是一种巧妙的、软性的，能潜移默化影响人的设计机制。

10.3.2　引导方式和手段

引导的方式和手段在不同的层面上应当作出具体的区分，其立足层面的不同也相应导致着方式和手段的不同。大体来说，对于引导方式和效果的影响有三个基本的层面：行为习惯层面、情感文化层面和观念意识层面；三者之间相互联系并相互影响。

首先，最基本的引导层面在于某种特定行为习惯的养成。在这一层面，行为习惯的引导是凭借一个或多个动作及其内部关系的重复而达到逐步培养和最终接受而实现的，行为习惯是一种已形成有效的条件反射，它是经由外部引导和刺激进而内建于心的一种下意识或潜意识。其次，情感文化是另外一个层面，它可以暗示和引导一个人生成某种行为，进而培养该行为的潜意识和内部动力。情感文化是建立在行为习惯基础之上，是经过长期验证、人们所熟悉、具有共性的行为习惯，往往是那些人们记忆中储存的带有情感付出的惯性行为最能引起人们情感上的认同和共鸣。情感文化的引导可以被看作是观念意识与行为习惯引导之间的桥梁。最后，观念意识的引导与自我实现这一层面息息相

关，在此层面上，每个人都有自己实现辨别和判断行为的价值系统依据，即具有特定的"价值观念"，并在处理特定问题时依靠和彰显自己的这一价值观念，从而达到自我实现的需求。文化中具有持久性的深层次观念难以改变，因为物质上的更新换代远比习惯与观念上的改变容易。观念意识一旦形成具有一定的稳固性，能极大地影响人的生活方式和内心情感。

10.3.3　引导型设计

引导性设计是在人们还没有发现自己的某种潜在愿望之前，通过产品的使用过程把人的某种潜能开发出来，从而改变人的某种习惯、原有的生活方式以及某种思维观念，继而形成一种全新的生活方式和概念。引导性设计根据设计中引导的方式可以分为行为引导性设计和观念引导性设计两种类型。

1. 具体的行为引导

行为一般指人的目的，动作自觉指导下的活动。人的行为必受心理指导，并且是心理自觉动机的外化过程；是由一系列动作组成的，是活动的集合，一般是指在目的指导下的经常性、习惯性活动。经常性、反复性是行为的固有特征。在一定条件下，两者相互替代，行为的稳定性、经常性是相对的。一旦条件（比如动机变更）变化之后，行为则必然发生变化，行为与动作的辩证关系在于，动作是行为的基本环节，没有单个独立的动作，便没有重复性的行为，动作是行为的开辟者。

行为是从一个个动作开始，尔后加以固定和重复而形成的。行为的改变也有来自于动作的变化。针对行为引导的设计从行为的形成和影响因素出发，通过设计实践来刺激和调动某种感受或情绪状态，例如视觉（导视系统设计）、触觉和操作手感（产品）以及听觉和其他感官等，以此来暗示和引导特定行为的养成甚至转变。行为引导设计的思路，总的来说，利用设计的手段，提供一个可能引发行动变化的契机和条件，并以此为开端将被改变的"行动"培养成为"行为"的层次，从而达

到所期待的引导结果。

由成立于柏林的Yuue Design产品设计工作室开发了一款名叫"Balance"的台灯。这款台灯传达了一种特殊的引导机制——在非使用状态下，灯罩部分由于自重的原因处于下垂的状态，灯罩的另一端开了一条窄槽，这条窄槽的大小正好可以放进一部手机。当使用者将手机置入槽内，便凭借手机的重量和中部的转轴将灯罩一侧抬升，同时灯罩内的感应装置便会为灯泡接通电流，点亮台灯。当手机被取出后，灯罩回复下垂状态，灯罩内的感应装置便断开电源，关闭台灯。这款富有交互操作趣味的台灯是针对"手机一族"对手机的依赖现象设计的，其目的在于倡导工作和娱乐之间的有效平衡。以天平的平衡为原理和灵感来源，这款平衡灯为它的使用者提出了这样一个"难题"，即如何在持续保持高效工作和屈服于手机的诱惑而失去工作的光源之间做出选择（图10-20）。

这便是一个非常明确和有效的行为引导设计在产品设计中的案例。这一产品通过其内在机制对于使用者的不同行为做出了鲜明的反馈，我们应当看到，除了作为可以提供照明的台灯之外，它同时提出了额外的功能，即在每一次使用产品时，使用者都不得不面对产品反馈所提出的问题。这种持续和反复的提示和提问，创造了反思日常行为习惯的可能条件，而这种条件和境况正是引导沉溺于手机这一行为发生转变的契机。而通过产品本身的使用所固有的重复特征，先前形成的、或许是不良的行为习惯便有可能从一次又一次的反复中，实现向某种新的、良好的行为习惯的转变。

法国兄弟工作室 Ronan & Erwan bouroullec 花了两年时间为三星设计了一款新型电视。在这期间，他们对电视在家庭生活中的角色做了一番深入思考：电视在家庭中扮演着什么样的角色？电视是否可能扮演其他角色？电视时是否仅仅是一块屏幕或是一个电器，至多是个娱乐设施？设计师通过对

图10-20 "Balance" 台灯

上述问题的思考后发现，或许电视可以摆脱"一块平面屏幕"的刻板形象，从而开发出多种可能性。由此，工作室最终设计出了"Serif"产品系列。

"Serif"在字母体系中意味中衬线字体，而Ronan & Erwan bouroullec工作室所带来的"Serif"系列电视从侧面看起来，其呈现的轮廓正是一个个清晰的大写字母"I"。设计师有意识地摒弃当下电视设计追求超薄、无

边框的潮流,反而为"Serif"系列赋予了比屏幕厚出许多的边框,将机身的顶部和底部加宽,从而形成"I"形轮廓。这一轮廓看似只是一个外形形象,然而在实际使用过程中,使用者会逐渐意识到你可以将它摆在任何地方:或者装上支架直接立在地面,或者拆除支架放在电视柜上,又或者将小尺寸的"Serif"和书籍一起摆在书架上。不管在任何地方,"Serif"都能与不同的环境融合在一起,让你觉得它就是一个物品、一件极简的家具。同时,他们重新设计了标准接口和观看体验,包括了介于正常观看和待机模式间的"帷幕模式(Curtain Mode)",这种模式下的屏幕会呈现半透明的效果,但是又有着和待机模式相差无几的静音及能耗。事实上,设计师在这一特别的造型创意背后,潜藏着某种特定的行为引导——通过造型的改良引导使用者改变对电视的看法;在产品功能和使用者行为两个层面上引导使用者看到并赋予电视更多的利用可能性,而不仅限把电视当作一个"需要放置在固定位置的家庭影音设备"(图10-21、图10-22)。

因此,从上述两个案例中可以看出,设计对人们行为习惯的引导应该是柔性的、理解性的,尊重人们的心理模式,考虑人们在使用过程中的切身感受。心理模式是指人们通过经验、训练和教导、对自己、他人、环境以及接触到的事物形成的模式。如日本产品设计师深泽直人所言:"你的产品

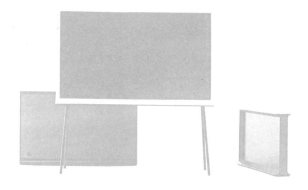

图10-22　Serif电视机

应不需要用一个说明书去告诉人们怎么使用,它必须是直觉的,让人们很自然地去使用。一种物品的心理模式大多来自人们心中认为该物品能做什么和对物品构造的认识"。引导性存在一定的干预形式,需要一段时间来适应,使其主动地完成技能动作,但并非强制性,需要考虑使用者在一定情境中的真实需求,在尊重用户的行为方式下,力图带领新手用户快速地熟悉产品的整体功能,在用户操作遇到障碍之前给予及时的帮助,最终达成自己的目标。

2. 可持续化的观念引导

观念是某种深层次的行为习惯的总和。观念通常都是持久的、不易改变的,它与个体及群体所共享的特定价值判断方式紧密联系,具有极强的稳固性,对生活方式、思考方式和内心感受的影响十分深远。观念来自经由不同的单个行动集合而成的行为习惯,并由其所塑造和培养,反过来,行为在某种契机下的改变一旦有可能造成整个行为习惯的改变,观念本身的整体性改变就成为可能。

针对观念引导的设计,就是通过特定手段在设计实践(例如产品的设计)中融入某种积极的理念,从而使得设计的受益者能够通过设计本身得到这种理念的影响和启发,从而逐渐认同并在可能的情况下推广这种理念。观念引导的设计通常都与一种全局的、可持续发展的视野相关,具体来说即是立足社会、文化、自然环境等的责任感。设计活动虽然是一种"微观"的具体实

图10-21　Serif电视机

践，却在宏观上引导一种合理、低耗高效、可持续
的生活和社会发展模式有着举足轻重的作用。

　　很多人都有环保的意识，但是心里想的远远不
等于实际行动。我们洗手的时候，实际上一升水已
经能够满足我们快速洗干净，但是往往等我们洗完
手后，已经浪费了6L水，所以现在很多公共场所
中都配备限流的水龙头。"1 Limit Faucet"就是
其中的一员，它就像一根倒扣的优雅的试管，里面
蓄满了直观可见的、足够一次洗手的水量（1L），
并在水龙头的开关部分运用了杠杆原理。当你打开
水龙头洗手时它会关闭往蓄水管中的进水口，所以
一旦里面存储的1L水量用完，你必须关闭水龙头
它才会重新在透明的蓄水管中蓄水，比起普通的节
水限流水龙头，"1 Limit Faucet"用更加繁琐的
过程来避免多余的浪费（图10-23）。

　　这一项节水龙头的设计为我们展示了观念引导
型设计的一个经典思路，即所谓的"逆向思维"。
一般而言，产品是出于方便实用的目的而设计的，
然而总是停留在顺向的思维中会让我们在试图解决
某种观念层面的问题时举步维艰。从截然相反的角
度出发思考问题会给产品带来意外的使用效果。在
这款产品中，看似阻挠产品本身正常使用思路的设
计策略反而为它提供了一个反思的语境，从而为可
持续的生活和社会发展提供了有效的启发。

　　日本Nendo设计事务所于2014年2月发布了
一组文具设计系列，其中有一款就是低碳环保的回
形针。该款回形针在材质的选择上突破了惯常的传

统思维，以纸为原料制作。通过使用一种摩擦力很高的
纸张材料，既满足了回形针实现其核心功能所需要的
强度和硬度，又兼而考虑到材料循环利用的低碳环保诉
求。该项设计同样体现了逆向思维所带来的意外效果。
在满足产品基本功能的基础上实现了材料的低碳化和绿
色化，从而契合了当下社会追求可持续发展的未来核心
诉求（图10-24）。

　　如图10-25中的这款纸巾盒在满足基本使用功能
基础上，在产品造型和使用反馈形式等细节上做了格外
的努力。纸巾盒整体使用树干和木材的形式和质感，
一方面为纸巾提供了可观的容量，另一方面木材这一
形象也和从中抽出的纸张之间形成有趣的联系，在看
似无意的安排之中事实上隐藏着富有冲突和启发思考
的"情节"。从使用反馈层面看，随着纸张的反复抽取
和使用，纸张储量的下降体现为产品两个有趣的组成部

图10-24　Nendo出品的回形针

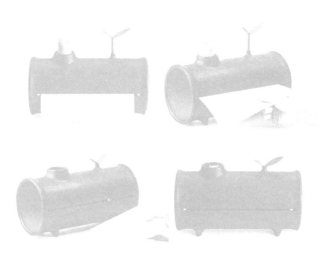

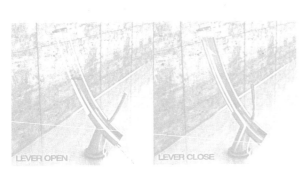

图10-23　"1 Limit Faucet"水龙头

图10-25　创意纸抽盒

分——松鼠和树苗的下降，当纸张用尽时，松鼠随之"消失"，树苗也缩回了"已经长出的茎秆"。这便从使用反馈和产品寓意等多个方面将纸张的使用对自然环境的影响之间建立了有效的联结，这种"使用－反馈"环节的反复出现便创造了一个暗示和启发观念转变的契机：我们在频繁使用纸张时，是否应当看到这一日常的简单行为可能造成的严重后果？

飘雪的水晶球看上去永远都那么梦幻，然而现实却不尽如此，环境污染恐怕让纯白的雪花也能瞬间变成恼人的泥浆。英国公司Dorothy设计的这个叫作No Globes的水晶球一改人们印象中唯美的模样，不仅里面展示的是火电厂，就连飘落的东西也变成了黑乎乎的烟和污染物。这款玩具礼品的设计在保留原有的技术原理基础上，别出心裁地将水晶球中人们习以为常的宫殿或美景置换成为阴郁的、令人不悦的东西及场景（图10-26）。

可持续的引导型设计要求设计将终极目标着眼于一种长期的、可持续的生活以及社会发展前景。引导型设计，特别是上升到观念层面引导型设计是"可持续发展"理念重要组成部分。通过对传统的"消费设计"的反思和行动，反思"商品主导型"经济增长模式所带来的消极后果，引导型设计的原则在于倡导理性消费而避免导致破坏自然环境并过度消耗有限的能源。如今我们处在一个亟须转变传

统消费观念以保护自然环境与有限资源能源的时代。当下急需改变传统的消费观念并对社会加以引导，传达这一社会和时代的现实并予以解决，便是"可持续的引导型设计"这一概念的重要内涵。可持续的引导型设计主动从问题出发，处理种种关系和矛盾，在致力于通过设计解决具体问题之外，更加注重在观念层面促进整体思路的转变。

设计引导同样需要通过影响一部分根据自己态度、意识和情绪去行事的"内控型人群"，即"引领群体"，在不同阶段的引导下，引领那些更易受社会因素左右的"外控型人群"也称"滞后群体"在不知不觉中进行模仿，自愿地接受他人的信息和观点，从而产生的服从行为，触动自己的内在情感，内在发生质的变化，将新的观点、新的意愿纳入自己的价值观念体系中，最终引发社会的共鸣。设计师通过研究"事"理解"人"，掌握用户的实际需求，再去创造"物"。通过"物"引导人们，重新思考"幸福"的定义，重新构建符合当今社会发展的幸福新概念，进而形成健康的生活态度、消费习惯和价值观念。设计师要通过自己独特的设计和对物的理解，正确处理人与自然的关系，从而影响当下的社会意识形态和引导人们符合生态理念的价值取向。

10.4　非遗文化的可持续发展设计创新

10.4.1　非遗文化传承及其问题

非物质文化遗产这一概念所涵盖的范围非常广，涉及到了人类生活的方方面面；它是一种民族群体历史记忆的符号，是不同地域文化的差异性的集中体现。与之类似的术语，如"传统民间文化"、"民间创作"等为众多人所熟悉，这些概念也可以作为从侧面理解"非物质文化遗产"的参考依据。值得注意的是，所谓"非物质文化遗产"虽然被冠以"遗产"之名，但它其实是一

图10-26　"No Globes"水晶球

种活态的文化。准确理解非物质文化遗产的核心含义，在于认识到它代表着虽然产生在过去，但至今仍为人们所用，并在传承中不断再生的多种文化内容。

联合国教科文组织于2003年10月通过《保护非物质文化遗产公约》，并于2006年3月正式生效。根据《公约》的定义，"非物质文化遗产"指的是被各个群体、团体以及个人视为其文化遗产的各种实践、表演、表现形式、知识和技能及其有关的工具、实物、工艺品和文化场所等。其从形式和内容都呈现着极度的广泛性：例如口头传说和表述、表演艺术、社会风俗、礼仪、节庆、有关自然界和宇宙的知识和实践、传统的手工艺技能、文化空间等不一而足。

大多数非物质文化内容植根于传统农业社会的生产和生活方式之中，并在农业传统社会的生产和生活模式中扮演着不可替代的作用。当变革随着城市化和现代化的脚步突如其来，非物质文化的内容和形式赖以立足的根基便遭到了的动摇。从非物质文化遗产的定义可以看出，这种无形文化的生存特点在于"代代相传"，是"随着其所处环境、与自然界的相互关系和历史条件的变化"不断创新的文化。换言之，非物质文化遗产是一种不断变化创新的活态文化，传承是其最显著的生存特点。由于其具有活态性、动态性、行为性、思想性，是以生命为载体的一种无形文化，不像物质文化遗产那样有所依凭，因而在保护和传承上具有一定的困难。这主要体现在四个方面：

（1）乡土文化的消失

非物质文化通常与乡土、农耕生活密切相关的生活生产方式相联系，并在此层联系的基础上表达相应情感诉求。机械化生产的规模化、批量化和同质化无可避免地代替了手工生产的个别化和差异化，手工匠人的生产方式和市场便面临着严峻考验；相应地，现代的生活方式伴随着广播、电视、

和互联网等媒体的强势介入，传统农闲时的休闲方式和民俗活动，比如口述传说、传统民间艺术等便失去了在闲暇时间对人们的吸引力。当生活方式和生产方式同时发生翻天覆地的改变，参与其中的人们也就慢慢远离了他们自己的精神家园，伴随着年轻劳动人口的城市化，传统文化生态的平衡便遭到了严重的破坏。

（2）传承意识的衰退

作为与非物质文化遗产血肉相连的传承人和当地人民群众，对这份在民俗学者眼中看来珍贵异常的文化财富失去了代代相传下去的信心。非物质文化遗产的技艺非常难掌握，传习者学习一门技艺，需要通过几年，甚至几十年的不断领悟才能掌握，现代社会很难有人有这样的耐心和毅力。况且，随着非物质文化遗产在现代生活中逐渐失去市场，就算掌握一手绝活也很难养家糊口，以前所说的靠祖传绝活吃饭成了一条漫长而又艰辛的生存之路。在这种惨淡的现实面前，许多优秀的民间艺人对自己掌握的技艺和知识失去了继承下去的信心。

（3）传承方式的脆弱

非物质文化遗产本身是非常脆弱的。因为其不留文字，是靠口传心授、师傅带徒弟这样一代代地传承下来，在这个过程中常因为某些原因就导致传承断层或变异。流传范围和传承具有严格的条件限制。

（4）庸俗的商业操作

对非物质文化遗产进行商业开发，促进旅游业、旅游商品等发展虽然对当地的发展来说是一个途径，但为了满足暂时的消费需求，使商品尽快地推向市场，通常在还没有深入了解的情况下就对非物质文化遗产胡编乱造，甚至将其和流行文化、外来文化杂糅在一起。这种做法对非物质文化遗产造成了极大的损害。这不仅使当地民族对本土文化失去兴趣与信念，而且还会使文化本身丧失原有的内涵，文化的真实性将弱化。

可持续发展定义为"既满足当代的需求，又不危及后代满足其需求能力的发展"。可持续发展最开始是从解决环境问题的角度出发的，但很快它的涵义拓展开来，涉及到环境保护、社会发展、经济增长、文化传承

等各个方面的问题，旨在协调自然、社会和人的发展之间的关系。在思考与探索非物质文化遗产可持续化的解决方案时，充分利用地域性非物质文化，是可持续设计本土化的必由之路。研究非物质文化在可持续设计中的运用方式，对推动生态和文化的可持续发展有着重要意义。

10.4.2　作为解决方式的可持续化设计

纵观针对非物质文化遗产传承的优秀设计实践，一个突出的特征即在于其从传统工艺、传统生活方式、地域特色、地方化知识、地域经济和文化资源中汲取创新的养分。与这种传统性、地域性设计实验伴生的还有低技术化、传统技术化、自然技术化的设计倾向。这些探索为我们寻求可持续化的设计之路提供了可资借鉴的经验。因此，有效的非物质文化遗产的可持续化设计应当遵循以下几个原则，但并非需要全部满足。事实上，他们之中的任何一条都可以支撑一个具体的可持续设计。对于以下任何一种或几种思路进行综合把握，都有可能为传统的非物质文化遗产带来新的面貌：

（1）民间传统工艺、技法的延续与革新

民间传统工艺与技法是非物质文化遗产经久不衰的技术基础。通常，提到某种非物质文化遗产，总是能够同时对其制造场景和材料产生联想和想象。作为伴随着先人在应对人与生存环境之关系的行动——也就是劳动——不断探索和实践进程的承载物，非物质文化遗产的根本要素与劳动、劳动工具及劳动对象密不可分。

（2）传统器物原初功能的转化

器物，包括工具，是非物质文化遗产表征中非常重要的一项。由于非物质文化遗产的发展变化与分化本身就与前人劳动方式的演变保持一致，因此随着劳动生产与社会生活进入现代化，今天的非物质文化遗产必然包含着大量不再具有实际效用的工具或器物。对这些工具或器物的原初功能进行转化和创新设计，将极大有效地延续非物质文化遗产的生命。

（3）经典形象作为象征的升华

非物质文化并非局限于具有实际物质效用的工具，紧密地伴随着生产劳动的，便是与其对应的生活方式，特别是生活方式所内涵的精神和信念的层面。非物质文化遗产因此呈现出大量的传统纹样与形象，用以寄托各种各样的精神诉求、信念以及愿望。在象征层面，农耕文明和手工业时代的精神内容虽然在今天早已不是主流，但这并不意味着这些寓意和期许就完全不为我们所需要，正相反，它们正是当下社会的精神生活境况的完美补充，并在这一补充作用中产生自身可持续化的意义。

（4）地方性特色的聚焦

非物质文化遗产的丰富多样性植根于传统农业社会因地域分布、气候条件、土壤状况以及风俗习惯等导致的劳动方式的差异性。因此，非物质文化遗产的可持续化设计要关注地方性、差异性的创新化再生产，而避免产业化可能导致的同质化。

"啪啪走"的设计巧妙地将两个时代的两种书写工具做了恰当的结合。通过创意的鲜活形式给予旧的事物全新的生命力和生活情趣。同时具有典型的传统文化色彩和现代的创意活力。与此同时，其形式和材质完美融合，在传承传统文化遗产时兼具可持续设计的设计原则，或许这个案例可以提醒我们，往往传统文化事物或民间文化造物的内部都蕴含着可持续设计的原则（图10-27）。

如图10-28，是一个新年红包的设计，设计师在此思考的问题是，孩子们在年关时分满心期待的红包，

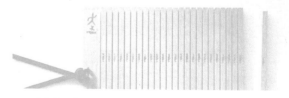

图10-27　"啪啪走"创意铅笔

图10-28 "礼轻情重"红包

图10-29 中国台湾南部红砖T恤

图10-30 "石桥纸语"黔东南系列灯具设计

除了里面的压岁钱，是否还有可能承载一些别的内容。设计师在这个方案中，成功地以低成本、可持续的设计手段（卡纸）将中国台湾南部的传统房屋形象与红包相结合。一方面可以将红包制作成为等比例缩小的中国台湾南部老屋模型，并收集成套，一方面在红包上印制典故出处，温习传统。此设计一方面延续了本土化的形象，又结合传统习俗加强了其象征化意义，在本土化和象征化双重原则的作用下，这一可持续设计也反过来为这两个原则本身注入了新鲜的血液。

从地方化知识到设计创新，从地域化探索到可持续发展探索传统工艺、地方资源的挖掘整理、活化运用，并以之作为可持续设计实验与创新的途径，是一个重要的发展方向。当代设计领域所出现的对地方化知识、传统手工艺和地域文化的关注，从本质上说也就是这种向生成性知识与技艺的回归，其人性化的特征为未来的设计提供了一条可选择的可持续的路径。

"中国台湾南部红砖T恤"是一项纪念品设计。将T恤压缩成为中国台湾南部老街上的红砖的造型，使一件往往同质化而平淡无奇的纪念品具有了本土的温度和根基，从而也就有了作为纪念品最重要的一个因素——故事性。只有恰当的形式配合正确的内容时，一件非遗文化产品的设计才具有了历史、时空和文化的丰富性（图10-29）。

如图10-30，系列灯具设计作品叫作"石桥纸语"。它体现出两种鲜明的设计语言，分别对应着两种传统生产和生活方式的表征，而且分别都面临着在今天的生活中难以为继的窘境。第一是该灯具对纸的使用，灯具表面覆盖的纸来自黔东南的古法花草纸，这一传统造纸工艺地处黔东南腹地，并且长期呈现出单一的生产和呈现方式，设计师巧妙地将其与另一种日渐消失的生活器物——鸟笼——相结合，转化成为灯具这一日常产品的外延，通过将二者赋予日常生活功能及审美特征，反过来激活了两种传统器物的审美价值和文化潜力。

图10-31，银饰设计为2018天津理工大学"黔东南非遗文化传承与创新"选题下的毕业设计。与当地传统的银饰不同，该毕业生在保留传统的银饰拉丝工艺的同时，有选择地将饰品的传统形式元素如"蝴蝶妈妈"等置换为更加普遍化的自然元素，从而为这一传统银饰打开了通往现代审美的可能。这一形式和表征的逆转看似牺牲了非物质文化遗产的原初形象，却因为其传统工艺的沿袭和拓展而从根本上拓宽了自身可持续化的前景。

非物质文化遗产的可持续化设计，应当以力图保持文化的鲜活为目的而设计。鲜活的文化生态和文化动力才是其可持续存在和发展的最终保障。设计师应当以当地的天然材料、自然资源、传统工艺、生活方式作为设

图10-31 "黔·万物生"当代创意首饰设计

计的灵感，探讨人与自然、现代与传统等主题，从
而探索一种切实的文化遗产可持续设计发展之路。
借助各种地域性的自然原料、工业边角料与日常生
活中的循环回收材料，同时借助本土的手工技艺，
致力于满足富有生活情趣、环境意识、民族文化色
彩甚至诙谐幽默气质的单件制作或限量复制的家具
与生活日用品，以展示特定文化生态背景下独特的
历史传统、生活哲学、审美态度与价值观念。

　　非物质遗产在当代社会中具有深远的再生价
值。非物质文化遗产是一种具有生命力的、涉及多种文
化的生态集合和概括，具有综合、整体、全面、动态的
社会文化生态特征而不是单单表现为孤立的文化因素或
某一项特定内容形式。它是综合着人与自然、社会、文
化等各种变量和影响因素的交互作用，具有自身的产
生、发展的规律，因此在其发展和变化中带有特殊的形
貌和模式。非物质文化遗产既是历史发展的见证，又是
珍贵的、具有重要价值的文化资源，非物质文化遗产的
可持续性发展是对民族文化的传承和保护，对于人类的
可持续性发展具有重要的意义。非物质文化遗产是植根
于民族民间文化土壤的活态文化，主要以生命的形式传
承，同时非物质文化遗产和孕育它的民族、地域等要素
密不可分，各个群体和团体应随着其所处环境、与自然
界的相互关系和历史条件的变化不断使这种代代相传的
非物质文化遗产得到创新，由于非物质文化遗产保护与
传承的特殊性，因此应该从多角度探索实现非物质文化
遗产可持续性发展的方法。

[1] （法）马克·第尼亚编著. 非物质社会——后工业世界的设计、文化与技术[M]. 滕守尧译. 成都：四川人民出版社，1998.

[2] （德）彼得·科斯洛夫斯基. 后现代文化[M]. 毛怡红译. 北京：中央编译出版社，1999.

[3] 孙卉. 浅谈对非物质设计的认识[J]. 艺术科技，2017.

[4] 王巨山. "物"与"非物"之辩——谈非物质文化遗产保护中"物"的角色[G]. 文化艺术研究，2008.

[5] 李忆湘. 在发展中进行非遗保护，在传承中促进产业发展[C]. 中国文化遗产保护与传承高峰论坛专刊，2010.

[6] 王先胜. 再论非物质文化遗产的相对性[J]. 河南教育学院学报（哲学社会科学版），2011.

[7] （美）卡尔·T. 乌利齐，史蒂文·D. 埃平格. 产品设计与开发（原书第6版）[M]. 北京：机械工业出版社，2018

[8] 臧勇，钱珏，占必传. 设计与艺术的本源思考[J]. 艺术评论，2012，（7）：115-117.

[9] 朱月. 互联网思维下的沈阳故宫数字文创产品设计[J]. 包装工程，2017，（9）：200-204.

[10] 谭浩，赵颖智. 智能汽车的车内周边交互体验研究[J]. 包装工程，2018，（8）：1-4.

[11] 李春锋，张远群. 家具设计中的新现代形态观探究[J]. 西北林学院学报，2012，（9）：226-229+296.

[12] 钟蕾，李杨. 文化创意与旅游产品设计[M]. 北京：中国建筑工业出版社，2015

[13] 王智鸿. 浅谈现代虚拟展示设计中的表现方法——以陶瓷产品为例[J]. 现代信息科技，2018，（10）：78-79+83.

[14] （法）马克·第亚尼，非物质社会—后工业世界的设计、文化与技术[M]. 滕守尧译. 成都：四川人民出版社，1998.

[15] 白玉宝，胡荣梅. 论非物质文化遗产保护实践的基础理论共识[J]. 民族艺术研究，2008，（2）

[16] 苑利，顾军. 文化遗产报告——世界文化遗产保护运动的理论与实践[M]. 北京:社会科学文献出版社，2005.

[17] 金江波. 地方重塑：活态、活性与活力的非遗社区建设[J]. 装饰，2016

[18] 杨红. 非物质文化遗产数字化研究[M]. 北京：社会科学文献出版社，2014

[19] 谈国新，钟正. 民族文化资源数字化与产业化开发[M]. 武汉：华中师范大学出版社，2012

[20] 李树. 文化因素与商业行为——中外旅游纪念品比较[J]. 艺术百家，2007，98（5）：180-196.

[21] 杨君顺，韩超艳. 基于系统理论的产品设计及其评价体系的建立与研究[J]. 包装工程，2006，27（4）：233-237.

[22] 张同. 产品系统设计[M]. 上海：上海人民美术出版社，2004.

[23] 边守仁. 产品创新设计[M]. 北京：北京理工大学出版社，2002.

[24] 余明阳，杨芳平. 品牌学教程[M]. 上海：复旦大学出版社，2005.

[25] 王艳艳. 旅游纪念品地方特征的提取和保护[J]. 包装工程，2015，36（10）：148.

[26] 王受之. 世界现代设计史[M]. 北京：中国青年出版社，2002.

[27] 钟蕾，李洋. 低碳设计[M]. 南京：江苏科学技术出版社，2014.

[28] （英）弗兰克·惠特福德. 包豪斯[M]. 林鹤译. 北京：三联书店，2001.

[29] 李丹，余运正. 基于消费心理的产品趣味性设计研究[J]. 包装工程，2017（22）.

[30] （英）彼得·多默. 现代设计的意义[M]. 张蓓译. 南京：译林出版社，2013.

[31] （美）埃尔文·罗思. 共享经济：市场设计及其应用[M]. 傅帅雄译. 北京：机械工业出版社，2015.

[32] 孟凯宁，房慧. 基于生态观的产品包装功能"1+N"设计原则探析[J]. 包装工程，2014（12）.

[33] 薛青. 基于低碳设计理念的产品再设计[J]. 包装工程，2012，33（16）：81-84.

[34] 童芸，孙欣. 广义设计学与"低碳"设计[J]. 天津大学学报（社会科学版），2013，15（04）：328-331.

[35] 洪欢欢. 面向产品低碳设计的多因素冲突协调方法[D]. 杭州：浙江工业大学，2014.

[36] 赵尹. 低碳设计理念下包装设计的探索研究[D]. 杭州：中国美术学院，2012.

[37] （美）大卫·伯格曼. 可持续设计[M]. 徐馨莲，陈然译. 南京：江苏凤凰科学技术出版社，2019.

后 记

　　信息时代带给当代国人的生活是日新月异的，"当代"这个群体既包括跃进新时代的青年人，也有紧跟时代脚步并努力学习提升自我的老年、中年人。一本关于设计的教材，首先是关于"人"的阐述，物质与非物质以及两者兼而有之的新设计产物将设计与人的关系推向了更复杂却也更纯粹的境界。在网络平台的发酵作用下，非物质设计仅在编写阶段就持续创造着"热点"和各种"奇迹"。"粉丝经济、文化IP、文化快消"等一系列应时代而生的与设计问题息息相关的现象，也为设计创新带来更多思考方向与挑战。新态势下设计创意方法与实现，借由"物与非物"的载体，必然也会不断催生新的可能。

　　另外，书中大量设计案例的分析、推演，均是为了更好地探究人与设计、生活与设计、时代与设计的关系，创意思维的方法与途径亦均是植根于对已有优秀范本的反复推敲。因所涉及图片来源过于广泛，引用的图片量过大，又想以尽量好的视图效果说明、论证观点，所以本教材未能将引用的图片资源出处一一对应给出。

　　凡涉及教材中出现的图片，均来源于网络，教材编者仅将其应用于编写过程中佐证观点，不会二次涉及商业使用，为避免图片版权纠纷，特此说明。